电力物联网
与传感器技术应用

内蒙古电力（集团）有限责任公司内蒙古电力科学研究院分公司　组织编写

刘永江　辛力坚　郭红兵　寇正　主编

中国水利水电出版社
www.waterpub.com.cn
·北京·

内容提要

随着电网数字化、信息化的发展，物联网技术在电网生产数字化领域得到越来越多的应用，并且具备了替代人工发现和解决复杂问题的能力；在电网生产领域，各类在线监测传感器又是电力物联网感知信息的基础设备。

本书主要介绍了电力物联网框架和在线监测传感器原理及应用，共5章，分别为电力物联网概述、传感器技术原理、电力设备在线监测、通信协议与检测技术、新一代智能变电站技术。

本书主要供电网生产单位相关运维、检修人员参考学习。

图书在版编目（CIP）数据

电力物联网与传感器技术应用 / 刘永江等主编 ; 内蒙古电力(集团)有限责任公司内蒙古电力科学研究院分公司组织编写. -- 北京 : 中国水利水电出版社, 2023.9
ISBN 978-7-5226-1787-9

Ⅰ. ①电… Ⅱ. ①刘… ②内… Ⅲ. ①电力系统一物联网一研究②传感器一研究 Ⅳ. ①TM7②TP212

中国国家版本馆CIP数据核字(2023)第172482号

书　　名	**电力物联网与传感器技术应用** DIANLI WULIANWANG YU CHUANGANQI JISHU YINGYONG
作　　者	内蒙古电力（集团）有限责任公司内蒙古电力科学研究院分公司　组织编写 刘永江　辛力坚　郭红兵　寇　正　主编
出版发行	中国水利水电出版社 （北京市海淀区玉渊潭南路1号D座　100038） 网址：www. waterpub. com. cn E-mail：sales@mwr. gov. cn 电话：(010) 68545888（营销中心）
经　　售	北京科水图书销售有限公司 电话：(010) 68545874、63202643 全国各地新华书店和相关出版物销售网点
排　　版	中国水利水电出版社微机排版中心
印　　刷	天津嘉恒印务有限公司
规　　格	184mm×260mm　16开本　11.5印张　280千字
版　　次	2023年9月第1版　2023年9月第1次印刷
印　　数	0001—2000册
定　　价	**98.00**元

本书编委会

主　编　刘永江　辛力坚　郭红兵　寇　正

参　编　刘鑫荣　刘涛玮　杨　玥　郑　璐
荀　华　张建英　樊子铭　赵夏瑶
马钶昊　冯汝明　何文浩　王　琮

主　审　付文光　杨　军

前　言

电网是国家重要的基础设施、战略设施，电网发展关系国计民生，保障电力供应事关人民福祉、社会稳定、经济发展。近年来，伴随着国家密集出台针对电网企业数字化、智能化的指导意见，电力企业在电网数字化、智能化等方面取得了重大发展。其中，物联网技术作为电网数字化转型的关键技术，为传统的电网生产业务赋予了新的数字能量、提供了新的思路。

在电力物联网的实现过程方面，需要把电力设备的感知数据进行采集处理，经物联网汇集，发送到对数据进行处理应用的专业分析平台，最终实现电力物联网对电网业务的支撑。其中，实现对物联网中的“物”的各类感知信息进行准确采集，是电力物联网发挥实际支撑作用的基础和核心，而各类先进传感器的应用为实现信息的准确采集提供了可靠的技术手段。

物联网是一项新兴技术，电力物联网是物联网与传统电力生产相结合的产物。随着电网数字化建设的加快，电网信息化、智能化程度的不断加深，对电网生产单位相关运维、检修人员以及业务管理人员的知识储备和数字化思维提出了新的要求。

本书对电力物联网的概念和结构进行了概述，对传感器的动态静态特征和发展方向进行了简要介绍，以电网一次设备为框架，着重阐述了目前在电力生产现场应用较多的在线检测传感器的原理和应用场景，同时阐述了传感器的通信协议等重要技术指标，最后介绍了新一代智能变电站的功能特点和建设目标。

在本书编写过程中，刘鑫荣、王真龙、曾航等电力物联网专家提供了理论和应用方面的指导，杨舒畅老师做了大量的图片绘制工作，在此一并表示感谢！

由于作者学识水平有限，书中难免出现不妥和疏漏之处，敬请读者批评指正。

作者

2023 年 4 月

目 录

第1章　电力物联网概述

1.1　电力物联网的发展历程

电能是现代社会中应用最广泛的二次能源，我国电网建设已实现电能的远距离、大规模输送。截至2022年年底，全国电网220kV及以上输电线路回路长度88万km，比2021年增长2.6%；220kV及以上公用变电设备容量51亿kVA，比2021年增长3.4%；全国跨区输电能力达到18815万kW，比2021年增长9.3%；全国跨区送电量完成7674亿kW·h，比2021年增长7.3%，2022年，全社会用电量86372亿kW·h，同比增长3.6%。用电量的上升对输变电环节的工作效率提出了更高的要求。电气设备运维质量直接关系到输变电环节运行质量，传统运维方式需要占用大量的人力和时间，难以开展全面维护；同时，电气设备数量大，种类多，内部结构复杂，运行环境多变，缺失差异化运维，使得传统运维方式精准性差，运维效率低。

随着传感技术、通信手段、计算和控制技术的发展，信息融合技术得到了广泛应用，信息与能源技术的结合成为发展的必然趋势。这一趋势促使了电力物联网的产生，电力物联网融合了无线射频识别（radio frequency identification，RFID）和先进传感技术，高效整合了通信基础设施资源和电力系统基础设施资源，为实时掌握电网各环节、各阶段的运行状况提供技术支撑。

1998年，美国麻省理工学院的Kevin Ashton构造出一个最简单的物联网（internet of things，IoT）概念场景：在日常用品上应用RFID与其他传感技术，使这类物品能够被持续监控。第二年，Kevin Ashton在该校发起成立了自动识别技术中心（Auto-ID Center)，该中心对物联网的适用场合进行了规范化的表述：即将全球各类产品依靠RFID引入互联网，使得数百万的物品能够被持续跟踪和审计。物联网的概念由国际电信联盟在2005年发布的报告中正式提出，同时其认为实现物联网的关键除了传感技术外，依靠纳米技术实现各类物体的微型化也是必不可少的。

2011年，我国工业和信息化部中国信息通信研究院深入探讨了物联网的概念及功能。2015年以来，我国密集出台了一系列政策，确定了今后重点发展人工智能、工业互联网等工业信息化技术的战略目标。在此背景下，2019年国家电网有限公司在“两会”报告中提出建设世界一流的“能源互联网”的战略目标，其中建设好“坚强智能电网”和“泛在电力物联”是实现这一目标的重要支撑。

近些年，电网智能化发展已成为整个电力系统管理工作的重要趋势，产业工作者为提高整个电力系统管理智能化水平和安全系数，也在不断尝试更多的新兴技术。物联网技术可为智能电网建设的有效开展提供技术支持，而物联网技术与智能电网的结合又被称之为电力物联网。电力物联网借助信息传感设备以及分布式识读设备，可搭建人与电力机电设备实时沟通协作的网络架构。电力物联网强调对不同元素以及具体行为的感知和识别，并将这些行为联系到一起，最终实现电力网络智能化控制目标。电力物联网功能主要体现在感知层、网络层和应用层三个层面。感知层可完成感知控制和通信延伸等操作要求，并可对各类元素的信息进行收集；网络层承担数据传递以及数据安全保障，在智能电网内部保障数据信息安全是一项工作难点，而电力物联网会借助电力通信网络完成数据信息的传递以及对各类机电设备的控制；应用层主要涵盖各类基础设施、中间件以及各类应用服务等，通过这些资源可对感知过程采集到的信息进行应用。

电力变压器、气体绝缘全封闭组合电器（gas insulated substation，GIS）、电容器、高压断路器等设备作为电网中的关键电气设备，其安全稳定运行对电力系统的可靠性至关重要。实时获得电气设备当前的运行状态，同时掌握其未来一段时间内运行状态的变化趋势，从当前运行状态和未来状态趋势两个方面对电气设备的健康状态进行全面化、实时化、精准化的评估和预测，为保证电力系统安全稳定运行提供有力支撑，对于保障国家能源安全具有重要的战略意义。在电力物联网技术的加持下，采用传感装置对电气设备进行全方位感知，并基于实时获取的状态量建立状态评估模型，对电气设备状态进行有效评估，是实现差异化运维、提高设备运行可靠性的有效手段。

然而，传感装置、信息上送、数据处理、模型构建等方面的问题为输变电设备状态评估的实际应用造成了困难，具体如下：

（1）缺乏能够直观反映输变电设备状态的多参量、高可靠的传感装置。温度、压力、振动、漏磁等非电气量往往能更快速直观地反映出设备内部劣化程度，但目前少有可长期用于电气设备内部多物理场环境的传感装置；对于油中溶解气体、微水、SF_6 气体组分等特殊的状态量，则需要研制专用的传感设备，除能够准确获取状态量外，还需对其响应时间、灵敏度、长效性加以提升，为输变电设备状态评估提供可靠数据支撑。

（2）海量数据传输使得网络拓扑逐渐复杂，传输延时增加。终端设备的大量接入及不同规格数据的上送使得组网方式和网络拓扑发生了变化，数据的安全接入面临极大挑战；传输路径过长导致的时延也会影响设备状态的及时有效评估；此外，部分传感数据数据量大、数据包小、零星传输的特点对资源的合理分配提出了更高的要求。

（3）大量异常数据降低了原始状态量数据的质量。各类传感装置感知到的原始数据，受通信故障、传感器失效或电气设备状态变化引起的过热、过负荷运行等因素影响，可能出现数据缺失或噪声点，这些数据会严重影响设备状态评估模型的准确性，造成误诊。

（4）电气设备状态评估模型判断依据简单，缺乏对设备的差异化考量，准确性较差。在实际运维中，绝大多数都是通过单一阈值判定，多参量的融合性不高；现场基于专家经验的评估手段，难以检测出故障类别及潜伏性故障，尤其针对自身属性不同和运行环境不同的设备，缺乏差异化考量。目前，不少国内外研究学者针对电气设备状态评估中各环节开展了广泛而深入的研究，内容涵盖了先进传感装置设计、异常数据清洗处理、设备状态的评价、诊断及预测等。然而，相关研究普遍相对孤立，在电力物联网背景下难以形成完整体系。

1.2 物联网的体系

人类要构造一个万物相连的世界，首先应该搭建一个标准的物联网体系。作为世界信息产业的重要组成部分，物联网体系的标准化是目前技术领域亟待解决的问题，没有一个统一的世界标准，物联网体系的搭建将无法高效、有序地进行。“标准化既是社会生产与技术发展的产物，又是推动生产与技术发展的重要手段。”由此可见，搭建标准化物联网体系将成为推动世界物联网技术不断发展的动力。目前，国际上的许多物联网标准化机构都开始对标准物联网体系展开了研究，在物联网体系标准化方面的研究取得了一些有效成果，但要真正实现物联网体系的标准化，制定物联网标准体系框架便势在必行。

要搭建标准体系物联网，首先，要先了解物联网体系的组成，包括物联网的 UID 技术体系结构、物联网的 USN 体系结构、物联网的 EPC 体系结构等，其次也要了解物联网体系硬件平台的搭建，在认识了物联网的体系组成和有关体系、结构的搭建之后，再通过相关技术和体系标准予以搭建，才能够使整个物联网体系更加趋于标准化和国际化。

1.2.1 物联网的体系组成

具体来说，传统物联网的体系自下而上可以分成五个层级，分别是感知层、接入层、网络层、服务管理层以及应用层。

1. 感知层

感知层是物联网的初始层级，也是数据的基础来源。这一层级的基础元件是传感器，人们将各种各样的传感器装在不同的物品和设备上，使之感知这些物品的属性，判断它们的材质是属于金属、塑料、皮革还是矿石等。同时，这些异常敏感的传感器还能对物品所处的内在环境状态和外在环境状态进行数据采集，比如采集环境的空气湿度、温度、污染度等信息。另外，这些传感器还能对物品的行为状态进行跟踪监控，观察它们是静态的，还是动态的，并将这些信息全部以电信号的形式存储起来。实现物物信息相连的庞大物联网，就需要这些传感器的分布密集度更高、覆盖范围更广以及更加灵敏和高效。这样，传感器对物品信息获取的规模才能更大，对物品状态的辨识度才能更加精密，当网络形成后，其数据流才更具参考价值。

一般来说，对于不同的感知任务，传感器会根据具体情况协同作战。比如要获取一台机器设备的内部工作动态视频，就需要感光传感器、声音传感器、压力传感器等协同工作，形成一幅有声音、有画面、有动感的动态视频。感知层的传感器能全方位、多角度地获取数据信息，为物联网提供充足的数据资源，从而实现各种物品信息的在线计算和统一控制。另外，传感器不仅可以通过无线传输，还可以利用有线传输接入设备。人们利用传感器传输到设备中的信息可以与网络资源进行交互和共享。

2. 接入层

接入层的作用是连接传感器和互联网，而这种连接的过程需要借助较多的网络基础设施才能实现。例如，人们可以利用移动通信网中的 GSM 网和 TD－SCDMA 网来实现感知层向互联网的信息传输，也可以利用无线接入网（WiMAX）和无线局域网（WiFi）来实现感知层向互联网的信息传输。另外，通过卫星网进行信息传输也是一种可行方案。

3. 网络层

网络层指的其实就是互联网，建立互联网需要利用两种IP，分别是IPv6/IPv4和后IP（Post-IP）。网络层将网络信息进行整合，形成一个庞大的信息智能网络，这样就构成了一个高效、互动的基础设施平台。

4. 服务管理层

服务管理层的主体是中心计算机群，该计算机群拥有超级计算能力，可以对互联网中的信息进行统一管理和控制。同时，这一层级还能够为上一层级提供用户接口，保证应用层的有效运行。

5. 应用层

应用层是物联网体系的最终层级，用于承接服务管理层以及构建应用体系，如果将服务管理层比作一个商品开发中心，那么应用层就是商品的应用中心。应用层将面向社会中的各行各业，为它们构建物联网产品的实际应用。物联网产品可以应用于多个领域，如交通运输、远程医疗、安全防护、文物保护、自然灾害监控等。

由于传感器网络技术相对复杂，目前，国内外的有关机构和大型科技企业在该技术领域的研发还不成熟，物联网的发展尚处于初级阶段。现阶段，世界上各个国家的主要研究方向是传感网的核心技术。与此同时，关于物联网的其他技术也在进一步推进和展开，其中包括RFID技术、传感器融合技术、智能芯片设计技术等。此外，将后IP网络和感知层网络更合理地整合、完善，一直是各大科研机构努力的方向。物联网在服务管理层的数据如何拓展、如何探寻物联网新的商业模式，如何以点带面开发典型物联网应用，并让其成为推动整个物联网行业的典型案例，带动整个物联网行业稳定有序地向更高层次迈进，这些都是现阶段科学家以及各大科技巨头正在努力探索的问题。而在这之前，在各个领域、各个层面、各个系统开展物联网相关标准的制定是重中之重。

1.2.2 物联网的UID技术体系

从传统意义上说，物联网的UID技术指的是应答器技术。应答器其实就是物联网的一种电子模块，它有两个主要功能：一是传输信息，二是回复信息。经过多年的发展，应答器具备了新的定义和含义，现在人们称其为电子标签或智能标签，而应答器的这种改变与物联网领域其他技术的发展有关，其中，射频技术的发展对应答器的影响最大。

在世界范围内，电子标签发展水平最高的国家当属日本。日本对电子标签的研究较早，可以追溯到20世纪80年代。当时，日本最早提出了实时嵌入式系统，也就是物联网领域常说的TRON，其核心体系是T-Engine。2003年3月，日本东京大学在日本政府和T-Engine论坛的支持下成立了UID中心，该中心不仅受到了日本国内大型企业的关注，同时也受到了国际大型企业的关注。面对物联网的大势所趋，国内外的科技大企业也纷纷加入UID中心，东京大学UID中心刚成立不久，其支持企业就多达20多家，其中包括索尼、三菱、微软、夏普、东芝、日电、J-Phone、日立等。UID中心的成立对发展物联网来说具有重要意义，日本方面之所以大力组建UID中心，各国企业之所以支持组建UID中心，是因为组建UID中心具有两个重要作用：第一是建立自动识别"物品"的基础技术，不断完善物联网的初期物理设施，实现传感器的全面覆盖；第二是普及UID的相关知识，培养用于物联网体系构建的优秀应用型人才。在这两个作用的推动下，日本正在努力建立一种全面实现物联网的理想环境，一旦建成，万事万物都能在网络“云脑”的计算之中。

作为一种比较开放的技术体系，UID 主要由信息系统服务器、泛在通信器（UG）、uCode 解析服务器以及泛在识别码（uCode）几种硬件构成。其中泛在识别码用于标识现实中的各种物品和不同场所，相当于一种电子标签。UID 与 PDA 终端很像，它可以利用泛在识别码的这种标识功能来获取物品的状态信息，当这种数据信息足够充足，UID 便可以对物品进行控制和管理。

UID 的应用领域很广泛，从某种意义上来说，它就像一根连接现实和虚拟的线，现实世界中能利用泛在识别码标识的物品，它都能对其进行辨识和连接。这种连接是虚拟和现实的连接，UID 的一端是已标识的各种物品，另一端则是虚拟互联网。利用 UID 就可以将物品的状态信息与虚拟互联网中的相关信息紧密相连，构建物物相连的网络体系。

一般来说，物联网的 UID 技术体系结构包括以下技术。

1. 嵌入式技术

嵌入式技术多应用于掌上终端设备，诸如智能手机、平板电脑之类。这类设备的功能日渐强大，而体型却逐渐趋于小巧。常用的嵌入式系统有 Linux、Andriod 等。而在控制器的选择上多倾向于 Cotex、ARM 以及 DSP 等。

2. RFID 技术

RFID 技术操作方便，且效率很高，它可以在同一时间对多个电子标签进行识别，既可以识别静止状态下的物体，又可以识别高速运动状态下的物体。并且，RFID 技术可以在多种恶劣环境下稳定工作，很少受到温度、湿度以及雨雪等恶劣天气的影响。RFID 不受人力干预，是一种无线自动识别技术。在没有任何接触的情况下，人们可以利用 RFID 技术，通过射频信号自动识别已标识的各种物品，并对这些物品采集相关的数据信息。

RFID 电子标签的阅读器又名读写器，这种阅读器可以连接信号塔和 RFID 的电子标签，实现无线通信。顾名思义，读写器是一种用来读出和写入数据的电子单元，利用读写器既可以实现对标签识别码的读出和写入操作，又可以实现无线网络内存数据的读出和写入工作。读写器被应用于 RFID 技术的多个方面，其主要结构包括高频模块（发送器和接收器）、阅读器天线以及控制单元。

在无线系统中，RFID 的结构较为简单，只包含两种基本器件：第一种是询问器，又称阅读器，每个 RFID 中一般只有一个询问器；第二种是应答器，又称电子标签，一般情况下，每个 RFID 中会有多个应答器。RFID 系统的作用主要有三个，第一是测物体，第二是踪物体，第三是控制物体。

作为一种突破性的技术，RFID 技术在 UID 技术中的地位十分重要。科学家弗格森曾经对 RFID 技术做过总结性的阐述，他认为，RFID 技术至少具有三个重要性优点：第一，与条形码相比，RFID 技术的功能更具广泛性，因为条形码一般只能识别一类物体，而人们通过 RFID 技术却能识别一个具体的物体，比如人们将一种条形码规定为树的标识，那么无论人们利用这种条形码标识哪种树木，都只会显示树的信息；而利用 RFID 技术却能识别出标识的树木是桃树、杨树还是槐树；第二，与条形码相比，RFID 技术接收信号更方便，因为利用条形码识别一类物体，需要利用激光对条形码进行扫描读取，而RFID技术却可以不受这种限制，它可以利用无线电射频透过物体的外部材料，获取物体的内部信息；第三，与条形码相比，RFID技术的效率更高，这是因为，一个条形码代表一条信息，人们如果想获取多种信息，就要利用激光扫描仪对条形码一个一个读取，而RFID技术则可以同时作用于多个物体，并在同一时间对它们进行信息读取。

3. 无线技术

无线技术让物联网的UID技术拥有了更加广阔的应用空间。目前，无线技术主要包括两个方面：一个是无线通信技术；一个是无线充电技术。利用这两种技术，人们可以将自己的感知无限延伸。随着技术的发展，无线技术的瓶颈被打破，宽带的速度变得越来越快，无线网的覆盖范围越来越广，信号变得越来越稳定，无线基础设施变得越来越可靠。这些变化将使无线技术的作用不断加大，甚至成为人类赖以生存的核心技术。

4. 信息融合集成技术

一个集体的任务，需要每一个集体成员共同协作才能完成。同样，要实现多种信息的融合和利用，也需要多种技术的衔接和配合。比如录制一段视频，就需要视觉传感器、听觉传感器等同时配合才能完成。多种技术的衔接和配合可以使信息的采集更高效、更丰富、更有质量。

5. 数据挖掘技术

以视频图像为例，很多视频资料所占的空间较大，需要更高规格的压缩存储技术才能合理存储。另外，利用特征识别和快速检索等技术，可以快速查找相关数据，极大地提高数据的检索效率和利用效率。当黑客入侵重要数据时，利用数据定位预警技术可以防止信息的泄露，避免不必要的损失。

1.2.3　构建物联网的EPC体系

互联网的发展加快了全球经济一体化进程，而物联网的发展将加快信息网络化进程。

美国麻省理工学院在物联网领域提出了一个全新的识别概念，这个概念被该学院的相关部门自动识别实验室（Auto-ID）称为electronic product code，简称EPC，中文名称为电子产品代码。EPC就像是人的身份证一样，是每一个物品的身份标志。世界上每一个物品都可以配上一个固定的电子产品代码，也就是说，世界上每一个物品都可以拥有一个唯一的EPC作为自己的身份证，便于相关的物联网设备对其进行识别。构建EPC网络可以将物与物进行连接，使每一个物品不再是一个孤单的个体，而是形成一个通过网络连接、彼此相关、彼此联系的物联网整体。这种物联网建成后，利用EPC网络既就可以传输数据、存储数据，还可以通过信息管理系统，对利用RFID技术所采集来的数据信息进行统一的分析、管理以及决策。

美国麻省理工学院提出，他们要构建一个超级系统，这个超级系统可以覆盖世界上的所有物体，形成一个万物紧密相连的网络。这种设想中的关联世界万物的网络，其实就是物联网。这个关联和覆盖世界万物的系统需要建立在一定的基础之上，而计算机互联网就是这个基础的最佳之选，另外，RFID技术以及无线通信技术也是实现构建这种系统的核心技术。

2003年9月，美国麻省理工学院与美国统一代码协会（UCC）共同建立非营利性

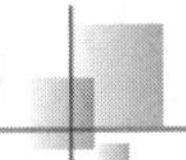

科研组织 EPC Global，该组织成立的目的主要是对物联网领域进行探索和研究。据 UCC 的负责人介绍："我们将联合国际物品编码协会（EAN）引入 EPC 概念，让该概念与 GTIN 编码体系相互融合，打造更加完美的全球统一标识系统"。EPC Global 对物联网的定义十分简单，该组织认为，物联网是一个具备三种先进系统的覆盖并关联世界万物的超级网络系统。这三种先进系统分别为 EPC 编码体系、RFID 系统、EPC 信息网络系统。

1. EPC 编码体系

要真正实现物联网，就要为世界上每一件物品都制定一个统的编码，但是，为世界上每一件物品都制定一个独一无二的电子编码显然是一件很难完成的事，所以，绝对意义上的物联网并不存在。虽然不能编码全球的每一件物品，但可以编码所有由人类生产出的物品。也就是说，全世界范围内有任何一个地方生产出了某件物品，都要在第一时间为该物品打上电子标签，就相当让该物体终身携带一个全球唯一的 EPC，EPC 标识了该物品，成为该物品的基本识别信息，有助于该物品被 RFID 系统快速识别。比如，可以这样标识一个被生产的新物品，即"A 公司于 B 时间在 C 地点生产的 D 类产品的第 E 件"。EPC 编码体系是欧美大力支持的电子编码体系，同时，世界上还有另外一种比较权威的电子编码体系，即由日本大力支持的 UID（ubiquitous identification）编码。

2. RFID 系统

EPC 标签和读写器是 RFID 系统的主要组成部分，就像每一个汽车都有一个车牌一样，每一个 EPC 标签也都有一个唯一的牌照。这个牌照是一种唯一的号码，被打印在 EPC 标签上，也就是说，编号的载体是 EPC 标签。EPC 标签既可以被贴在物品的表面，又可以通过特殊装置打入物品的里面，内嵌在物体中。一旦一个物品被打入了 EPC 标签，该物品就拥有了唯一的电子产品代码，物品和电子产品代码之间是一种映射关系，并且这种关系具有唯一性，属于一对一的关系。EPC 标签所储存的信息可以被 RFID 读写器读取，当 RFID 读写器读取了物品信息后，物联网中间件便可以发挥作用，即接收 RFID 读写器读取的信息，之后经由物联网中间件分层处理，最后分布式数据库将作为处理信息后的相关数据的存储库。如果用户想查询物品信息，只需在搜索栏中输入 EPC 等相关数据，便能获悉物品的供应状态。

3. EPC 信息网络系统

EPC 信息网络系统由以 EPC 中间件、发现服务以及 EPC 信息服务三部分组成。

（1）EPC 中间件（EPC middleware）。EPC 中间件像一个纽带，它既可以是一个接口，又可以是一个平台，相当于信息系统和 RFID 读写器之间的"脐带"。前端是 RFID 读写器，后端是应用系统，通过 EPC 中间件的连接，前端后端便可以自由捕获并交互信息。这些被捕获和被交互的信息除了可以传送给 RFID 读写器，也能传给 ERP 系统、后端应用数据库软件系统等后端系统。

（2）发现服务（discovery service）。发现服务由两种主要服务类型构成，即配套服务和对象名解析服务（object name service，ONS）。它的主要作用是获取 EPC 数据访问通道的信息，而要获取这些信息需要用到 EPC。现阶段，美国 Verisign 公司受 EPC Global 委托，对发现服务系统进行运作和维持，其目的是支持 ONS 系统。

(3) EPC信息服务（EPC information service，EPC IS)。该信息服务又被称为软件支持系统，其接口还没有一个严格的标准，主要作用是在物联网上实现用户对EPC信息的交互。

EPC物联网体系架构主要由六个部分构成，由下到上分别是EPC编码、EPC标签、RFID读写器、中间件系统、ONS服务器以及EPC IS服务器。由此可见，物联网应用系统主要由RFID识别系统、中间件系统和计算机互联网系统构成。RFID识别系统的主要构件是EPC标签、RFID读写器，EPC标签被固定在每一个物品上，与RFID读写器通过无线连接。中间件系统的主要构件有ONS、PML、EPC IS和缓存系统。RFID识别系统和中间件系统的相关构件都是由计算机互联网系统进行连接，能够及时有效地对信息数据进行追踪、接收、增减、修改。

物联网的构架建立在互联网之上，主要过程是：首先在EPC标签上编制电子产品代码，再将EPC标签固定在物品上，然后通过RFID读写器识别EPC标签，并读取EPC，将信息传送给中间件系统。如果中间件系统能进行处理，则将处理后的信息传送到更高层级；如果中间件系统在短时间内处理不了（可能由于读取的数据量较大），ONS就会发挥作用，存储一部分读取数据。EPC数据是中间件系统信息的主要组成部分，在本地ONS服务器的帮助下，中间件系统可以获取EPC信息服务器的网络地址。如果获取网络地址失败，中间件系统会向远程ONS发送请求，先获取物品的名称信息，再获取相关服务。

1.2.4 物联网的USN体系结构

随着物联网的不断发展，物联网的USN体系结构渐渐得到了权威部门和机构的规范，这将为物联网未来的发展提供行业标准。2008年2月，ITU-T发布了第四期技术简报*Ubiquitous Sensor Networks*，在该权威报刊上，专家学者们对泛在传感器网络的体系结构进行了规范。该规范标准规定，从低级到高级的泛在传感器网络体系结构是：传感器网络、接入网络、基础骨干网络、中间件、应用平台。

泛在传感器网络体系其实就是传统的USN物联网体系结构，泛在传感器网络的概念与如今的物联网概念相近，与传统传感器网络的概念有较大区别。

2009年9月，我国信息技术标准化委员会为传感器网络做了定义，即“以物理世界的数据采集和信息处理为主要任务，以网络为信息传递载体，实现物与物、物与人之间的信息交互，提供信息服务的智能信息系统”。该定义其实是对物联网概念的相关阐述。

工业和信息化部门与江苏省政府的《关于支持无锡建设国家传感网创新示范区（国家传感信息中心）情况的报告》也对传感器网络做了相关定义，该定义为：“以感知为目的，实现人与人、人与物、物与物全面互联的网络。其突出特性是通过传感器等方式获取物理世界的各种信息，结合互联网、移动通信网等进行信息的传送与交互，采用智能计算技术对信息进行分析处理，从而提升对物质世界的感知能力，实现智能化的决策与控制。”同样，该定义也与物联网的概念几乎相同。由此可见，从某种意义上来说，传感器网、互联网、移动通信网以某种方式结合后，便可实现人与人、人与物、物与物全面互联的网络。

目前，我国的权威科研机构以传统的五层物联网体系结构为基础，通过不断地实践总结和产品创新，将物理网的体系结构浓缩成四层体系结构。与传统的五层物联网体系结构相比，四层物联网体系结构更加精简，其不同在于：第一，增加了底层传感器网络的基础成员，如一维码、二维码、RFID技术以及GPS系统等，通过增加这些感知和识别技术，扩大了底层传感器网络的概念；第二，合并了五层物联网体系结构中的第二层和第三层，也就是将接入网络和基础骨干网相结合，并称为传输层；第三，将物联网中间件对应称为服务管理层，将应用平台对应称为应用层。于是，最新的物联网USN体系结构是：感知层、传输层、服务管理层、应用层。

1. 感知层

感知层的主要功能是感知并向更高层反馈物品的相关信息。感知层具有两个重要节点，分别是基站节点（base-station）和汇聚节点（sink）。该层最核心的设备是信息感知设备以及信息采集设备，包括一维码、二维码、RFID标签等标识设备，也包括读写器、摄像头、执行器等识别设备，还包括视觉传感器、听觉传感器、位移传感器、压力传感器、温度传感器、气敏传感器等多种功能各异的传感器。

在感知层网络和核心承载网之间传输数据时，需要接入网关（access gateway）对其传输过程进行有效控制，接入网关由基站节点（如传感器网关）和汇聚节点（如RFID阅读器）共同组成，利用这两个节点组成的接入网关还可以融合数据、向下端传达信息以及用于各末梢感知节点的组网控制等。

具体来说，如果某一个末梢节点要向上传输数据，就需要先将数据发给汇聚节点，当汇聚节点接受并整理好数据后，还要与核心承载网络进行连接，而在连接的过程中，接入网关将起到纽带的作用。如果应用层要向下传输某些数据，就需要先由核心承载网络进行数据传输，再由接入网关接收数据，然后相关数据到达汇聚节点，最后末梢感知节点与汇聚节点相连，由末梢感知节点获取汇聚节点的有关数据。通过末梢感知节点与核心承载网络之间自上而下、自下而上的有机配合，便可实现物联网相关数据的接收、传输以及互交。

2. 传输层

传输层的主体是物联网的核心承载网，要实现物联网的数据传输服务，就需要传输层的核心承载网发挥主要作用，而这种作用又分别体现在核心承载网的两个基础网络上，即接入网和后IP网络。传输数据时，感知层必须和后IP网络进行无缝连接，这就需要利用接入网进行相关操作。接入网包括：卫星通信网、WiMAX、宽带无线移动通信网（LTE）、WiFi、无线城域网（WMAN）、蜂窝移动通信网络（GSM、CDMA、GRPS）、移动通信网络（WCDMA、CDMA2000、TD-SCDMA）等。

后IP网络具有两个特性，一个是可配置性，另一个是可控性。从某种程度上说，后IP网络是互联网升级换代的产物，它继承了互联网的多种服务功能与特性优点，又在多种系统和设备上得到了升级，具有了新一代的可靠功能。利用可配置性和可控性这两种独特的性质，后IP网络在为物联网提供数据传输服务的过程中将更加可靠、高效。

3. 服务管理层

作为物联网系统的“中间件”层，服务管理层主要起到承上启下的作用。具体来说，它主要包含以下几种核心技术：一是海量数据存储技术，即能够存储大量的数据；二是数据挖掘技术，也就是在已有数据的基础上，利用相关技术手段将隐含的、不易被发觉的、容易遗失的信息数据挖掘出来，用于更深层次的数据开发；三是信息处理技术，该技术主要依赖于互联网领域的云计算机，利用云计算机的强大计算功能，可以高效处理所获取的物联网信息；四是数据安全与隐私保护技术，这种技术关系到人们的切身利益，是一种必备的重要技术。利用这些技术手段，物联网的服务管理层既可以接收、汇聚以及转换感知层数据的信息，又可以在分析和处理相关数据的基础上控制用户所发出的指令。同时，服务管理层除了能够提供物联网管理组件和共性的支撑软件，还能提供公共的硬件计算平台等。

4. 应用层

应用层是物联网的最终目的层级。开发物联网是为了应用于人的生活，使人的生产、生活向更加美好的方向发展。应用层是服务管理层的上一层级，也是最贴近日常生活的一个层级，其主要结构是物联网应用系统。物理网的应用系统所包含的内容十分广阔，包括医疗检测、养老护理、物流管理、环境监测、市场评估、农业管理、灾害预防、地质勘探等。除了具有物联网应用系统的这些功能，应用层还要负责用户界面的内容，设计出更加符合人们要求的良好用户界面，使人们获得更多惊喜体验。这些界面包括多种用户设备和软件设备，用户设备包含个人计算机、台式电脑、智能手机、平板电脑等，软件设备包括客户端浏览器、应用下载软件等。

通常来说，服务管理层的功能往往经过拆分并入到应用层和传输层中，因此物联网体结构通常为三层，即感知层，网络层（传输层）和应用层。利用这些用户设备和软件设备，人们可以在任何时间、任何地点、任何空间，快速、便捷地获取世界万物的信息，并可以对它们进行实时地监控、管理和决策利用。同时，人们还能利用相关的控制信息，对万事万物进行有效的控制，让整个物理世界都掌控在人类的手中。

1.2.5　物联网体系硬件平台的搭建

移动互联网促进了世界范围内的经济全球化、信息全球化，利用互联网可以将不同国家、不同肤色、不同文化、不同语言的人紧密联系在一起。而物联网将带来一场前所未有的科技革命，其影响力将超越互联网，成为名副其实的联系世界万事万物的网络系统。物联网系统以互联网技术、感知识别技术以及无线通信技术为基础，物联网系统不仅能将不同的人联系起来，还能将世界上各个角落的物品联系起来，形成一个物物信息交互的数据网络。

从不同的角度看，物联网的类型也将不同，但无论何种类型的物联网，都必须由相关的硬件组成。从体系构建上来看，物联网体系硬件平台的搭建至关重要。

物联网的核心是数据，并且这种数据的量还要足够大，才能真正实现物联网。物联网是实用性网络，它最终的应用群体是普通民众。搭建物联网体系需要几个核心组成部分，如信息服务系统、核心承载网、互联网以及传感网等。利用这些核心组成部分，物联网可以实现多种功能，比如感知物品信息、接受和反馈感知信息、处理和分析物品数据、根据大数据对生产生活进行决策等。传感网中存在很多感知节点和末梢网络，其中，感知节点的作用是对数据进行采集和控制，末梢网络由汇聚节点和接入网关组成。进行物联网通信时，需要用到核心承载网，而物联网信息的处理和决策需要利用信息服务系统的硬件设施来完成。

1. 感知节点

感知节点主要由采集模块和控制模块两个模块组成。日常生活中，人们常见的多种传感器，如视觉传感器、温度传感器、压力传感器、振动传感器、二维码识读器、RFID 读写器等都属于感知节点的有关模块。在物联网领域，感知节点的作用是采集物品数据以及控制某些感知设备等。传感单元、处理单元、通信单元以及电源是感知节点的基本单元，缺少任何一个单元，感知节点都不能正常工作。

（1）传感单元。该单元有两个组成部分，分别是 A/D 转换功能模块和传感器，包括温度感应设备、RFID 读写器、二维码识读设备等。

（2）处理单元。该单元的主要组成部分是嵌入式系统，日常生活中，CPU 微处理器是最常见的处理单元之一。另外，人们十分熟悉的存储器也属于处理单元，嵌入式操作系统是嵌入式系统的主要分支之一。

（3）通信单元。物联网的通信方式大多为无线通信，因此，无线通信模块是其通信单元的主要组成部分。通信单元一方面连接汇聚节点，实现与汇聚节点间的通信；另一方面连接末梢节点，实现与末梢节点间的通信。

（4）电源。电源是感知节点的供电部分，为感知节点提供能量，保障感知节点的各个单元能够正常工作。

感知节点综合运用了多种技术，它不仅包含了传感器等感知技术，也包含了智能组网、嵌入式计算等互联网相关技术，还包含了分布式信息处理、无线通信等信息通信等技术。对于不同环境中的不同对象，感知节点可以利用传感器对它们进行感知、监控以及信息采集。这些传感器具有高度集成化的特点，不仅可以单独工作，还能协作工作，大大提高了环境适应性和组织灵活性。感知节点的嵌入式系统就像一个微型“大脑”，可以对获取的信息进行实时处理。这些信息要想被送到物联网的信息应用服务系统，还需要经过无线通信网络传输到接入层，之后，物品相关信息经由接入层中的基站节点以及接入网关处理，最后才能达到最终的目的地信息应用服务系统。信息的传输以多跳中继方式为主，结合随机自组织无线传输模式共同完成信息的高效传输。

2. 末梢网络

末梢网络又称接入网络，接入网关和汇聚节点是末梢网络的两个重要组成单元。末梢网络有多方面的作用，它可以利用末梢感知节点对海量的数据进行汇聚，从而方便数据的整合和调配；也可以利用末梢感知节点对不同的组网方式进行控制。另外，末梢网络还可以利用数据转发功能，对感知节点转发数据。具体来说，建立末梢网络的目的是实现承载网络和感知节点的数据交互以及数据转发。为实现这目的，第一步要进行组网工作，也就是在感知节点之间组建网络，使众多的感知节点不再是单一的个体，而是相互关联的一个网络整体。在上传数据时，需要将感知节点的数据先传输到汇聚节点，或者说传送到基站内，然后，接收到数据的汇聚节点（基站）会在接入网关的帮助下连接下一级的网络承载网络。这是感知节点向承载网络发送数据信息的过程，而将用户下达的控制信息由用户应用系统发送到感知节点则需要经过以下过程：先将数据控制信息由用户应用系统发出，然后经由承载网络，传达到接入网关，接入网关再将数据发送给汇聚节点，最后汇聚节点将数据传给感知节点。通过这两种相反的传输过程，末梢网络便可实现感知节点与承载网络间的数据交互。

3. 核心承载网

核心承载网不是一个固定的网络，它是一类网络的统称。人们对物联网的应用需求不同，核心承载网所指的网络也会不同。如果物联网用于家庭应用，那么核心承载网就可以是家庭互联网、家庭 WiFi 或者是 WiMAX；如果是物联网用于公共应用，那么核心承载网就可以是 2G 移动通信网、3G 移动通信网、4G 移动通信网；如果物联网用于企业应用，那么核心承载网就可以是企业专用网。另外，核心承载网也可以是专门为物联网搭建的通信网络。

4. 信息服务系统硬件设施

用户设备、客户端和服务器是构成物联网信息服务系统硬件的三大部分。其中，用户设备包括智能手机、个人电脑、平板电脑、智能电视等；客户端一般指的是公共客户端；服务器指的是各种应用服务器，比如数据库服务器等。信息服务系统硬件设施的主要作用一方面是适配用户、触发需求事件；另一方面是对感知节点所采集的数据进行汇聚、融合、转换、分析等。在采集信息时，不是所有的数据都是有价值的数据，要使从感知节点采集来的海量数据具有价值，就必须利用物联网的内部设施对这些数据进行融合、转换、分析以及处理等。信息呈现的适配需要由服务器实时掌控，还需要用户端设备实时配合才能完成，在此过程中，用户端设备用于触发通知信息。要控制末端节点，需要信息服务系统硬件设施先产生控制指令，然后再将这些控制指令以数据信息的形式传输到末端节点。在信息服务系统中，对于不同应用，应用服务器的选择种类也会不同。

1.3 感　知　层

物联网感知层的主要作用是获取目标物体的原始数据，它是物联网其他层级的数据来源。该层是由多种传感器、RFID 标签、检测设备等共同构建而成，是物联网获取数据的基础层级。在该层级的支持下，海量的数据由网络层传输到应用层，使应用层拥有足够的数据，从而实现对世界万物的自动控制。感知层与人们的日常生活息息相关，是物联网三个层级中最贴近人类生产、生活的层级。我们所购买的书籍封面上就有属于物联网感知层的条码标签，各种商品包装上也同样有相应的条码标签，这些标签包含了物品信息，可被计算机识别和翻译，属于物联网感知层的关键技术之一。这种技术极大地方便了人们的生产、生活，人们将在物联网感知层系统的帮助下，高效、高质、安全地获取足量的信息。由此可见，感知层的普及和发展同时也为促进信息化进程做出了巨大贡献。

实现感知层安全、可靠、高效、高质地获取数据一直是科学家不断努力的方向，这一方面的科研成果层出不穷，人们为完善感知层的数据获取能力正在不断创新，不断挖掘相关研究信息，争取创造出更加先进的感知系统。作为物联网的“皮肤”和“五官”，感知层拥有传感器技术、RFID 技术、二维码技术、蓝牙技术以及 ZigBee 技术等多种信息识别和数据传输技术。感知层在物联网中具有举足轻重的作用，了解感知层的作用和关键技术，学习感知层的工作原理，能够使我们从生活实践中深刻感受物联网为人类生活带来的变化和影响。

1.3.1 物联网感知层获取数据的方式

目前，世界公认的物联网层次结构可以分为感知层、网络层以及应用层。其中，感知层是基础层，也是物联网数据信息的重要来源层。作为物联网的核心层级，感知层始终围绕“感知”二字，通过各种传感器遍布各个物体，形成感知节点群，利用RFID系统获取物体的状态信息和外部环境信息，并通过传感网络实现数据信息的初步处理和交互传输。

物联网的感知层可以覆盖到与人们生活息息相关的各种物品上，比如商品货物、机械设备、物流部件、仓储物品等。通过物联网感知层，一方面可以检测到这些物品，并对这些物品的状态和所处环境的信息进行实时监控；另一方面又能将这些物品相互连接，形成一个可以交互数据信息的整体，实现对这些物品的自动管理。

具体来说，需要在物品上安装或嵌入无线感知设备，相当于每个物品上都张贴着一个单独的监控设备，但却比监控设备的功能更强：标签是物体的身份证明，与物品形影相随、永不分离，通过无线传感网络（WSN）及GPS等定位系统，就能确定这个物品的位置信息、实时状态信息以及外部环境信息等。在这个监测的过程中，需要用大量的传感器节点、无线通信方式等形成一个传感网络系统，这个传感网络系统具有多跳性、自组织性、全面性、自发性等多种优良特性。感知层可以帮助人们自动感知物体，自动采集物体信息，自动处理物体相关数据，让众多的数据量化、统一化、大数据化，既能实现数据的融合处理，又能实现数据的高效传输和应用。

概括来说，物联网感知层的架构由RFID系统和WSN共同构成，RFID系统的主要作用在于识别物体，实现对目标物体的标识，从而便于对物体的有效管理。但是RFID系统并不完美，利用该系统只能在有限的距离内进行物品信息读写，并且该系统的抗干扰能力较差，成本较高。而WSN的作用重点在于组织网络，实现对数据的高效、可靠传输，虽然它不具备节点识别功能，但是其结构相对简单，成本较低，所以更容易实施部署。而如果将RFID系统与WSN结合使用，它们便可优势互补，协同合作，共同推进物联网的发展和应用。

高效、可靠地获取物品数据信息需要以感知层为基础，全面优化RFID网络的拓扑结构。感知层的大量数据主要来源于RFID系统，目前，RFID系统在商品生产、商品运输、公共交通、公共基础设施等领域的应用比较广泛。在商品生产方面，利用该技术可以完善生产链；在商品运输方面，利用该技术可以跟踪和追查商品的去向；在公共交通方面，利用该技术可以实时监控来往车辆；在公共基础设施方面，利用该技术可以确保公共设施安全，一旦损坏，就可以及时报警。

1.3.2 感知层：物联网的皮肤和五官

如果将物联网系统比作人体，那么，物联网的感知层就相当于人的皮肤和五官。人在感知外界信息时，需要用到视觉、听觉、触觉、嗅觉、味觉等感觉系统，感官和皮肤获取外界信息后，经由神经系统传至大脑，并由大脑进行分析判断和处理，大脑做出决策之后，会传达反馈命令指导人的行为。与之相同，物联网感知层的主要功能也是获取外部数据信息，经由传感网络，汇集海量数据到物联网网络层，网络层借助传输层网络将数据传输到物联网应用层，最后，物联网应用层利用感知数据为人们提供相关应用和服务。

与人相比，物联网感知层所感知的信息范围更加广阔。例如，人对温度的感知范围有限，在较小的温度范围之内，人的触觉无法感知温度的微小变化，而一旦超过人类忍受温度的极限，就需要借助具有温度传感器的电子设备的帮助。在一个由计算机控制的自动化装置中，计算机相当于人的大脑，但是仅仅有大脑还不够，还需要有能感知外界信息的五官，才能构成完整的反馈系统，从而代替人进行劳作。

传感器可以感知外界环境信息，是一种检测信息的电子装置。在物联网感知层中，传感器得到了广泛的应用，它们就相当于人的皮肤和五官，可以为物联网提供海量的数据信息。在检测到物体信息之后，各种形式的传感器会将所获得的数据转换成电信号的形式，统一发送到物联网络中，实现信息的传输、处理、存储、控制以及决策。物联网最终是要实现对物品的自动检测和自动控制，而感知层的传感器就是实现这一目的首要装置。在物联网系统中，传感器被统一称为物联网传感器，它们不仅可以进行物品信息的采集，还能对获取的数据进行简单的处理和加工。物联网传感器既可以单独存在，也可以与其他设备连接，它在感知层中具有两方面的作用：一个是信息的采集，另一个是数据的输入。

未来的物联网系统是由一个个传感器构建而成的网络系统，各种功能和形式的传感器将共同成为传感网络的组成部分，在物联网的前端进行信息采集工作。

传感器的种类十分丰富，但总体来说，可分为三大类，即根据物理量、输出信号和工作原理进行具体划分。例如，根据物理量进行划分，可以分为压力传感器、温度传感器、湿度传感器、速度传感器、加速度传感器等。

一般来说，物理传感器是根据物理效应来工作，比如压电效应、离化效应、极化效应、光电效应、热电效应、磁电效应等。化学传感器通常是根据化学原理进行工作，比如化学反应、化学吸附、化学净化等。无论是物理传感器，还是化学传感器，它们都需要将被测信号的变化转化成电信号。

那么，传感器的工作原理具体是什么呢？举例来说，如果将±15V 电源用于传感器，就会使传感器的晶体振荡器发生震荡，从而产生 400Hz 的方波，这种方波在激磁电路中传播，之后由 TDA2030 功率放大器调节方波功率，进而将电源变为交流激磁功率电源。如果方波通过能源环形变压器传播，则其经由的路线是从初级线圈到次级线圈，其中初级线圈具有静止特性，次级线圈具有动态旋转特性。在此过程中，直流电会变成交流电，之后再由整流滤波电路进行处理，最终得到＋5V 的直流电源，电压也降为±5V。这种电源服务于 AD822 运算放大器，AD589 与 AD822 共同组成±4.5V 的电桥电源，同时也是转化器或者放大器的工作电源。一旦弹性轴被扭转，这种变化就会转化成电信号，在电路滤波、整形之后，所产生的频率信号就会以与弹性轴的扭矩按照一定比例呈现，从而实现感应和采集数据。通常来说，物理传感器在物联网中的应用比其他传感器更广泛。化学传感器由于可靠性较低、规模化生产困难，价格也比较昂贵，因此被使用的情况较少。

传感器具有两种特性，分别是静态特性和动态特性。传感器的静态特性，其实指的是静态输入信号、输入量以及输出量二者之间的关系，由于输入量、输出量不受时间影响，一般情况下，人们会用一个代数方程来表示传感器的静态特性，而在这个代数方程中不存在时间项；也可以用输出量做纵坐标、输入量做横坐标的特性曲线来表示。静态特性中的参数包括迟滞、灵敏度、线性度以及分辨力等。

传感器的动态特性体现在输入和输出之间，也就是在其他条件不变的情况下，输入变化后的输出的反应特性。实际上，在研究传感器的动态特性时，人们往往会对传感器输入一些标准的信号，之后通过观察输出信号的响应来了解动态特性的具体内容。例如，阶跃信号、正弦信号都是比较常用的测量传感器动态特性的标准输入信号，因此，阶跃响应与频率响应可用来描述传感器的动态特性。

在选择物联网传感器时，需要考虑多种因素，比如成本、灵敏度、测量范围、响应速度、工作环境等。随着物联网的发展，传感器也越来越智能化。传感器不仅可以采集或捕获信息，还具备了一定的信息处理能力，其称呼也随之改变，被叫做“智能传感器”。这种传感器携带有微处理机，功能也远非传统传感器可比。相比于传统传感器，智能传感器具有以下三个优点：第一是精度大幅提高，成本却普遍降低；第二是具有自动编程和自动处理的能力；第三是功能多样化。

未来，物联网传感器将向着以下六个方向发展：

（1）精度越来越高，可测量物体的极微小变化。

（2）可靠性越来越强，测量范围大幅提高。

（3）更加微型、小巧，甚至可以进入生物体内或融入生物细胞。

（4）向着微功耗方向发展，在没有电源的情况下，可以自身获取能源持续工作。

（5）数字化程度变得更高，智能化明显。

（6）构成物联网络，网络化发展不可阻挡。

1.3.3 条码：物联网的第一代身份证

物联网条码技术广泛应用于商品识别、图书管理、工业生产、仓库存储、交通运输等领域。作为一种自动识别技术，条码通常由一些黑白相间的条纹构成，这些条纹的宽度不一，以某种编码规则排列，其中蕴含了一组可被识别的信息。简单来说，条码就是一种含有信息的图形标识符，这种标识符被贴于商品等的内部或外部，当人们通过红外线扫描这些标识符时，就会了解商品的有关信息。条码是物联网的第一代身份证，这种自动识别技术使物联网的局部实现成为可能。相比于人工识别，这种技术效率高、成本低、安全可靠，在初级阶段的物联网中发挥了重要作用，为促进物联网的普及和应用做出了卓越贡献。

条码一般有三个组成部分，分别是条、空和字符。其中，“条”通常是黑色的条纹，该条纹对光的反射能力较低，而“空”的部分通常对光的反射能力更高，“字符”部分主要是阿拉伯数字。通过红外线设备的扫描，条码很容易被连接计算机的红外线设备识别，并由计算机将扫描的信息转化成二进制或者十进制信息。每一件商品的条码都是唯一的，不可能存在同样编码的不同商品。而要实现商品与条码一一对应的关系，往往需要建立一个条码数据库，这个条码数据库是建立在网络云中，只要计算机识别出条码，就能通过调用数据库与之配对，实现信息再现。

条码最流行的用法是商品条形码，商品条形码在一定程度上实现了商品信息的连接，这也是物联网的重要组成部分。前缀码、制造厂商代码、商品代码以及校验码共同组成了商品条形码，前缀码由国际物品编码协会编制，代表了商品的生产国家或生产地区，例如，00 代表的是美国，69 代表的是中国；制造厂商代码一般由物品编码机构制定，这些机构可以是国家性的，也可以是地区性的，在中国，制造厂商代码是由中国物品编码中心编制的代码；商品代码的制定比较灵活，主要赋权机构是产品生产企业，商品代码主要用来识别商品类别和名称等；商品条形码的最后一位是校验码，其作用是验证条形码中对应数字的正确性。商品条形码中的深色条码和浅色空码是供识别设备扫描读取的，而由阿拉伯数字组成的对应字符是供人们肉眼识别，并通过手动输入数字向计算机问询的。也就是说，条空所表示的商品信息与对应字符表示的商品信息相同。

总体来说，一个条形码要变成可读信息需要经历两个过程，第一个过程是扫描，第二个过程是译码。在扫描条形码时，条形码扫描器携带的光源会照射到条形码上，条形码上的黑色部分具有吸收光波的特性，白色部分具有反射光波的特性，这样一来，明暗相间的光就会反射到光电转换器上，光电转换器会根据这些光的强弱信号，将光信号转换为电信号。

由于扫描原理的不同，扫描器的种类也不止一种，市场上比较流行的扫描器有四种，分别是影像扫描器、红光 CCD 扫描器、光笔扫描器以及激光扫描器。扫描前期获取的电信号比较弱，因此需要增强电信号，以便更准确地传输。而增加电信号强度就需要用到放大电路，放大电路一般在条码扫描器中就有配备。增强后的电信号还需要经由整形电路进一步转换成数字信号，才能最终被破译。从日常的商品条形码中可以看出，条形码黑条和白条的宽度并不一致，这也使得二者所获得电信号的时间有长短之分。在译码过程中，脉冲数字电信号以 0 或 1 的形式呈现，译码器只需测量 0 和 1 的数量，就能获知条形码“条”和“空”的数量，从电信号持续时间的长短上可获悉“条”和“空”的宽度。然而，即使得到了条形码“条”和“空”的数量和宽度，其数据仍然不具有直接的信息价值，还需要进一步根据编码规则变换为数字、字符信息，才能在计算机的帮助下完整识别物品信息。

简单描述条形码的扫描原理就是：扫描器利用自身光源照射条形码，再利用光电转换器接受反射的光线，将反射光线的明暗转换成数字信号。

条码的编码规则具有以下几个特点：

（1）唯一性。一种类型的产品拥有唯一的条码，这个条码和人的身份证具有相同的作用，拥有独一无二的特性。如果同一种产品具有不同的规格，那么该产品的条码就会不同，制定依据是产品的各种不同性质，比如重量、气味、颜色、形状等。

（2）永久性。条码一旦被制定将会永久不变，因此具有永久性。如果一种商品因为某种因素而停产，那么该商品所对应的条码将会永久搁置，不会再重复使用，即使有类似的产品出现，也只能重新制定条码。

（3）无含义性。一种产品更新换代后可能产生多种类型的产品，千千万万的产品需要海量的条码，因此，为了确保条码的容量足够大，一般使用无含义的顺序码。

条形码中的校验码可以通过固定的公式计算得到，按照条形码的编序规则，从右往左的序号为“1，2，…”，要获得条形码的校验码，首先要从序号 2 开始，将 4、6、8、10 等偶数序号位上的数字相加，然后乘以 3；接着将 3、5、7、9 等奇数序号位上的数相加，用所得的和与前一步骤求得的积再求和，接下来再用 10 减去所得数字的个位数就可得到校验码。

举例来说，如果要计算条形码 987268131702X（X 为校验码）中的校验码，其具体步骤为：

第 1 步：2+7+3+8+2+8=30

第 2 步：30×3=90

第 3 步：0+1+1+6+7+9=24

第 4 步：90+24=114

第 5 步：10－4=6

所以，校验码 X=6，此条形码为 9872681317026。

1.3.4 物联网感知层的关键技术

物联网感知层的关键技术包括传感器技术、RFID 技术、二维码技术（2－dimensional bar code）、蓝牙技术以及 ZigBee 技术等。物联网感知层的主要功能是采集和捕获外界环境或物品的状态信息，在采集和捕获相应信息时，会利用 RFID 技术先识别物品，然后通过安装在物品上的高度集成化微型传感器来感知物品所处环境信息以及物品本身状态信息等，实现对物品的实时监控和自动管理。而这种功能得以实现，离不开各种技术的协调合作。

1. 传感器技术

物联网实现感知功能离不开传感器，传感器的最大作用是帮助人们完成对物品的自动检测和自动控制。目前，传感器的相关技术已经相对成熟，被应用于多个领域，比如地质勘探、航天探索、医疗诊断、商品质检、交通安全、文物保护、机械工程等。作为一种检测装置，传感器会先感知外界信息，然后将这些信息通过特定规则转换为电信号，最后由传感网传输到计算机上，供人们或人工智能分析和利用。传感器的物理组成包括敏感元件、转换元件以及电子线路三部分。敏感元件可以直接感受对应的物品，转换元件又称传感元件，主要作用是将其他形式的数据信号转换为电信号；电子线路作为转换电路可以调节信号，将电信号转换为可供人和计算机处理、管理的有用电信号。

2. RFID 技术

RFID 技术是无线自动识别技术之一，又称为电子标签技术。利用该技术，无需接触物体就能通过电磁耦合原理获取物品的相关信息。

物联网中的感知层通常都要建立一个 RFID 系统，该识别系统由电子标签、读写器以及中央信息系统三部分组成。其中，电子标签一般安装在物品的表面或者内嵌在物品内层，标签内存储着物品的基本信息，以便于被物联网设备识别；读写器有三个作用，一是读取电子标签中有关待识别物品的信息，二是修改电子标签中待识别物品的信息，三是将所获取的物品信息传输到中央信息系统中进行处理；中央信息系统的作用是分析和管理读写器从电子标签中读取的数据信息。

3. 二维码技术

二维码又称二维条码、二维条形码，是一种信息识别技术。二维码通过黑白相间的图形记录信息，这些黑白相间的图形按照特定的规律分布在二维平面上，图形与计算机中的二进制数相对应，通过对应的光电识别设备就能将二维码输入计算机进行数据的识别和处理。

二维码有两类，第一类是堆叠式/行排式二维码，第二类是矩阵式二维码。堆叠式/行排式二维码与矩阵式二维码在形态上有所区别，前者是由一维码堆叠而成，后者是以矩阵的形式组成。两者虽然在形态上有所不同，但都采用了共同的原理：每一个二维码都有特定的字符集，都有相应宽度的“黑条”和“空白”来代替不同的字符，都有校验码等。

二维码具有较多的优点：

（1）编码的密度较高，信息容量很大。一般来说，一个二维码理论上能容纳1850个大写字母，或者2710个数字。如果换算成字节的话，可包含1108个；换算成汉字，能包含500多个。

（2）编码范围广。二维码编码的依据可以是指纹、图片、文字、声音、签名等，具体操作是将这些依据先进行数字化处理，再转化成条码的形式呈现。二维码不仅能表示文字信息，还能表示图像数据。

（3）容错能力强，具有纠错功能。二维码局部沾染了油污，变得模糊不清；或者由于二维码被利器穿透导致局部损坏，在这些极端情况下，二维码都可以正常识读和使用。也就是说，只要二维码损毁面积不超过50%，都可以利用技术手段恢复原有信息。

（4）译码可靠性高。二维码的错误率低于千万分之一，比普通条码错误率低了十几倍。

（5）安全性高，保密性好。

（6）制作简单，成本较低，持久耐用。

（7）可随意缩小和放大比例。

（8）能用多种设备识读，如光电扫描器、CCD设想设备等，方便好用，效率高。

4. 蓝牙技术

蓝牙技术是典型的短距离无线通信技术，在物联网感知层得到了广泛应用，是物联网感知层重要的短距离信息传输技术之一。蓝牙技术既可在移动设备之间配对使用，也可在固定设备之间配对使用，还可在固定和移动设备之间配对使用。该技术将计算机技术与通信技术相结合，解决了在无电线、无电缆的情况下进行短距离信息传输的问题。

蓝牙集合了时分多址、高频跳段等多种先进技术，既能实现点对点的信息交流，又能实现点对多点的信息交流。蓝牙在技术标准化方面已经相对成熟，相关的国际标准已经出台，例如，其传输频段就采用了国际统一标准2.4GHz频段。另外，该频段之外还有间隔为1MHz的特殊频段。蓝牙设备在使用不同功率时，通信的距离有所不同，若功率为0dBm和20dBm，对应的通信距离分别是10m和100m。

5. ZigBee技术

ZigBee指的是IEEE 802.15.4协议，它与蓝牙技术一样，也是一种短距离无线通信技术。根据这种技术的相关特性来看，它介于蓝牙技术和无线标记技术之间，因此，它与蓝牙技术并不等同。

ZigBee传输信息的距离较短、功率较低，因此，日常生活中的一些小型电子设备之间多采用这种低功耗的通信技术。与蓝牙技术相同，ZigBee所采用的公共无线频段也是2.4GHz，同时也采用了跳频、分组等技术。但ZigBee的可使用频段只有三个，分别是2.4GHz（公共无线频段）、868MHz（欧洲使用频段）、915MHz（美国使用频段）。ZigBee

的基本速率是250Kbit/s，低于蓝牙的速率，但比蓝牙成本低，也更简单。ZigBee的速率与传输距离并不成正比，当传输距离扩大到134m时，其速率只有28Kbit/s，不过，值得一提的是，ZigBee处于该速率时的传输可靠性会变得更高。采用ZigBee技术的应用系统可以实现几百个网络节点相连，最高可达254个之多。这些特性决定了ZigBee技术能够在一些特定领域比蓝牙技术表现得更好，这些特定领域包括消费精密仪器、消费电子、家居自动化等。然而，ZigBee只能完成短距离、小量级的数据流量传输，也是因为它的速率较低且通信范围较小。

ZigBee元件可以嵌入多种电子设备，并能实现对这些电子设备的短距离信息传输和自动化控制。具体来说，它具备了以下多种特点：

（1）网络容量大。由于ZigBee设备可以实现与254个网络节点相连，再加上其本身设备的基础，每个ZigBee网络能同时服务于255台设备。ZigBee网络不仅支持星形、簇形等网络结构，还支持其他复杂的网状网络结构。

（2）速率低，近距离。其通信速率最低为10Kbit/s，最高为250Kbit/s，传输范围为10～134m。如果相邻节点间的RF发射功率增加，其信息传输范围最远可达3km左右，在利用路由的情况下，其节点间的通信范围将会更大。

（3）成本低。ZigBee的协议比较简单，功率低至蓝牙的十分之一，因此，ZigBee对通信控制器的性能要求较低，这样一来，只需利用性能不高的8位微控制器就能实现数据测算。另外，ZigBee的子功能节点代码只有4KB，在使用ZigBee协议时不需要支付专利费用，因此，成本较低。

（4）低功耗。ZigBee网络工作周期短，通信循环次数少，以该种网络连接成的设备一般只有睡眠状态和激活状态两种状态。举例来说，要使ZigBee设备工作半年以上，只需消耗两节普通五号干电池的电量。

（5）可靠性高。ZigBee网络拥有信息碰撞避免机制，这种机制预留了专用数据间隙，可以避免数据冲突和碰撞，提高了ZigBee网络的整体可靠性。

（6）短延时。一般情况下，ZigBee网络的延时范围为15～30ms，一些对延时比较敏感的应用软件可以在这样的延时内进行正常工作。

（7）安全性高。ZigBee传输网络之所以具备较高的安全性，是因为该技术采用了三级安全模式。第一级安全模式为无安全设定，第二级安全模式是基于控制清单的防数据泄露机制，第三级安全模式是高级对称密码设置，如AES-128加密算法。为了保证数据的完整性，ZigBee还具有鉴定和检查数据的功能。

1.3.5 感知层在物联网中的重要性

感知层是物联网的根本，没有这个根本，所谓的物联网就无从谈起。要实现对世界万物的联接，就必须先掌握世界万物的相关信息，而如何获取世界万物的相关信息，则是物联网感知层的职能所在。因此，感知层被认为是物联网的根本。人类生活在信息世界和物理世界之间，而物联网感知层则是沟通这两个世界的纽带。物联网感知层由一个个感知设备构成，这些感知设备又可被称为感知节点，包括RFID芯片、GPS接收设备、传感器、智能测控设备等，主要作用是识别和感知物品的信息及外部环境的信息。

具体来说，感知层是智能物体和感知网络的集合体，其中，智能物体上贴有电子标签，可供感知网络进行识别。同时，智能物体上还可装有多种传感器，这些传感器可以感知物体的状态信息及外部环境信息，在捕获数据信息后，感知网路就会发挥信息传输、交互通信的作用。

实际上，在日常生活中，我们时常可以与感知节点有所接触。例如，在智能电网中装有传感器的变电站可被看作一个感知节点，装有智能传感器的汽车、公共场所的监控器、声控电灯等也是感知节点。可以说，装有传感器和RFID标签的所有物品都可被看作为感知节点。感知节点是物联网网络层的重要基础单元，它的特性可以影响到整个物联网网络。感知节点决定了感知层在物联网中的重要程度。物联网与互联网之所以存在较大的区别，主要在于它们在感知层上存在较大区别。从感知节点和感知数据的角度出发，可以说明感知层在物联网中的重要性。

1. 感知层对物联网生命周期的重要性

物联网的生命周期与感知层中的感知节点紧密相关。物联网感知层由传感器、RFID标签以及各种测控设备共同组成，传感器的造价决定了物联网能否在多个领域广泛普及，这就要求传感器尽可能结构简单、体积更小，只有这样，其造价成本才会有所降低。而这些特性又决定了传感器必须使用小型电源才能满足供电需求，但是电源体型小往往电量存储也会小，这样一来，设置在野外环境中的传感器就很容易因为电量不足而无法进行长时间工作，从而影响物联网的生命周期。

2. 感知层对物联网应用价值的重要性

感知层所采集的数据是原始数据，原始数据的特点是实时、有效、准确。在正常情况下，这些从感知层采集来的数据需要被充分利用，才能体现其价值。物联网的目的是应用数据，这种功能的最终实现层级是物联网应用层。如果感知层所获取的数据质量不高，那么，无论网络层所传输的感知层数据多么及时，多么高效，经过多么精密的计算和深度挖掘，都不可能在应用层中得出正确的结论。由此可见，由感知层的感知节点获取的数据质量将极大地影响应用层的最终决策结果。

3. 感知层对物联网覆盖能力的重要性

在物联网的实际应用中，如果我们要实现对某一区域的地质勘探工作，就需要在目标区域设定相应的传感器，组成无线传感网络来检测这片区域的地质情况。在这个过程中，我们只能在安装了传感器的区域进行勘探工作，而无法获取未安装传感器的地区的地质信息。同理，假设在机场建立一个物联网安全防控系统，那么在传感器未覆盖的区域一但出现紧急情况，这个安全防控系统的作用就会失效。因为感知节点的分布范围较小使得区域物联网感知层在物联网中的重要性系统的覆盖范围有限，无法做到全方位监控。由此可以看出，感知层在很大程度上决定了物联网的覆盖能力，所以，拥有一个覆盖全面的感知层网络，才能实现一个覆盖全面的物联网应用系统。

4. 感知层对物联网安全的重要性

物联网感知层充斥了海量的数据，这些数据包含了多个方面的信息，例如国家军事部署信息、先进武器制造信息、重要政要活动信息等。如果这些信息在感知层就受到不法分子的干预和操纵，就很容易致使整个物联网系统存在安全隐患，甚至会导致国家信息泄露。因此，感知层的安全是国家物联网安全的重要一环，该层的数据安全防范能力将决定

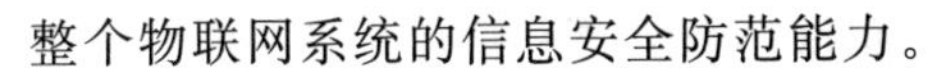

整个物联网系统的信息安全防范能力。

从整体上看，感知层是物联网的“五官”和“皮肤”，如果感知层无法保证规范和安全，物联网的能力将大打折扣，甚至在一些特殊情况下，物联网将不再是造福人类的优良工具，而会变成损害人们利益的“自残之剑”。科技是一把双刃剑，物联网的感知层决定了这把剑的剑锋的朝向。

1.4 网　络　层

物联网网络层是物联网体系的中间层级，通过它可以实现物联网感知层和物联网应用层的连接。与其他层级相比，网络层的技术更加成熟，主要因为它建立在已有网络的基础之上，结合了移动通信网、国际互联网、公共网络和专用网络等多种现有网络技术，不仅标准化程度更高，而且产业化能力更强。物联网网络层集合了已有网络的优点，提升了传输数据的可靠性和安全性，实现了对感知层数据的实时且动态的传输。特别是在无线传输方面，网络层的表现尤为突出：它既可以打破短距离传输的瓶颈，又可以在提高传输数据量的基础上，保证高效数据传输的服务质量和要求。

互联网、移动通信网以及无线传感网是物联网的三大组成网络，学习这三大网络技术可以了解物联网网络层的基础架构，让人们清楚物联网网络层的主要组成，更加透彻地理解网络层的概念。物联网的组成网络与传统网络既有区别又有联系，通过对网络层WiMAX与传统WiFi的比较，可以了解网络层的基本传输原理和过程及其相对于传统网络的优势。网络层中蓝牙技术的应用，实现了短距离无限数据的高效传输，大大方便了物与物、物与人、人与人之间的信息互动和交流。路由的选择和软件平台的搭建是网络层必须要考虑的问题，在充分解决了这些问题后，物联网网络层处理数据的效率将变得更加高效，相关的功能也将变得更加强大。

1.4.1 网络层的关键技术

如果说感知层是物联网的“感觉器官”，那么网络层就是物联网的“大脑”。物联网网络层中存在着各种“神经中枢”，用于信息的传输、处理以及利用等。通信网络、信息中心、融合网络、网络管理中心等共同构成了物联网的网络层。

要实现网络层的数据传输，可以利用多种形式的网络类型，比如人们既可以利用小型局域网、家庭网络、企业内部专网等各类专网进行数据传输，也可以利用互联网、移动通信网等大型公共网络进行信息传输。事实上，如果能将电视网络和互联网相互融合，那么这两种网络融合后的有线电视网也可以成为物联网网络层的一部分，这种网络能与其他网络配合，共同承担起物联网网络层的多种功能。随着多种应用网络的融合，物联网的进程将会不断加快。

物联网网络层具有多种关键性技术，比如互联网、移动通信网以及WSN。

1. 互联网

互联网几乎包含了人类的所有信息，是人类信息资源的汇总，人们常说的因特网就是互联网的狭义称谓。在相关网络协议的约束下，通过互联网相连的网络将海量的信息汇总、整理和存储，实现信息资源的有效利用和共享，这其实就是互联网最主要的功能。互联网由众多的子网连接而成，它是一个逻辑性网络，而每一个子网中都有一些主机，这些主机主要由计算机构成，它们相互连接，共同控制着自己区域的子网。互联网中存在两类最高层域名，分别是地理性域名和机构性域名，其中，机构性域名的数量有14个。

“客户机＋服务器”模式是互联网的基础工作模式，在TCP/IP的约束下，如果一台计算机可以和互联网连接并相互通信，那么这台计算机就成了互联网的一部分。这种不受自身类型和操作系统限制的联网形式，使互联网的覆盖范围十分广大。从某种意义上来说，在互联网的基础上加以延伸便可形成物联网。

拥有丰富信息资源的互联网，一方面可以方便人们获取各种有用信息，让人们的生产、生活变得更加高效；另一方面可以让人们享受互联网所提供的优质服务，从而提高人们的生活水平。

具体来说，互联网可以提供以下几种服务：

(1) 高级浏览服务。利用网页搜索，可以搜寻、检索并利用各种网络信息，同时，也可以将自己的信息以及外界环境信息等通过网页编辑，发布到互联网上与他人共享。利用互联网的高级浏览服务，不仅能进行非实时信息交流，还能进行实时信息交流。

(2) 电子邮件服务。电子邮件服务是最流行的网络通信工具，可以帮助人们在任何时间、任何地点实现与朋友、亲人之间的互动交流。

(3) 远程登录服务。利用这种服务，可以远距离操作其他计算机系统。通过远程登录服务，将本地计算机与远程计算机连接起来，实现通过操作本地计算机控制远程计算机系统的目的。

(4) 文件传输服务。最早的互联网文件传输程序是FTP，利用远程登录服务先登录到互联网的一台远程计算机上，然后再利用FTP文件传输程序将信息文件传输到远程计算机系统中。同样，也可以从远程计算机系统中下载文件。

互联网是物联网最主要的信息传输网络之一，要实现物联网，就需要互联网适应更大的数据量，提供更多的终端。而要满足这些要求，就必须从技术上进行突破。目前，IPv6技术是攻克这种难题的关键技术，这是因为，IPv6拥有接近无限的地址空间，可以存储和传输海量的数据。利用互联网的IPv6技术，不仅可以为人提供服务，还能为所有硬件设备提供服务。

2. 移动通信网

移动物体之间、移动物体与静态物体之间的通信需要利用移动通信网得以实现。移动通信有有线通信和无线通信两种方式，在这两种方式的作用下，人们可以享受到语音通话、图片传输等服务。核心网、骨干网以及无线接入网共同构成了移动通信网，其中，无线接入网的主要作用是连接移动通信网和移动终端，而利用核心网和骨干网可以实现信息的互交和传递。由此可见，移动通信网的基础技术包括两类：一类是信息互交技术，另一类是信息传递技术。移动通信网可以实现任何形式的传播，因此它具有开放性；移动通信网可以在多种复杂环境下进行工作，因此它又具有复杂性；另外，移动通信网还具有随机移动性。

3. WSN

与互联网相同，物联网不仅需要有线的信息连接方式，也需要无线的信息连接方式。

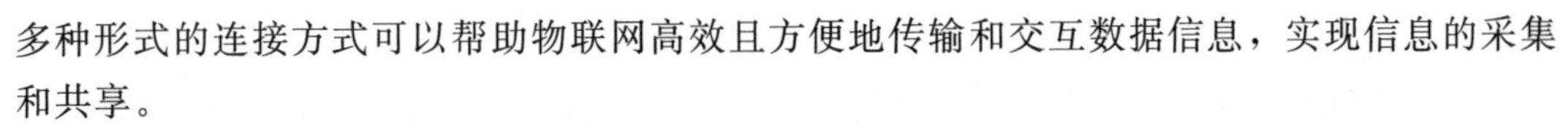

多种形式的连接方式可以帮助物联网高效且方便地传输和交互数据信息，实现信息的采集和共享。

WSN 即在众多传感器之间建立一种无线自组织网络，并利用这种无线自组织网络实现这些传感器之间的信息传输。在这个传输过程中，无线传输网络会对传感器所采集的数据进行汇总。该技术可以使区域内物品的物理信息和周围环境信息全部以数据的形式存储在无线传感器中，有利于人们对目标物品和任务环境进行实时监控，也有利于分析和处理有关信息，对物品进行有效管理。

WSN 包含了多种技术，其中包括现代网络技术、无线通信技术、嵌入式计算技术、分布式信息处理技术以及传感器技术等。网关节点（汇聚节点）、传输网络、传感器节点和远程监控共同构成了 WSN，它兼顾了无线通信、信息监控、事务控制等功能，具有以下几个特点：

（1）网络规模较大，遍布各种地理环境，通过无数的传感器覆盖全球。

（2）网络呈现动态变化，其结构为网络拓扑结构。

（3）网络的核心是数据，一切工作行为都以数据为中心。

（4）网络具有自动组织性能。

（5）网络具有应用相关性。

（6）网络较公开，安全性较低。

（7）传感器节点性能有限，有待进一步开发。物联网网络层在互联网、移动通信网以及 WSN 的相互配合下，完成了主要的层级功能，为构建物联网系统提供了技术参考和行业标准，加快了物联网的全球化进程。

1.4.2 网络层 WiMAX 与传统 WiFi 的比较

物联网网络层中的 WiMAX 是一种无线接入技术，它具有多种名称，如 802.16 或者 802.16 无线城域网等。

WiMAX 技术可实现物联网网络层中的宽带无线高速连接，确保了物联网数据的高速传输。WiMAX 具有多种优点，比如它可以作为 QoS 的保障，不仅适应性广，而且传输效率高。并且，由于 WiMAX 的最远数据传输距离为 50km，所以，它是物联网数据无线远距离传输的最佳选择。WiMAX 技术融合了多种先进的通信技术，比如多输入多输出技术（MIMO）、AAS 以及 OFDM/OFDMA 等。作为众多先进技术的融合体，WiMAX 技术代表了未来通信技术发展的方向，随着 WiMAX 技术的不断发展，其相关标准也不断被制定出来。由于传输距离较远，适应于远距离无线数据传输，相比于 3G、4G，WiMAX 更有利于宽带业务实现移动化。而 3G、4G 网络传输加快了互联网移动业务的宽带化进程，未来，如果人们能将 WiMAX 技术与 3G、4G 网络传输技术相融合，那么在构建物联网网络数据传输系统时就会更加容易。

WiMAX 技术多用于城域网，802.16 无线城域网的别称便由此而来。作为一种高速无线数据网络标准，WiMAX 可以替代传统的接入传输方式，如电缆、DSL，实现偏远地区“最后一公里”的网络数据传输。除了能作为“最后一公里”的无线宽带接入，WiMAX 还可以提供多种其他应用服务，如热点服务、企业间高速连线服务、移动通信回城线路等。虽然 WiMAX 与 WiFi 的概念相似，但 WiMAX 的综合性能要远远高于日常生活中人们喜爱使用的 WiFi，并且其优越性能能够使无线宽带数据传输的距离进一步扩大，从而使数据网络的覆盖面积更加广阔。

现阶段，公认最好的 access 蜂窝网络是以 WiMAX 技术为核心的 WiMAX1。WiMAX1 具有优越的数据传输速度和超远距离传输范围，可以方便快捷地连接到任何宽带覆盖的领域，为广大用户提供高速数据连接服务，其无与伦比的高速传输数据性能可以为用户带来极速上网体验。WiMAX 技术与其他无线技术融合后，将构成一个新的无线传输标准，其发展将加快网络经济的发展。

如果说 WiFi 技术是无线互联网发展的风向标，那么 WiMAX 技术就是无线物联网发展的指示牌，虽同为无线信息传输技术，但它们之间却有较大的区别。两者可在移动性、传输速度、传输范围、折叠安全性等方面进行综合分析比较。

1. 移动性分析

在移动业务上，WiMAX 与 WiFi 既有区别又有联系。从两者的联系上来看，WiMAX 与 WiFi 最大的联系就是都支持移动性通信。两者的区别在于，在 WiMAX 的标准中，有一种专门用于移动宽带数据业务的 802.16e，该标准的应用范围通常是 802.16e 终端持有者以及笔记本终端等。虽然 802.16e 提供 VoIP 业务，也能够与 IP 核心网进行连接，但是它的移动性有限。对于 802.16e，高带宽与宽覆盖以及高移动性无法共存，只有牺牲掉宽覆盖和高移动性，它才能获得较高的数据接入带宽，因此，曾经很长一段时间 802.16e 都致力于解决热点覆盖以及移动性问题。在有限的移动性特性下，802.16 只适用于低速移动设备的网络数据接入。而虽然 WiFi 技术允许设备具有移动性，但不能在脱离一个 WiFi 基地台范围进入到另一个 WiFi 基地台范围的过程中切换终端，当设备在两个 WiFi 基地台之间移动时，要想一直保持联网状态是无法实现的，需要有一个重新接入网络的过程。

2. 传输范围分析

如果要设计一种新的 WiMAX，可以在两种无线频段中运行，一种是公用无线频段，另一种是需要执照的无线频段。假如一个物联网企业拥有无线频段的执照，那么在设计 WiMAX 时，WiMAX 将在运作上拥有更多权限。在授权频段下，WiMAX 可以在更多的时段进行信息传输，也可以拥有更多的频宽，还可以让自身功率增强。WiMAX 授权频宽的条件是无线 IS/7，而设计 WiFi 时，需要在公用频段中运行，并且要将其频率控制在 2.4G～5GHz。WiFi 的传输功率范围是 1～100MW，该标准由权威机构美国联邦通信技术委员会（FCC）制定。而 WiMAX 的传输功率可达 100kW，是 WiFi 传输功率的一百万倍。由此可以看出，WiMAX 的传输距离远大于 WiFi 的传输距离并不是没有道理。

WiMAX 的传输距离比较长，但是它的应用却没有 WiFi 多，这是因为 WiMAX 的信息传输条件比较苛刻。两个 WiMAX 基地远距离传输信息时，其所使用的无线频段必须拥有相关授权，否则就会无法正常使用。如果支持 WiMAX 工作的无线频段没有授权，则它的远距离传输等优势将会消失。WiMAX 与 WiFi 在运作时都会受到物理定律的限制，它们都依赖无线频段传输，都在无线频段特性的限制之下运行。假设让 WiFi 和 WiMAX 一样，在授权频带中工作，那么它的特性将会发生巨大变化，其信息传输范围将会变大，传输距离也将更远，变得与 WiMAX 样，具有明显的传输优势。

除了需要授权频段环境，WiMAX 还能利用 pre - NMIIMO 等多径处理技术。在多种技术的综合运用下，WiMAX 的性能将更加优越。

3. 传输速度分析

WiMAX 技术的绝对优势是超高的数据传输速度，据相关机构检测，其最高传输速度可达 324Mbyte/s，这是 WiFi 等一般的无线传输技术无法比拟的，就连 WiMAX 利用的 Wi - FiMIMO 技术也可达到理论值为 108Mbyte/s 的传输速度。但是即使有如此骄人的优势，WiMAX 的应用却很少，关于它的商业产品更是远远比不上 WiFi 技术。这是因为，WiMAX 技术的技术问题较多，并且会受到各种物理定律的限制，技术发展尚不成熟。在设计 WiMAX 时，还有一个不可忽略的问题，即频宽竞争问题，这也是 WiMAX 技术尚无法商业化和普及化的原因。在组建 WiMAX 网络时，授权频段环境可使 WiMAX 的覆盖面积变大，但是覆盖面积变大，使用网络的用户就会随之变多，对于同样频宽的竞争就会更加激烈。即使试图避免频宽竞争，利用多个独立频道传输数据，相同频道中的使用人数仍会高于 WiFi，其网络负担依然很重。在频宽竞争之外，还有品质管控（QoS）的问题，此问题和频宽竞争问题一样，都是卫星电话企业、无线微波企业以及 3G 企业经常遇到的问题。网络的服务品质不达标，使用的人数就会很少，在 WiMAX 控制的网络下，当网络延迟达到一定区间后，其他即时应用将很难运行，比如延迟在 200～2000ms，用户便不能使用视频聊天、网络游戏以及 VoIP 等。如果将 QoS 机制与 WiMAX 技术相结合，理论上可以解决网络服务品质的问题，但现阶段还没有相应的产品诞生。

相比于 WiMAX 技术，QoS 在 WiFi 技术上运作已被证明具有可行性，QoS 在 802.11e 上运作的相关标准正在进一步的制订中。由于商业盈利性质的局限性，用户很难享用整个频段，所以授权 WiMAX 的基地台建设比非授权 WiMAX 的基地台建设要慢得多，当然，比 WiFi 基地台的建设也要慢得多。在公用频段无线连接网络领域，相关商品的推出决定了 WiMAX 与 WiFi 技术的应用和普及。从传输功率和频段上来看，WiMAX 与 WiFi 理论上存在较多的共同点，但由于 WiFi 产品的广泛普及，WiFi 在非授权频段日渐成熟，比 WiMAX 在技术方面领先了很多，所以，WiMAX 应该应用于更高层次的领域，如企业间的高速无线数据网络传输以及物联网领域的网络传输等。

4. 折叠安全性分析

在安全性上，WiMAX 与 WiFi 亦有相似之处，WiFi 的 WPA2 与 WiMAX 的加密和认证方法几乎相同。区别在于，WiMAX 的安全机制使用的是名为 PKM - EAP 的加密方法，即在使用 3DES 或者 AES 的同时加上 EAP 认证，而 WiFi 的 WPA2 使用的加密机制是 AES 加密，使用的认证方法是 PEAP 认证。这两套安全机制和认证方法都能够保证网络的安全性，可能存在安全隐患的是利用不合理的组建方式组建网络。

1.4.3 网络层的路由选择

路由就是信息传输的路径，物联网网络层中有多种信息传输的路径，这些路径主要由两种节点提供，一种是目的节点，另一种是通信子网络源节点。要设计并构建物联网网络层，路由的选择十分重要。当节点遇到分组时，必须确定下一节点的路由，否则将无法进行数据传输。为网络节点选择路由有多种方式，比如，可以在连接建立虚电路时确定路由，也可以在数据报方式中利用网络节点为不同的分组选择路由。

选择路由需要借助路由算法，而路由算法的建立并不简单，它的设计需要考虑多种要素：一是性能指标，路由算法需要建立在一定的性能指标之上，这种性能指标一般可分为最优路由和最短路由两种，最优路由除了要考虑传输距离的长短之外，还要考虑其他综合因素，是一种建立在综合考虑下的路由选择方式，而最短路由要考虑的主要因素是传输距离，距离最短是这种路由选择方式的目标；二是充分考虑通信子网所采取的方式，这种考虑的方式也有两种，一种是基于虚电路方式的路由选择，另一种是基于数据报方式的路由选择；三是既可以采用分布式路由算法，又可以采用集中式路由算法，如果选择前者，那么在到达每一个分组之前都要为网络节点选择路由，如果选择后者，那么决定整个路由的关键点是中央节点，或者是初始节点；四是综合考虑信息的来源因素，既要考虑流量的来源，又要考虑延迟的原因，还要考虑网络拓扑的来源等；五是在动态路由和静态路由之间进行相关策略选择。

路由可分成静态路由和动态路由，在选择路由时，通过类别比较进行选择是一种普遍采用的方法。

1. 静态路由选择策略

静态路由选择策略是一种根据某些固定规则和标准来选择路由的策略，利用这种策略进行路由选择，既不需要对网络层进行相关测量，也不需要利用网络信息进行分析。静态路由选择策略包含固定路由选择算法、泛射路由选择算法以及随机路由选择算法三种算法。

（1）固定路由选择算法。该算法比较简单，所以人们对这种算法的使用比较频繁。在选择路由之前，人们会在每一个网络节点下面附上一张表格，用于记录该网络节点应该对应的链路或者目的节点。以存储表格的方式来明确所要选择的路由虽然看起来很“笨”，但却非常方便有效。如果节点准备选择路由，只需要将每一个节点下存储的表格“打开”，并根据分组的地址信息，对应路由表中的目的节点，便可快速选出标准路由。固定路由选择算法不仅实施起来十分方便，还可在特定环境中发挥更好的效果，比如在负载相对稳定以及拓扑结构变化较小时，使用该种算法可起到更好的运行效果。但固定路由选择算法也有一定的缺点，比如遇到网络故障或者网络堵塞的情况，利用这种算法将无法选择出较好的路由，这同时也表明了这种选择算法比较“死板”，无法灵活适应不断变化的网络环境。因此，该种算法的实施需要一个相对稳定的网络。

（2）泛射路由选择法算法。这种算法也比较简单，当网络层众多线路中的某个分组到达一个网络节点，这个网络节点就会将这个收到的分组重新发送到其他所有线路中，这就相当于同时测试了所有路径，网络节点只需要找到那个最先到达目的节点的分组，并与之配对，便可以形成最短路径。一些军事网络可以利用这种方法来选择路由，因为军事网络的强壮性较高，不易遭到破坏，即使多数网络节点被损坏，泛射路由选择算法仍能根据某一个分组与其他目的节点配对选择出最优路由，从而保证数据的高效、可靠传输。

除此之外，泛射路由选择算法也可以应用于数据的广播式交换，还可以应用于检测网络的最短传输延迟。

（3）随机路由选择算法。网络节点在收到分组后，利用这种算法，可帮助该网络节点在其他相邻节点中选出一个出路节点作为分组的备用节点。随机路由选择算法的优点是简

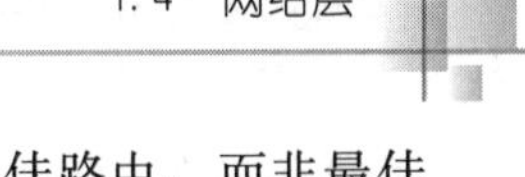

单易行且具有一定的可靠性，但是利用这种方法选出的路由不一定是最佳路由，而非最佳路由往往会给网络层增加不必要的负担，还常伴有不可预测的传输延迟问题。因此，此种算法无法保证数据的可靠传输，在现实中的应用也较少。

2. 动态路由选择策略

动态路由选择策略可用于改善网络的性能，该种策略具有较强的适应性，可在不断变化的网络环境中较好地完成选择最佳路由的工作。例如，利用动态路由选择策略不仅能适应网络流量的变化，也能适应拓扑结构的变化，并可根据网络实时的状态信息来确定节点路由的选择。但是这种算法也有弊端，它比较复杂，因此往往会提高网络负载，使网络整体负担加重，并且在现实操作中还会出现多种不可靠情况：网络反应较慢，这种算法就会不起作用；如果网络反应较快，又会引起较大的网络振荡等。与静态路由选择策略相同，动态路由选择策略也具有独立路由选择算法、集中路由选择算法和分布路由选择算法三种具体算法。

（1）独立路由选择算法。该种算法需要根据节点接收的信息自行选择路由，在这个选择的过程中，接收分组的网络节点不会与其他网络节点交换路由选择的信息，其最大的好处是能适应拓扑结构以及网络流量的变化，但是无法确定较远网络节点的路由选择。热土豆算法是一种早期的简单的独立路由选择算法，该算法的特点是，网络节点在接收到分组后，需尽快将其排列在最短的输出列方向上，但是这个输出列的方向如何，并不在该种算法的考虑范围内。

（2）集中路由选择算法。这种算法与固定路由选择算法有相似之处，都有路由表，每个网络节点对应一张路由表，路由表中记录着路由选择信息。两种算法的不同点在于节点路由表的制作单位，当节点路由表应用于固定路由选择算法中时，它的制作单位是人，也就是说，该算法中的路由表由人亲手制作；而当节点路由表应用于集中路由选择时，节点路由表的制作单位是路由控制中心 RCC（routing control center）。实际上，由 RCC 制作的节点路由表更具动态性，因为 RCC 会根据动态的网络信息进行计算，通过分析网络的实时状态制作出相应的节点路由表，然后才会将这些路由表分送给各个网络节点。简单来说就是，一个是静态信息路由表，一个是动态信息路由表。相比于静态信息路由表，由 RCC 利用网络实时信息制作的动态信息路由表更加完善，可以完美选择路由，而不会增加各个网络节点的计算负担。

（3）分布路由选择算法。分布路由选择算法也是由表格制胜的算法，这种算法也会在每一个网络节点中存储一张路由表，这个路由表的特点是更具选择性，可称为“路由选择表”。每个网络节点都有一张路由选择表，且它们都是以网络中其他的每个网络节点为索引，与集中路由选择算法和固定路由选择算法中的节点路由表都不同。运用分布路由选择算法时，每隔一段时间，网络节点都会与其他相邻节点交换信息，这些信息中包含了多种路由选择数据。这张选择路由表中的每一项都对应一个网络节点，每一项又由两个部分组成，分别是目的节点的输出路线以及目的节点的言辞和距离信息。分布路由选择算法的度量标准有多种，比如等待分组数、毫秒数、链路段数、容量大小等。在这种算法中，每一个网络节点都能作为一个“回声定位系统”，当网络出现延迟时，每个节点都会向其他节点发送一个回声分组，其他节点接收到这个回声分组后会为其加上一个时间标记，然后再回馈发送给原始节点，这样便可测出网络延迟。最后，通过延迟信息就可以选择出最佳路由。

1.4.4 物联网网络层软件平台的搭建

物联网网络层主要依赖于软件平台来实现其功能。如果要构建一个信息网络，就必须考虑硬件设施和软件平台两个主要因素。其中，软件平台是物联网网络层的核心平台，物联网网络层的多种功能都需要依赖于网络软件才能实现。

在搭建物联网网络层时，传统的观念是先考虑硬件，后考虑软件。但是随着技术的发展，这种做法会导致很多软件无法实现预期的功能，致使物联网网络层在较短时间内无法正常运行。而如果在最开始建立网络层时就注重网络层软件平台的搭建，将极大地解决这种弊端。人们在建立网络层软件平台的同时，不断测试软件的功能，使对软件的预期与实际情况相结合，达到更好的功能效果。建立物联网网络层最终要达到的目标是实现网络层的高度结构化和层次化。从微观角度来说，网络软件也需要制定同样的目标。作为物联网的神经系统，软件平台会随着局部物联网功能的不同而产生相应的变化，换言之，不同的物联网局部体系所对应的软件平台也会不同。但是，一般来说，物联网软件平台的建立需要与通信协议体系相结合，或者说建立在该协议之上。

物联网网络层软件平台通常包括以下主要成员：①物联网信息管理系统（management information system，MIS），一般作为物联网网络层软件平台高层系统，该中心系统包括地方企业级、国家级以及国际级三个层级；②网络操作系统，常见的网络操作系统是嵌入式系统；③中间件系统软件。

1. 物联网信息管理系统

互联网需要网络管理，物联网也需要相应的管理，而担任物联网管理工作的系统就是物联网信息管理系统。和互联网的网络管理模式相似，现阶段，物联网的管理系统很多都以 SNMP 为基础建立而成，在建立物联网管理系统的过程中，一个比较重要的环节是为系统提供对象名解析服务，即 ONS。和互联网中的 DNS 相同，物联网中的 ONS 既需要一定的组成架构，又需要一定的授权管理。利用 ONS 可以解析任何一种物品的电子编码，但是，只是解析编码内容还远远不够，还需要 URL 服务的从旁协助，才能对相关物品的详细信息进行获取。

物联网管理机构具有三个层级的管理中心，由高到低分别是国际物联网信息管理中心、国家物联网信息管理中心、企业物联网信息管理中心。这些管理机构的信息管理软件具有以下特性和功能：当本地物联网出现问题时，企业物联网信息管理中心需要对这些问题进行分析和解决，作为最基本的物联网信息服务管理中心，企业物联网信息管理中心可以帮助本地物联网的用户企业、单位以及个人处理有关的物联网事务，如提供物联网的管理、帮助规划企业设备的物联网系统、解析物理网的结构等；国家物联网信息管理中心是较高一级的物联网信息管理机构，主要负责制订和发布有关物联网的相关信息，如物联网的国家标准等，该信息管理中心的主要作用是使国际之间的物联网络实现互相连接，同时，对地方物联网管理中心进行指导、管理等；国际物联网信息管理中心的职能范围更加广泛，它要制订国际物联网的基础框架，并发布国际物联网的有关标准，还要完成国家与国家之间的物联网连接，使世界范围内的物联网络形成一个统一的整体，并对整个全球物

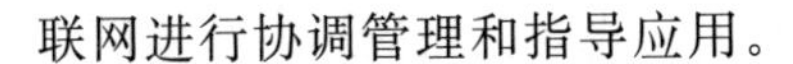

联网进行协调管理和指导应用。

2. 网络操作系统

物联网的网络操作系统主要由集成开发环境、内核、通信支持、辅助外围模块等几方面构成。其中，通信支持存在多种方式，比如可以利用 NFC、RS 232/PLC 等通信支持，也可以利用 2G、3G、4G、ZigBee 等通信支持。辅助外围模块包括通信协议栈、XML 文件解析器、驱动程序、GUI、Java 虚拟机、图形用户界面以及系统文件等。

物联网的网络操作系统的功能比较独特，具备与智能手机操作系统、个人电脑操作系统不同的特点。

对设备资源进行管理是网络操作系统的基础功能，除此之外，它还具备以下几种与传统操作系统不同的功能：

（1）奠定物联网统一管理的基础。物联网的网络操作系统具有较为统一的标准，其远程控制采用统一的方式，远程管理接口也是统一的接口，这样的统一标准可以使网络操作系统的应用领域更加广泛，即使行业不同、设备不同，也可以借助统一的控制方式、统一的管理接口、统一的管理软件等管理物联网的相关事务。这样做可以对物联网系统进行定期维护，增强了其可维护性，也大大方便了物联网的管理，使物联网更加高效地运行。如果上升到世界层面上，在这种统一标准的规范下，世界物联网可被统一地管理和维护，物联网的发展和应用将得到极大的提高。

（2）物联网生态环境培育。网络操作系统与智能终端操作系统具有类似的作用，移动互联网的生态培育需要用到 Andriod、iOS 等智能终端操作系统，而物联网生态环境的培育也需要用到网络操作系统。网络操作系统可以沟通产业链，培育分离的商业生态环境，节约物联网应用开发的经济成本和时间成本。

3. 中间件系统软件

连接读写器和后台应用软件的系统软件称为中间件，中间件一方面可以为系统应用提供平台服务，另一方面可以将信息传输到网络操作系统。计算数据和处理数据是中间件的基本功能，中间件获取了感知系统采集的数据后，会对这些数据进行统一分析、计算、调配、校对、汇集、存储、管理、利用等，其目的是整理海量的数据，有针对地对数据进行选择，过滤和处理无用数据等。

读写器接口、事件管理器、目标信息服务、应用程序接口以及对象名解析服务是物联网中间件的五个主要功能模块。它们的特点和功能如下：

（1）读写器接口。在中间件为读写器提供集成功能时，需要利用读写器接口进行连接，而通过物联网，读写接口可以确保协议处理器和 RFID 读写器顺利进行连接。读写器接口的相关标准一般是采用 EPC－global 所设定的标准。

（2）事件管理器。读写器接口传输的 RFID 数据比较分散且杂乱无序，存在较多的无用数据，为了获取精准信息，事件管理器会对这些 RFID 数据进行分类、排序、汇聚以及过滤等处理。

（3）目标信息服务。目标信息服务由目标存储库和服务引擎共同构成。目标存储库的主要作用是标签和存储物品信息，这样可以为日后的信息查询提供便利；服务引擎可以提供信息接口。

(4) 应用程序接口可以实现应用程序系统对读写器的控制。而要实现应用程序接口的这种功能，还需要中间件满足相应的标准协议，另外，还要解决屏蔽前端的复杂性问题。

(5) 对象名解析服务简称ONS，作为一种目录服务，对象名解析服务比较简单，即是配对标签物品的唯一固定电子编码和目标信息服务的网络地址。这种目标信息服务的网络地址可以是一个，也可以是多个，也就是说既可以一对一配对，又可以一对多配对。

1.4.5　蓝牙技术：短距离无线通信技术中的翘楚

蓝牙技术是物联网网络层的短距离无线通信技术之一，也是一种无线数据传输的国际标准。利用蓝牙技术，可以在固定设备与固定设备之间、固定设备与移动设备之间、移动设备和移动设备之间建立一个短距离的数据传输网络，以便于这些设备之间交互和共享数据资源。通过蓝牙技术建立的通信网络成本较低，通用性强，适用范围广，它既可以作为一种控制软件的标准，又可以作为一种无线电空中接口；对于企业来说，它可以代替电缆、电线等传统的连接方式，使企业的各种机械设备能在短距离范围内利用无线电波进行连接，实现机械设备之间的数据共享、相互操作、相互控制等工作内容。在日常生产中，特别是电子设备之间都需要蓝牙技术进行连接，一方面，利用这种技术连接可节约生产成本，提高生产效率；另一方面，也避免了利用传输线连接设备所带来的安全隐患。

一个电子设备的蓝牙系统通常包含天线单元、链路控制单元、链路管理单元以及软件功能单元四个单元。

1. 天线单元

一般来说，设备的蓝牙系统都是由集成芯片构成，蓝牙系统的天线单元也应适应电子芯片的大小，体积要小，质量要轻。因此，蓝牙的天线不能像电视机和雷达的天线那样又大又笨重，它需要的是一种微带天线。蓝牙的空中接口需要遵循ISM频段的标准，它的天线电平为0dBm。除了要遵循FCC有关电平为0dBm的标准，蓝牙系统还要求自身的无线发射功率遵循FCC相关ISM频段的标准。利用扩频技术，蓝牙系统可拥有最高100MW的发射功率，这样大的功率范围可以满足多种电子设备的无线传输要求。从系统跳频上来看，1600/s的跳频数是现代蓝牙技术可达到的最大频数。通常，蓝牙系统所使用的ISM波段的特高频（UHF）无线电波频率为2.400G～2.485GHz，而在2.402G～2.480GHz中存在1MHz的频点数为79个。利用这种频率范围和频点数量，蓝牙系统可以实现在0.1～10m的无线通信，这一范围内的无线通信可以使工厂中大多数具备蓝牙的机械设备都能与彼此进行良好的通信。如果有特殊的要求，只需要增加蓝牙系统的发射频率，便可扩大无线通信范围，一般可扩大到近百米范围。

2. 链路控制单元

蓝牙系统的链路控制单元由调谐元件和集成器件构成。其中，谐调原件单独存在，数量有3～5个。集成器件有三种：一种是射频传输/接收器，主要用于接收或传输信号；一种是链路控制器，主要用于处理基带协议（如基带链路控制器）；一种是基带处理器，主要用于处理基带信号。另外，蓝牙系统还具有蓝牙基带协议，这种基带协议包含电路交换和分组交换两种交换内容。结合这两种交换方式，可以利用时分双工的方式，使机器设备在蓝牙技术的协助下实现信息的全双工传输。

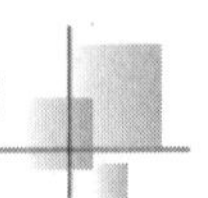

3. 链路管理单元

链路管理简称 LM，属于一种软件模块。该软件模块包含了鉴权、协议、数据设置、链路硬件配置等多方面内容，其特点是，在一定范围内，利用这种链路管理软件模块可以识别并配对其他的链路管理软件模块，还可以利用链路管理协议（LMP）在这两种相同的软件模块之间实现通信。

4. 软件功能单元

利用蓝牙技术可以让两个机器设备通过相互连接来实现相互操作性。这种设备之间的相互操作性可以体现在多种过程之中，比如从无线电兼容模块到应用协议的过程需要利用这种相互操作性，从空中接口到对象交换格式的过程也需要利用这种相互操作性。但也有一些设备对设备间的相互操作性要求较低，比如头戴式设备等。蓝牙技术实现无线通信的目的，一般都离不开蓝牙设备之间的相互操作。作为独立的操作系统，蓝牙的软件系统需满足所制定的蓝牙规范和标准，不能与其他任何操作系统进行定向捆绑。

蓝牙系统的基本结构决定了蓝牙技术的工作原理，与计算机一样，蓝牙设备也需要借助芯片来完成自身的工作，这种专用芯片就是蓝牙芯片。蓝牙设备在与其他蓝牙设备连接时，会首先发送一个配对信号，这个以无线电承载的信号一旦在规定的范围内找到另一个蓝牙设备，就会提示操作者是否进行蓝牙配对。配对时，通常会有一个配对密码，以保证配对信息的准确以及数据的安全，操作人员输入正确的密码之后便可实现数据传输和交换。快速的频跳以及段分组技术可以提高蓝牙传输信号对外界环境的抗干扰能力，减少信号的持续衰弱，这样一来，通过蓝牙传输的信号将更加可靠，不会出现丢失数据的情况。1MHz 的传输速率可以保证蓝牙通过时分方式进行全双工通信，如果在远距离传输过程中出现了随机噪声，为避免随机噪声的干扰，可以利用前向纠错编码技术予以排除。为降低蓝牙设备的复杂性，通常都会采用频率调制方式进行调制。在语音通信方面，为提高语音的质量，人们利用连续可变斜率编码方式对语音信号进行处理，这种方式的抗衰弱能力较强，可以确保语音音质无损。作为一种全球通用的无限接口和无限通信方式，蓝牙技术所采用的工作频段属于非授权频段，适用于医学检测、科学研究以及工业生产等多种领域。蓝牙技术广泛的适用范围为实现物联网短距离无限通信创造了有利条件。

基带、射频收发器以及协议堆栈是蓝牙技术的三大核心系统，这三大系统可以相互协调，共同作用，支持多种类型的数据传输和设备连接方式，既可以完成点对点的信息传输，又可以完成点对多点的信息传输。蓝牙系统的拓扑网络结构有分布式网络（scatternet）和微微网（piconet）两种方式。微微网是分布式网络的子单元，多个非同步的独立的微微网可以组成一个分布式网络。一般来说，一个微微网中存在多个用户，每个微微网对应一个调频顺序，分布式网络可利用调频顺序来识别不同的微微网。由 10 个微微网组成的分布式网络，其全双工数据速率可达到 6Mbit/s。作为一种微型网络，微微网依靠蓝牙技术相互连接，可以是一对一方式的连接，也可以是多对多方式的连接，并且这些连接的设备具有相同的级别和权限。微微网中的蓝牙设备具有主设备和从设备的区别，而这是在微微网建立之初就已经决定的。

1.5 应　用　层

基于物联网的相关技术，物联网应用层为人们提供了丰富的日常应用，给人们的生活带来了极大的便利，这也是发展物联网的根本目标。物联网应用层结合了市场信息化需求和物联网相关技术，让科技走进了人们的日常生活。

作为物联网最终的目的层级，应用层的主要功能是对网络层传输而来的感知层信息进行分析、处理和利用，对操作物体进行有效控制，对管理事务进行正确决策。物联网应用层由物联网中间件和物联网应用两个部分组成，其中，中间件既可以是独立的应用程序，又可以是独立的应用系统，它能够将功能进行“打包”，形成一种模块化功能软件，为人们提供便利的物联网应用，物联网应用所包含的范围较为广泛。

设计一个物联网应用层系统，需要对物联网应用层的核心技术进行分析，了解目前应用层最流行的技术范畴；也要在了解应用层功能特性的基础上，注重对中间件的开发设计，确保功能软件的完整和规范；同时，还要充分了解数据融合及管理技术的具体内容，加强对数据的融合化利用以及系统化管理。在充分了解物联网应用层的相关技术和具体功能后，再通过对实际典型应用案例的剖析，结合实际情况，进一步了解物联网应用的相关原理。这样，才能从根本上系统而完整地构架物联网应用层系统。

1.5.1　物联网应用层技术分析

物联网应用层是最终的目的层级，利用该层的相关技术可以为广大用户提供良好的物联网业务体验，让人们真正感受到物联网对人类生活的巨大影响。物联网应用层的主要功能是处理网络层传来的海量信息，并利用这些信息为用户提供相关的服务。其中，合理利用以及高效处理相关信息是急需解决的物联网问题，而为了解决这一技术难题，物联网应用层需要利用中间件、M2M等技术。

1. 中间件

作为基础软件，中间件具有可重复使用的特点。中间件在物联网领域既是基础，又是新领域、新挑战，因为该技术可被开发的空间较大、潜力无穷，通常会随着时间的推移而不断更新换代。

在物联网构建的信息网络中，中间件主要作用于分布式应用系统，使各种技术相互连接，实现各种技术之间的资源共享。作为一种独立的系统软件，中间件可以分为两个部分：一是平台部分，二是通信部分。利用这两个部分，中间件可以连接两个独立的应用程序，即使没有相应的接口，亦能实现这两个应用程序的相互连接。中间件由多种模块组成，包括实时内存事件数据库、任务管理系统、事件管理系统等。

在物联网的发展史上，中间件总共经历了三个里程碑式的阶段，第一阶段是应用程序中间件，第二阶段是构架中间件，第三阶段是结局方案中间件。总体来说，中间件具有以下特点：①可支持多种标准协议和标准接口；②可以应用于OS平台，也可应用于其他多种硬件；③可实现分布计算，在不受网络、硬件以及OS影响的情况下，提供透明应用和交互服务；④可与多种硬件结合使用，并满足它们的应用需要。

中间件的使用极大地解决了物联网领域的资源共享问题，它不仅可以实现多种技术之间的资源共享，也可以实现多种系统之间的资源共享，类似于一种能起到连接作用的信息沟通软件。利用这种技术，物联网的作用将被充分发挥出来，形成一个资源高度共享、功能异常强大的服务系统。从微观角度分析，中间件可实现将实物对象转换为虚拟对象的效用，而其所展现出的数据处理功能是该过程的关键步骤。要将有用信息传输到后端应用系统，需要经过多种步骤，比如对数据进行收集、汇聚、过滤、整合、传递等，而这些过程都需要依赖于物联网中间件才能顺利完成。物联网中间件能有如此强大的功能，离不开多种中间件技术的支撑，包括上下文感知技术、嵌入式设备、服务、语义网技术、物联网等。

事实上，利用中间件可以帮助物联网开发部门更快地促进物联网相关项目的开发。以物联网的 RFID 项目为例，对中间件进行功能阐述。

利用物联网中间件可以直接完成 RFID 数据的传输和导入，而不需要再开发程序代码。这样一来，便可极大地提高开发 RFID 项目的效率，缩短整体研发周期。

在物联网中间件的帮助下，物联网的配置操作将不再单一，而会变得灵活多变。RFID 项目研发部门只需要结合业务需求和信息管理的实际情况，改变中间件的相关参数，便可以将 RFID 数据传输到物联网信息系统。

如果 RFID 项目需要更改数据库和应用系统，需要将 RFID 数据导入新的物联网信息系统，那么只要将对应的物联网中间件的功能设置加以更改即可。

2. M2M

M2M 的英文全称为 machine - to - machine，即机器对机器的意思。该种技术可以实现三种形式的实时数据无线连接，一种是系统之间的连接，另一种是远程设备之间的连接，还有一种是人与机器之间的连接。M2M 是物联网的基础技术之一，目前，人们所说的互联网，大多数是以连接人、机器、系统为主要形式的物联网系统。未来，人们如果能将 M2M 普及，使无数个 M2M 系统相互连接，便可实现物联网信息系统的构建。

简单来说，M2M 是一种应用，或者说服务，其核心功能是实现机器终端之间的智能化信息互交。M2M 通过智能系统将多种通信技术统一结合，形成局部感应网络，适用于多种应用领域，比如公共交通、自动售货机、自动抄表、城市规划、环境监测、安全防护、机械维修等。

M2M 技术将“网络一切（network everying）”作为核心理念，旨在将一切机器设备都实现网络化，让所有生产、生活中的机器设备都具有通信的能力，实现物物相连的目的。总之，M2M 技术将加快万物联网的进程，推动人们生产和生活的新变革。

人们在构建 M2M 系统架构时，通常会按照先构建 M2M 终端，再构建 M2M 管理平台，最后构建应用系统的顺序来进行，而要构建的这三个部分也是 M2M 系统架构的主要组成部分。具体来说，M2M 终端的类型有手持设备、无线调制调解器以及行业专用终端三种。M2M 管理平台拥有多种模块，根据功能的不同，这些模块可划分为数据库模块、网页模块、应用接入模块、终端接入模块、业务处理模块、通信接入模块等。应用系统是将所得的信息进行分析和处理，并根据信息内容制订控制机器设备的正确命令和有效决策。

利用 M2M 技术能让物联网在人类社会生产、生活中得以部分实现，而真正的物联网需要在先实现 M2M 的基础上再进一步地发展。因为 M2M 中的物物相连通常是人造机器设备的相互连接，这与拥有更广泛意义的物联网中的“things”有所区别，物联网中的“things”指的是广义上的物品，它既包括人类生产而来的物品，又包括自然界本身就存在的物品。因此，M2M 中的人造机器设备只是“things”的一小部分，但这部分却是以现在人类的技术手段更容易实现的物联网的一部分。

如果将物联网比作一个万物相连的大区间，那么 M2M 就是这个区间的子集。所以，实现物联网的第一步是先实现 M2M。目前，M2M 是物联网最普遍也是最主要的应用形式。要实现 M2M，需用到三大核心技术，分别是通信技术、软件智能处理技术以及自动控制技术。通过这些核心技术，利用获取的实时信息可对机器设备进行自动控制。利用 M2M 所创造的物联网只是初级阶段的物联网，还没有延伸和拓展到更大的物品领域，只局限于实现人造机器设备的相互连接。在使用过程中，终端节点比较离散，无法覆盖到区域内的所有物品，并且，M2M 平台只解决了机器设备的相互连接，未实现对机器设备的智能化管理。但作为物联网的先行阶段，M2M 将随着软件技术的发展而不断向物联网平台过渡，未来物联网的实现将不无可能。

1.5.2　物联网应用层中间件的设计方案

物联网中间件是系统软件与应用系统之间的连接件，它的主要功能是利用系统软件的相关功能连接应用系统的有关应用，实现数据资源共享和软件功能共享。

物联网中间件获取了 RFID 技术采集来的信息后，会对这些信息进行处理，例如暂存数据、校验数据以及平滑数据等，之后再将处理后的数据传输给应用程序接口，实现数据的有效应用。

物联网应用层的搭建需要建立在一个弹性环境中，如果物联网系统中的某个标准发生改变，或者数据格式发生了变化，需要重新搭建物联网系统，但不需要推翻原有系统，进行颠覆式的改变，只需要调整和修改系统中的中间件便可实现系统中某些应用和功能的升级。这种方法的好处在于，它不会改变物联网数据库的存储方式，可以极大地降低物联网应用系统维护的成本。因此，一个通用的物联网中间件设计方案可以帮助人们解决物联网应用系统中的诸多问题，为相关服务人员和日常应用提供更多更好的服务。

1. 系统机构设计

传统的应用系统是二层结构，随着互联网技术的发展，现阶段的应用系统一般都拥有多层结构。传统的应用系统拥有两种模式，一种是“主机/终端”模式，另一种是“客户机/服务器”模式。其中，“客户机/服务器”模式中的服务器是一个大型的计算机应用系统，而客户机是一个个相互独立的子系统。作为应用系统的存储和管理中心，服务器可以与多台客服机连接，并为它们提供相应的信息服务。而每台客户机也有自我管理和自我服务的功能，这样一来，就能形成一个以服务器为中心，以客户机为单位的完整的应用系统。在这个过程中，中间件的作用是连接服务器和客户机，因此中间件也是物联网完整应用系统的一部分。然而，随着互联网技术的发展，物联网的新环境需要新的模式来适应，于是，新的分布式应用系统应运而生，新系统的结构模式包括“瘦客户机”模式以及“浏览器/服务器”模式等。

传统的“浏览器/服务器”结构模式之所以无法满足全新物联网的需要，是因为它存在以下弊端：①以客户机与服务器直接相连的模式构建物联网应用系统的安全性比较低，网络黑客可能通过客户机控制服务器，进入中心数据库，进而窃取相关信息，获取不法利益，导致数据丢失或中心数据库瘫痪；②客户机内的程序数量庞大且随时需要更新，如果出现问题，就很容易加大维护工作量，从而增加维修成本；③在网络高峰期，海量的数据使网络流量剧增，造成网络堵塞。

新的分布式应用系统结构是传统结构模式的升级，它由原来的两层结构变化为三层或多层结构。在三层和多层体系结构中，客户机内的软件比较单一，一般只有表示层软件，而中间件服务器的应用比较多，专门的中间件服务器多用于 Web 服务、实时监控、信息排队以及事物处理等业务逻辑，中心数据库和其他应用系统多设置在后台。分布式应用系统结构中的多层结构包括以下层次：

（1）表示层。表示层的主要作用是：一方面可以交互用户信息，另一方面可以显示数据计算结果。客户端一般由 J2EE 进行规范，它既可以基于 Web，又可以是一个独立的应用系统。若客户端是基于 Web 的应用，则启动浏览器后，用户可以下载 Web 层中的静态 HTML 页面、JSP 动态生成的网页或者 Servlet 动态生成的网页。

（2）Web 层。JSP 网页、Java Applets 以及 Servlet 共同构成了 Web 层，在组装过程中，创建 Web 组件需要这些基本元素通过打包才能实现。

（3）业务层。业务层中的 EJB 组件是企业信息系统中的代码构件，该构件可用于解决或满足特定商务领域的规则。

（4）企业信息系统层。该层包括三大系统，即关系数据库系统、大型机事务处理系统、企业资源规划系统。

2. 系统架构

物联网中间件解决方案架构以 SOA 架构为基础，它层层功能明确，每一层都可利用标准接口与其他层交互。该种架构可使组件分离，既可实现应用的可扩展性，又可实现应用的可维护性。物联网中间件的解决方案架构可分为以下层次：

（1）表示层。表示层可为系统提供三类组件，分别是零售店门户组件、配送中心组件、供应商门户组件。这三类组件拥有同样的作用，即作为系统接口。表示层整合了第三方 EIS 和服务，具有灵活的导航系统，使内容管理功能更加方便快捷，同时由于它的外观可定制，可以为不同的用户群体提供个性化的信息感受。

（2）业务流程层。工作流的所有需要在业务流程层中都有体现，该层可为系统架构提供两种能力：一是减少和消除人工干预的能力，主要用于未完成业务流程时；二是实现业务流程自动化，主要是通过数据源、协调服务与人进行信息交互。业务流程层可为连接 RFID 提供重要接口，用于解决集成问题。物联网中间件的解决方案架构拥有两个关键组件，一个是 RFID 消息总线，另一个是事件模型。作为系统的主要接口，利用这两个关键组件可以实现对系统的连接。其中，RFID 消息总线的作用是为一个或多个接收者传送放置总线中的消息，而事件模型的作用是监听 JMS 事件和 EDI、FTP 等外部源事件。

（3）服务层。该层的功能有两个，即进行数据处理和执行业务逻辑。常用的服务层组建有定制控件和 EJB，定制控件是 Java 结构，该结构的好处在于，在构建逻辑时可以避免进一步了解复杂的 J2EE，实现意愿操作。服务层可用于获取数据、存储数据以及相关

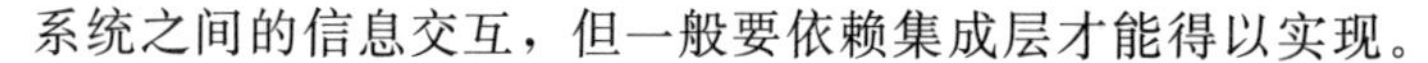

系统之间的信息交互，但一般要依赖集成层才能得以实现。

（4）集成层。除了 RFID 应用，集成层可以为其他企业应用系统提供访问的功能。物联网中间件解决方案架构中的集成层隐藏了访问复杂性，这种访问复杂性体现在架构高层访问外部系统之中。RFID 应用系统之外的其他外部系统包括信息管理系统（PIM）、对象名称服务系统（ONS）以及 EPC - IS 系统，集成层的各种数据库管理系统在对这些外部系统进行访问时存在多样性。例如，集成层可以通过 JDBC 来访问中心数据库，可以通过 LDAP 应用编程接口访问目录服务，可以通过 Web 服务接口实现对 ONS、EPC - IS 等的访问。另外，利用数据引擎、JCA 适配器等也能实现对其他系统的访问。

1.5.3　物联网应用层的功能

物联网结构中的最底层是感知层，而最高层则是应用层。感知层用于获取和收集信息，应用层用于处理和运用信息。作为物联网结构中的最顶层，应用层核心功能是处理数据和应用，而实现这种功能的平台是云计算平台。显然，应用层和感知层是物联网的核心层级，它们突出了物联网的显著特征。应用层与感知层具有紧密的联系，一个是获取数据，一个是利用数据，它们之间存在因果的关系。应用层一方面可以对感知层所采集的数据进行计算、处理，另一方面也能对这些数据进行知识挖掘、信息挖掘等，其功能实现的最终目的是对世界万物进行控制、管理以及决策。

物联网应用层要处理两个核心问题，分别是数据和应用。从数据上来看，物联网应用层需要把接收到的海量数据进行精准处理和实时管理，让这些数据随时“待命”，一旦人们有需要，应用层就可以随时随地调用这些数据；从应用上来看，只管理和处理数据明显是不够的，还要将这些数据和各种现实事务进行精准配对，把数据内容与各种事务的具体内容紧密联系起来，实现数据和业务应用相结合。

以电力抄表为例，在智能电网中，无需通过人工抄表来获取用户用电信息，通过智能物联网中的传感器便可获取相关信息。在每一家用户的电表上都有一个智能读表器，该读表器其实就是物联网感知层中的传感器。用户用电后会产生用电信息，这些用电信息就由这些传感器来采集和获取，定期采集完用电信息后，读表器会将这些数据汇总，并通过网络发送到电力部门的中心处理器上。在这个过程中，读表器是感知层的传感器，传感器进行的工作就是感知层的工作；而中心处理器是应用层的组件，中心处理器在应用层进行的工作是分析和处理用户的用电信息，并根据信息的具体内容来制订收费方法。

物联网应用层从结构上可分为以下几个部分：

（1）第一部分是物联网中间件。物联网中间件可以是一个系统软件，也可以是一个服务程序，它能够为物联网应用系统提供各种统一封装的公用能力。

（2）第二部分是物联网应用系统。物联网应用系统涵盖了许多实际应用，例如电力抄表、安全检测、智能农业、远程医疗、地质勘探等。

（3）第三部分是云计算。海量的物联网数据要借助云计算的力量进行存储和分析，云计算的服务类型包括三种，分别是以服务和软件为核心的即服务（SaaS）、以基础架构为核心的即服务（laaS）、以平台为核心的即服务（PaaS）。

随着网络技术的发展，物联网网络层已经相对成熟，在传感器方面的不断创新，也使物联网在感知层取得了巨大的进步。但是，物联网应用层在技术上却相对落后，现阶段，

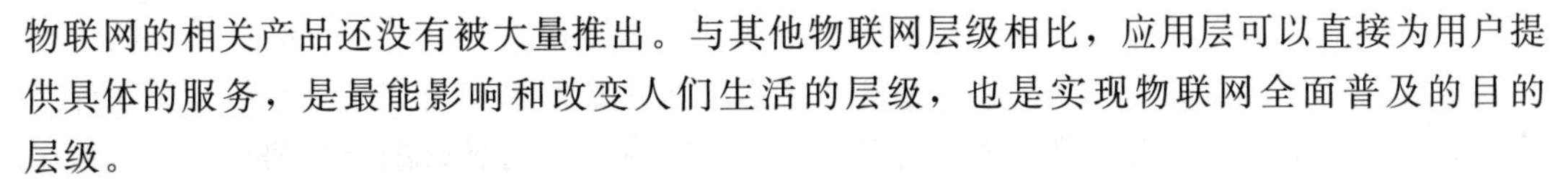

物联网的相关产品还没有被大量推出。与其他物联网层级相比，应用层可以直接为用户提供具体的服务，是最能影响和改变人们生活的层级，也是实现物联网全面普及的目的层级。

1.5.4 物联网数据融合及管理技术

数据融合和管理技术是物联网应用层的核心技术，也是物联网技术体系的重要组成部分，它们为促进物联网的广泛应用起到了关键作用。由于受到网络的动态特性、感知节点的能源有限性、数据的时间敏感性等诸多因素的影响，人类在物联网数据融合及管理技术方面遇到了越来越多的难题，这也成为了阻碍物联网广泛应用的难题之一。因此，对物联网数据融合及管理技术的探讨一直是国际物联网机构研究的课题。

物联网的数据融合及管理技术包括两个方面，分别是数据融合技术和数据管理技术。

1. 数据融合技术

数据融合技术涉及的范围较广，研究的内容较多，且自创始以来，应用于多个领域，其内容的广泛性和形式的多样性使得它很难有一个完整的定义。目前，人们对数据融合所做的较为简单的定义是“利用计算机技术对时序获得的若干感知数据，在一定准则下加以分析、综合，以完成所需决策和评估任务而进行的数据处理过程”。

数据融合技术具有以下三种含义：

第一，所融合的数据覆盖了全频段，具有全空间性。也就是说，它所包含的数据既是多维度的，又是多源头的，可以是数字数据或非数字数据，也可以是确定数据或模糊数据，还可以是全空间数据或子空间数据。

第二，数据具有互补性。就像一群人要共同完成一件事情一样，他们需要分工和互补才能将一件事做好。同样，通过完成相关数据来完成一项功能或应用，也需要数据之间具有这种相关性和互补性。这种互补性呈现在多种方面，可以是结构上的互补，也可以是层次上的互补，还可以是表达方式上的互补。

第三，数据融合区别于数据组合。这是因为，数据融合要求，融合的数据之间具有内部的特性，而这与数据组合的外部特性不符。

数据融合其实就是将多维度的数据先进行系统的关联，然后再做综合分析，最后融合成需要的数据资源。在这个过程中，融合的模式具有多样性，处理的算法具有广泛性，融合的目的是在已有数据信息的基础上，提高数据质量，提取可用知识，从而为物联网的广泛应用奠定基础。由此可见，数据融合需要数据的配对和识别。因此，在研究数据融合时要解决例如虚假数据的识别、不一致数据的对准、估计目标数据的类型、感知数据的不确定性等多种问题。

数据融合的处理过程具有多层次、多方位的特点，在数据融合的过程中，要对具有广泛来源的数据进行检测、相关、综合以及评估。数据融合可以分成三个层级：数据级融合、特征级融合、决策级融合。

（1）数据级融合。数据级融合属于最低层级的数据融合方式，利用这种方式融合的数据一般是同等量级的传感器所采集的原始数据。将这些同等量级的传感器数据融合后，就可以将多个传感器所采集的同类信息进行归类和打包处理，这样一来，多个同等量级的传感器和单个传感器的识别和处理过程就会相同。

（2）特征级融合。特征级融合属于中间层级的数据融合方式，这一层级所处理的数据一般是提取后具有明显特征的数据。通过特征级融合，这些数据将会被大幅压缩，这样做一方面可以节省存储空间，另一方面便于数据的实时利用。特征级融合过的数据通常可以作为决策分析的特征信息。

（3）决策级融合。决策级融合属于最高层级的数据融合方式，这一层级的融合要对特征信息进行进一步的融合判断，进而确定应用决策，并根据信息内容评估决策施行后的结果。

除了三个层级的信息融合外，还有一个层级，即第四层级，这一层级是根据预见的结果对决策过程进行反馈控制。第四层级通常应用于具有反馈环节的物联网应用系统，主要作用是反馈控制或调整信息。

2. 数据管理技术

物联网的数据管理技术又称为分布式动态实时数据管理技术。该技术通过代理节点收集兴趣数据，并对客观世界的数据信息进行实时、动态以及综合的管理。数据管理中心会下达感知任务，这些感知任务被下达给各个感知节点之后，感知节点通过采集所需数据来完成任务目标。如此一来，人们不需要了解物联网处理数据的具体方法，只需要在具体实现方法的基础上，对数据的逻辑结构进行相关查询，就能解决实际问题。数据管理一般包括五个方面，分别是数据获取、数据存储、数据查询、数据挖掘以及数据操作。具体来说，物联网数据管理技术具有以下特点：①数据管理技术可以处理感知数据的误差；②在传感网支撑环境内进行数据处理；③物联网信息查询和管理策略既要适应网络拓扑结构的变化，又要适应最小化能量消耗。

现阶段，物理网数据管理的研究成果中比较优秀有两个查询系统，一个是 Cougar，另一个是 TinyDB。

物联网数据管理技术依赖于传感网络，目前，物联网针对传感网的数据管理结构有四种类型，分别是层次式结构、半分布式结构、分布式结构以及集中式结构。

（1）层次式结构。层次式结构主要应用于对数据的层次性管理。

（2）半分布式结构。物联网的感知节点有些具备一定的计算和存储能力，先利用感知节点对捕获的数据进行初始处理，再将处理后的数据传输到中心节点，可以提高传输效率和数据质量。

（3）分布式结构。该种结构对感知节点的要求较高，需要感知节点具备较高的数据通信、数据存储以及数据计算能力，并且可以对数据查询命令进行独立的处理等。

（4）集中式结构。这是一种比较简单的数据处理结构，在这种结构中，感知节点会将获取的数据按照某种需要的方式发送到中心节点处，然后由中心节点进行统一处理。这种结构存在较大的弊端，中心节点的容错性较差，很容易使系统性能达到瓶颈。

目前，物联网针对传感网的数据管理系统主要以半分布式结构为研究对象。在该领域的研究中，典型的研究成果有 Cougar 系统和 Fjord 系统。

在 Cougar 系统中，为了避免通信开销过大，数据的查询处理需要在传感网的内部开展，当数据与查询内容相关时才需要从传感网中提取。该系统中的感知节点一方面要对本地数据进行处理，另一方面还要与相邻感知节点进行实时通信，有时还要协助其他感知节

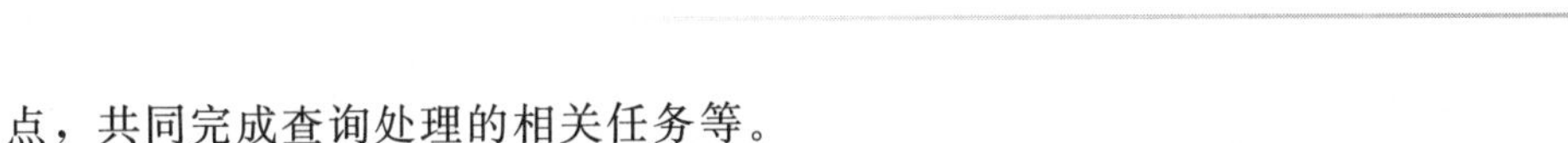

点，共同完成查询处理的相关任务等。

Fjord 系统是 Telegarph 的重要组成部分，是一种数据流系统，它最大的特点是具有自适应性。该系统主要由两个部分组成，一是传感器代理，二是自适应处理引擎。Fjord 系统处理查询的基础是数据流计算模型，利用该种系统可以根据计算环境的变化，实时调整查询计划。

1.5.5 物联网的典型应用——智能电网

科技改变生活，物联网的发展使人们的生活发生了翻天覆地的变化，以物联网技术为基础的相关应用也在现实生活中得以实现，其中，物联网在国家电网中的应用最为典型。研究物联网的目的是改善人们的生活方式，提高人们的生活水平和生活质量。因此，物联网的应用层也是最终的目的层级，该层级与人们日常生活紧密相关。于是，物联网的日常应用就成了各大科技公司争相研究的对象，虽然物联网的相关产品并未大量推出，但物联网在某些领域的应用已经卓有成效。例如，为建立健全电力设施，使人们用电更加智能和安全，电力部门致力于打造一个以物联网技术为基础的智能电力系统。要建立这样一个智能电力系统，首先需要建立一个覆盖全面的设备实物标识系统，与此同时，还要结合信息流、价值流、资产流、实物流等，共同实现电力设备、资金链以及电网的永续联动，打造出一个智能管理、智能运行的电力基础网络。

一些电力公司已经开始注重存量资产管理体系与 AM 数据之间的联动，并且将联动数据输入到相关平台进行指标考核。但是这个过程中仍然存在较多的问题，比如资产变动导致的传输数据质量下降等问题。因此，要有效巩固资产联动成果，电力部门需进一步采取措施。

而要解决这种电力领域出现的问题和矛盾，就要采取新的技术手段，物联网在电力系统通信的应用就恰恰满足了这种需求。具体做法是：结合物联网技术的特点和电力系统通信的特点，利用物联网的相关技术手段实现国家电网的智能化管理，将物联网技术应用于电力系统的多个方面，如电力系统应急通信、配网自动化等，从而构建一个智能电网系统。

现阶段，电力物联网在电网中已经得到了相关的应用并解决了实际问题，其中在电力系统应急通信方面的应用尤为突出。电力系统覆盖范围广，紧急情况时有发生，而应急通信却受时间、地点的限制，具有不确定性，因此，确定事故发生的具体位置具有随机性，电网维修难度较大。传统的做法是，维修人员通过电力排查来确定事故地点，并检查事故情况，然后通过移动通信手段，如打电话、发视频等传信到电力指挥中心，进行统一调度。而如果将物联网技术引入电网之中，电力指挥中心可以借助物联网的视频识别系统对电网的信息状态以及各个电力设备的运行状态进行实时监控，从而实现对电力网络的智能化管理。一旦出现事故，视频识别系统就会将事故信息及时传送到应急指挥中心，事故现场将被精确定位，人们很快就可以对出现事故的电力设备以及杆塔等基础设施进行及时的抢修。

在为高压输变电网配网时，通常会遇到很多问题，例如 10kV 电压网络配网通常会面临配网机构复杂、网络变动频繁、分支较多、电压等级较多等问题，这就需要在配网自动化方面有所要求。目前，配网通信主要有三个站层，分别为通信子站层、配网主站层以及区调分站层。

（1）通信子站层。通信子站设置的变电站电压范围为 35～500kV，需要连接通信子站层与配网终端的信息连线，比如与 TTU、DTU、FTU 等终端的连接。

（2）配网主站层。配电主站与通信子站之间的通信层称为配网主站层，通常情况下，调度数据网承载着配网主站层的相关数据。

（3）区调分站层。区调分站层是连接配电主站层与区调分站层之间的通信。该站层的数据同样承载在调度数据网中，与其他站层相比，该层的数据量相对较大。

现代配网通信的主要方式有以下几种：一是光纤通信；二是载波通信；三是无线公共网络通信；四是无线宽带技术通信。相比之下，GPRS、CDMA 等无线公共网络通信和载波通信的安全性稍弱；光纤通信虽然速度快，但施工难度大、成本也较高，不具备灵活改动能力；无线宽带技术通信虽然可作为配网的终程，但也会受到恶劣天气、多路反射等因素的干扰。如果将物联网技术应用到电网系统中，不仅可以轻松解决配电终端与配电主站之间的实时通信问题，还能够利用传感器等物联网部件将配网的所有设备连接起来，形成一个由物联网控制的整体网络，这样，物联网就能实现对电网的远程通信、远程监测以及远程控制。传统的配网通信只能解决遥信、遥测信息，而物联网除了具备“两遥”信息外，还具备“遥控”的功能。另外，在物联网的控制下，电力部门无需再担心无法解决配电终端较多的问题，物联网的众多传感器将会分散在各个电力终端上，自动完成检测、控制和管理。物联网的灵活性也能实时适应复杂的电网变动，让整个电网系统在处理紧急事务时更加灵活。

实现智能电网需依托物联网的多种技术，比如传感测量技术、远程通信技术、数据融合及管理技术等，而利用物联网技术将能完成电网设备监测、线路检测、远程抄表、节能控制等相关任务。例如，在未引入物联网之前，电缆的埋设、配电房的开关、杆塔的断损等信息需要借助人工才能获取，而在引入了物联网之后，传感器将遍布电网的各个角落，这些传感器将成为感知节点，将各种形式的电力设备和电力设施相互连接，构成统一的网络，实现及时、有效的物物通信。电网的底层信息将在物联网的连接下被实时、动态、高效地传输到电网控制中心，有利于电力部门对电网的有效管理，保证了电力安全的事前预防。

除了能在电网领域发挥巨大的作用外，物联网还能应用于远程医疗、智能家居、环境保护、社会服务管理等多个领域，为人类的发展和进步发挥重要作用。

虽然利用物联网技术可以实现电网智能远程控制和管理，但是由于物联网体系尚不健全，一些关键技术上存在技术难点，并且还没有制订统一的规范和标准，要实现物联网的广泛应用，相关部门还需要加大研发力度，投入更多的资金和时间，引入更多的优秀人才。

第2章 传感器技术原理

2.1 传感器的定义与分类

2.1.1 传感器的定义

为了研究自然现象和制造劳动工具，人类必须了解外界各类信息。了解外界信息的最初途径是大自然赋予人体的生物体感官，如五官、皮肤等。随着人类实践的发展，仅靠感官获取外界信息是远远不够的，人们必须利用已掌握的知识和技术制造一类器件或装置，以补充或替代人体感官的功能，于是出现了传感器。表2.1列出了与人体感官对应的几种传感器及其效应。

表2.1 与人体感官对应的几种传感器及其效应

人体感观	传感器	效应
视觉（眼）	光敏传感器	物理效应
听觉（耳）	压力敏、磁敏传感器	物理效应
触觉（皮肤）	压力敏、热敏传感器	物理效应
嗅觉（鼻）	气力敏、热敏传感器	化学效应、生物效应
味觉（舌）	味敏传感器	化学效应、生物效应

能够把特定的被测量信息（如物理量、化学量、生物量等）按一定规律转换成某种可用信号的器件或装置，称为传感器。传感器是生物体感官的工程模拟物；反之，生物体的感官则可以看作是天然的传感器。

所谓“可用信号”，是指便于传输、便于处理的信号。就目前而言，电信号最为满足便于传输、便于处理的要求。因此，也可以把传感器狭义地定义为：能把外界非电量信息转换成电信号输出的器件或装置。目前只要谈到传感器，几乎指的都是以电信号为输出的传感器。除电信号以外，人们也在不断探索和利用新的信号媒介。可以预料，当人类跨入光子时代，光信号能够更为快速、高效地传输与处理时，一大批以光信号为输出的器件和装置将加入到传感器的家族里来。

2.1.2 传感器的分类

现已发展起来的传感器用途纷繁，原理各异，形式多样，其分类方法也有多种，其中有两种分类法最为常用：一是按外界输入信号转换至电信号过程中所利用的效应来分类，如利用物理效应进行转换的为物理传感器，利用化学反应进行转换的为化学传感器，利用生物效应进行转换的为生物传感器等；二是按输入量分类，如输入信号是用来表征压力大

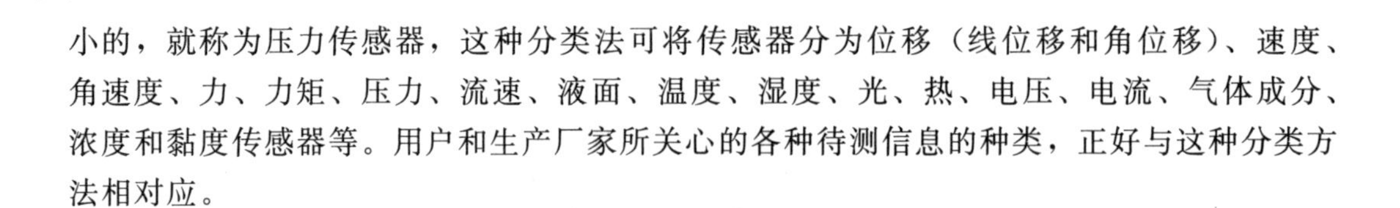

小的，就称为压力传感器，这种分类法可将传感器分为位移（线位移和角位移）、速度、角速度、力、力矩、压力、流速、液面、温度、湿度、光、热、电压、电流、气体成分、浓度和黏度传感器等。用户和生产厂家所关心的各种待测信息的种类，正好与这种分类方法相对应。

2.2　传感器的作用和地位

如今，信息技术对社会发展、科学进步起到了决定性的作用。现代信息技术的基础包括信息采集、信息传输与信息处理。信息采集离不开传感器技术。传感器位于信息采集系统之首、检测与控制之前，是感知、获取与检测的最前端。科学研究与自动化生产过程中所要获取的各类信息，都须通过传感器获取并转换成为电信号。没有传感器技术的发展，整个信息技术的发展就成为一句空话。若将计算机比喻为大脑，那么传感器则可比喻为感觉器官。可以设想，没有功能正常而完善的感觉器官来迅速、准确地采集与转换外界信息，纵使有再好的大脑也无法发挥其应有的效能。科学技术越发达，自动化程度越高，工业生产和科学研究对传感器的依赖性越大。20 世纪 80 年代以来，世界各国相继将传感器技术列为重点发展的技术领域。

传感器广泛应用于各个学科领域。在基础学科和尖端技术的研究中，大到上千光年的茫茫宇宙，小到 10^{-13}cm 的粒子世界；长到数十亿年的天体演化，短到 10^{-24}s 的瞬间反应；高达 $5\times10^4\sim1\times10^8$℃的超高温，低到 10^{-6}K 以下的超低温；从 25T 超强磁场，到 10^{-11}T 的超弱磁场……要完成如此极巨和极微信息的测量，单靠人的感官和一般的电子设备早已无能为力，必须凭借配备有专门传感器的高精度测试仪器以及大型测试系统的帮助。传感器技术的发展，正在把人类感知、认识物质世界的能力推向一个新的高度。

在工业领域与国防领域，高度自动化的装置、系统、工厂和设备是传感器的大集合地。从工业自动化中的柔性制造系统（FMS）、计算机集成制造系统（CIMS）、几十万千瓦的大型发电机组、连续生产的轧钢生产线、无人驾驶汽车、多功能武器指挥系统，直至宇宙飞船或星际、海洋探测器等领域，无不装置着数以千计的传感器，昼夜发送各种各样的工况参数，以达到监控运行的目的，成为运行精度、生产速度、产品质量和设备安全的重要保障。

在生物工程、医疗卫生、环境保护、安全防范、家用电器等与人们生活密切相关的方面，传感器的应用也已层出不穷。可以肯定地说，未来的社会将是充满传感器的世界。

2.3　传感器技术的发展动向

传感器技术所涉及的知识非常广泛，涵盖各个学科领域。它们的共性是利用物质的物理、化学和生物等特性，将非电量转换成电量。所以，采用新技术、新工艺、新材料，以及探索新理论，以达到高质量的转换效能，是总的发展途径。当前，传感器技术的主要发展动向，一是传感器本身的基础研究；二是和微处理器组合在一起的传感器系统的研究。前者是研究新的传感器材料和工艺，发现新现象；后者是研究如何将检测功能与信号处理

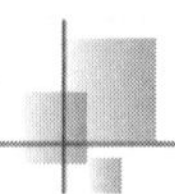

技术相结合，向传感器的智能化、集成化发展。

2.3.1 发现新现象

传感器的工作机理是基于各种效应、反应和物理现象的。重新认识如压电效应、热释电现象、磁阻效应等已发现的物理现象，以及各种化学反应和生物效应，并充分利用这些现象与效应设计制造各种用途的传感器，是传感器技术领域的重要工作。同时还要开展基础研究，以求发现新的物理现象、化学反应和生物效应，各种新现象、反应和效应的发现可极大地扩大传感器的检测极限和应用领域。例如，利用核磁共振吸收的磁传感器能检测 10^{-7}T 的地球磁场强度，利用约瑟夫逊效应的磁传感器（SQUID）能检测 10^{-11}T 的极弱磁场强度；又如利用约瑟夫逊效应热噪声温度计，能检测 10^{-6}K 的超低温。值得一提的是，检测极微弱信号传感器技术的开发，不仅能促进传感器技术本身的发展，甚至能导致一些新的学科诞生，意义十分重大。

2.3.2 开发新材料

随着物理学和材料科学的发展，人们已经能够在很大程度上根据对材料功能的要求来设计材料的组分，并通过对生产过程的控制，制造出各种所需材料。目前最为成熟、先进的材料技术是以硅加工为主的半导体制造技术。例如，人们利用该项技术设计制造的多功能精密陶瓷气敏传感器有很高的工作温度，弥补了硅（或锗）半导体传感器温度上限低的缺点，该技术运用在汽车发动机空燃比控制系统中，大大扩展了传统陶瓷传感器的使用范围。有机材料、光导纤维等材料在传感器上的应用，也已成为传感器材料领域的重大突破，引起国内外学者的极大关注。

2.3.3 细微加工技术

将硅集成电路技术加以移植并发展，形成了传感器的微细加工技术。这种技术能将电路尺寸加工到光波长数量级，并能实现低成本、超小型传感器的批量生产。

微细加工技术除全面继承氧化、光刻、扩散、淀积等微电子技术外，还发展了平面电子工艺技术、各向异性腐蚀、固相键合工艺和机械切断技术。利用这些技术对硅材料进行三维形状的加工，能制造出各式各样的新型传感器。例如，利用光刻、扩散工艺已制造出压阻式传感器，利用薄膜工艺已制造出快速响应的气敏、湿敏传感器等。日本横河公司综合利用微细加工技术，在硅片上构成孔、沟、棱锥、半球等各种形状的微型机械元件，并制作出了全硅谐振式压力传感器。

2.3.4 传感器的智能化

“电五官”与“电脑”的结合，就是传感器的智能化。智能化传感器不仅具有信号检测、转换功能，而且还具有记忆、存储、解析、统计处理及自诊断、自校准、自适应等功能。

2.3.5 仿生传感器

传感器相当于人的五官，且在许多方面超过人体，但在检测多维复合量方面，传感器的水平则远不如人体。尤其是那些与人体生物酶反应相当的嗅觉、味觉等化学传感器，还远未达到人体感觉器官那样高的选择性。实际上，人体感觉器官由非常复杂的细胞组成并与人脑连接紧密，配合协调。工程传感器要完全替代人的五官，则须具备相应复杂细密的结构和相应高度的智能化，这一点目前看来还是无法实现的。但是，研究人体感觉器官，开发能够模仿人体嗅觉、味觉、触觉等感觉的仿生传感器，使其功能尽量向人自身的功能逼近，已成为传感器发展的重要课题。

2.4　传感器的静态特性

传感器所测量的物理量基本上有两种形式：一种是稳态（静态或准静态）的形式，这种形式的信号不随时间变化（或变化很缓慢）；另一种是动态（周期变化或瞬态）的形式，这种形式的信号是随时间而变化的。由于输入物理量形式不同，传感器所表现出来的输入-输出特性也不同，因此存在所谓静态特性和动态特性。不同传感器有着不同的内部参数，它们的静态特性和动态特性也表现出不同的特点，对测量结果的影响也就各不相同。一个高精度传感器，必须同时具有良好的静态特性和动态特性，这样它才能完成对信号（或能量）的无失真转换。

2.4.1　线性度

如果理想的输出 y、输入 x 关系是一条直线，即 $y=a_0x$ ，那么称这种关系为线性输入-输出特性。显然，在理想的线性关系之下，只要知道输入/输出直线上的两个点，即可确定其余各点，故输出量的计算和处理十分简便。

1. 非线性输入-输出特性

实际上，许多传感器的输入-输出特性是非线性的，在静态情况下，如果不考虑滞后和蠕变效应，输入-输出特性总可以用如下多项式来逼近

$$y=a_0+a_1x+a_2x^2+\cdots+a_nx_n^2 \tag{2.1}$$

式中　x ——输入信号；

y ——输出信号；

a_0 ——零位输出；

a_1 ——传感器线性灵敏度；

a_2，…，a_n ——非线性系数。

对于已知的输入-输出特性曲线，非线性系数可由待定系数法求得。该多项式代数方程有图 2.1 所示的四种情况。

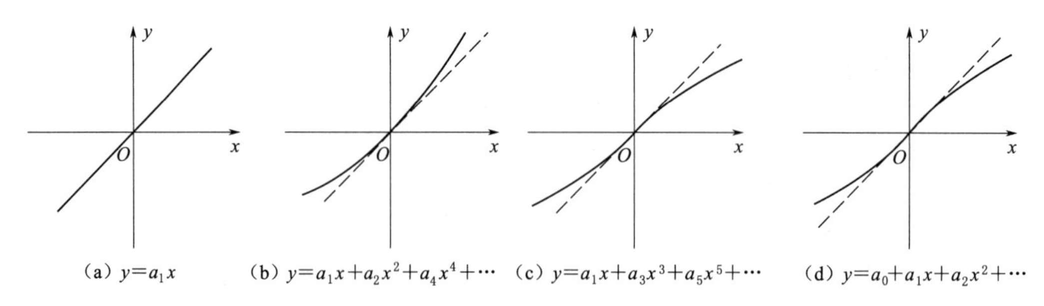

(a) $y=a_1x$　(b) $y=a_1x+a_2x^2+a_4x^4+\cdots$　(c) $y=a_1x+a_3x^3+a_5x^5+\cdots$　(d) $y=a_0+a_1x+a_2x^2+\cdots$

图 2.1　传感器的静态特性

理想线性特性如图 2.1（a）所示。当式（2.1）中 $a_0=a_2=\cdots=a_n=\cdots=0$ 时，有

$$y=a_1x \tag{2.2}$$

因为直线上所有点的斜率相等，故传感器的灵敏度为

$$a=\frac{y}{x}=k=\text{常数} \tag{2.3}$$

输入-输出特性方程仅有奇次非线性项，如图 2.1（c）所示，即

$$y=a_1x+a_3x^3+a_5x^5+\cdots \tag{2.4}$$

具有这种特性的传感器，在靠近原点的相当大范围内，输入-输出特性基本上呈线性关系。并且，当大小相等而符号相反时，y 也大小相等而符号相反，相对坐标原点对称，即

$$f(x)=-f(-x)$$

输入-输出特性非线性项仅有偶次项，如图 2.1（b）所示，即

$$y=a_1x+a_2x^2+a_4x^4+a_6x^6+\cdots \tag{2.5}$$

具有这种特性的传感器，其线性范围窄，且对称性差，即

$$f(x)\neq -f(x)$$

但用两个特性相同的传感器差动工作，即能有效地消除非线性误差。

输入-输出特性有奇次项，也有偶次项，如图 2.1（d）所示。

具有这种特性的传感器，其输入-输出特性的表示式即式（2.1）。

2. 非线性特性的“线性化”

在实际使用非线性特性传感器时，如果非线性项次不高，在输入量不大的条件下，可以用实际特性曲线的切线或割线等直线来近似地代表实际特性曲线的一段，如图 2.2 所示，这种方法称为传感器的非线性特性的线性化。所采用的直线称为拟合直线。

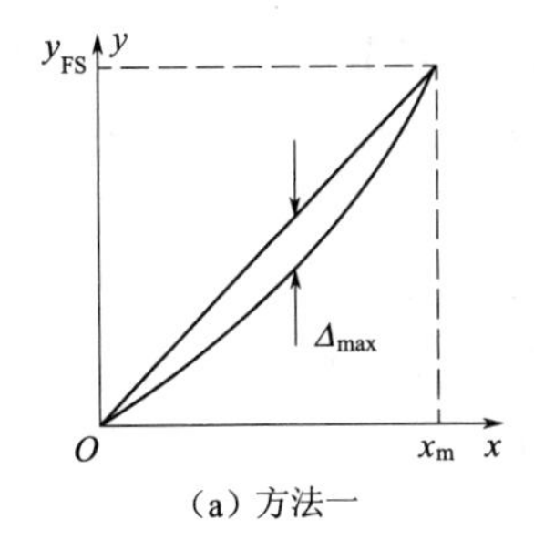

(a) 方法一

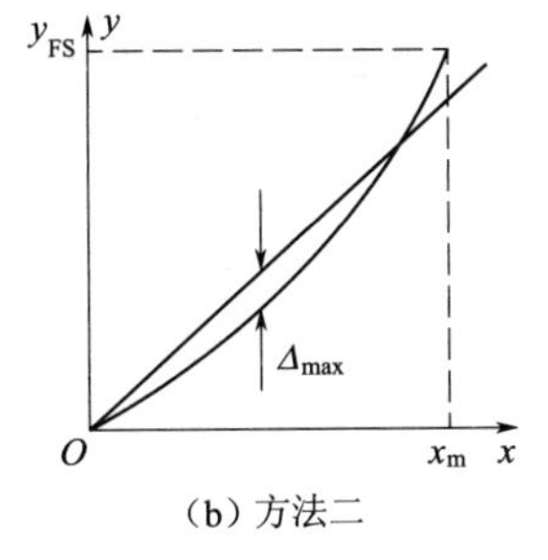

(b) 方法二

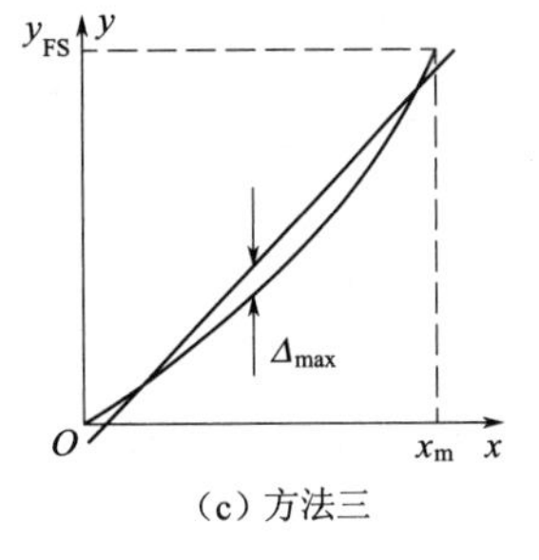

(c) 方法三

图 2.2 输入-输出特性的非线性特性的线性化

传感器的实际特性曲线与拟合直线不吻合的程度，在线性传感器中称“非线性误差”或“线性度”。常用相对误差的概念表示“线性度”的大小，即传感器的实际特性曲线与拟合直线之间的最大偏差的绝对值对满量程输出之比，为

$$e_1=\pm\frac{\Delta_{\max}}{y_{\mathrm{FS}}}\times 100\% \tag{2.6}$$

式中 e_1—— 非线性误差（线性度）；

$\Delta_{\max}$—— 实际特性曲线与拟合直线之间的最大偏差值；

y_{FS}—— 满量程输出。

传感器的输入-输出特性曲线的静态特性实验是在静态标准条件下进行的。静态标准条件是指没有加速度、振动、冲击（除非这些本身就是被测物理量），环境温度为（20±5)℃，相对湿度小于85%，气压为（101±8）kPa的情况。在这种标准状态下，利用一定等级的标准设备，对传感器进行往复循环测试，得到的输入-输出数据一般用表列出或绘成曲线，这种曲线称为实际特性曲线。

显然，非线性误差是以拟合直线作基准直线计算出来的，基准线不同，计算出来的线性度也不相同。因此，在提到线性度或非线性误差时，必须说明其依据怎样的基准线。

3. 最佳平均直线与独立线性度

找出一条直线，使该直线与实际输出特性的最大正偏差等于最大负偏差。然而这样的直线不止一条，其中最大偏差为最小的直线，称为最佳平均直线。根据该直线确定的线性度称为独立线性度，如图2.3所示。

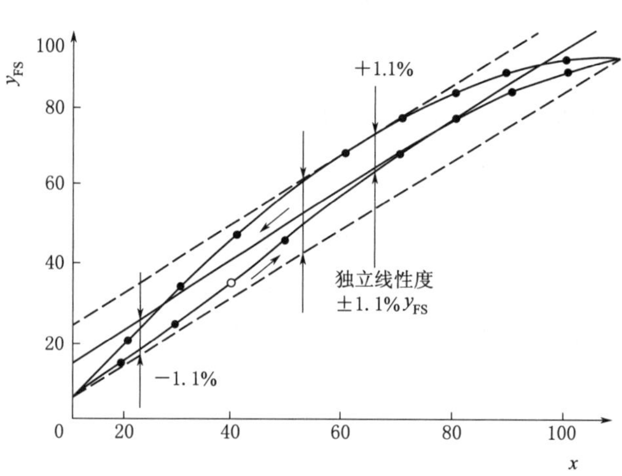

图2.3　独立线性度的理论曲线

在考虑独立线性度的情况下，式（2.6）应改为

$$e_1=\pm\frac{|+\Delta_{\max}|+|-\Delta_{\max}|}{2y_{FS}}\times 100\% \tag{2.7}$$

4. 端点直线和端点线性度

取零点为直线的起始点，满量程输出的100%作为终止点，通过这两个端点作一条直线为基准直线（端点直线），根据该拟合直线确定的线性度称为端点线性度。用端点直线作拟合直线，优点是简单，便于应用；缺点是没有考虑所有校准数据的分布，故其拟合精度低。端点直线如图2.4所示。其方程为

$$y=b+kx \tag{2.8}$$

$$k=\frac{y_m-y_1}{x_m-x_1} \tag{2.9}$$

端点直线的截距为

$$b=\frac{y_1x_m-y_mx_1}{x_m-x_1} \tag{2.10}$$

当检测下限 $x=x_1=0$ 时，端点直线的方程为

$$y=y_1+\frac{y_m-y_1}{x_m-x_1}x \tag{2.11}$$

5. 端点直线平移线

端点直线平移线如图 2.5 所示，它是与端点直线 AB 平行、并使在整个检测范围内最大正误差与最大负误差的绝对值相等的那根直线，即 CD 直线。若在各校准点中相对端点直线的最大正、负误差为 $+\Delta_{\max}$ 和 $-\Delta_{\max}$ 则端点直线平移线的截距为

$$b=\frac{y_1x_{\mathrm{m}}-y_{\mathrm{m}}x_1}{x_{\mathrm{m}}-x_1}+\frac{|+\Delta_{\max}|-|-\Delta_{\max}|}{2} \tag{2.12}$$

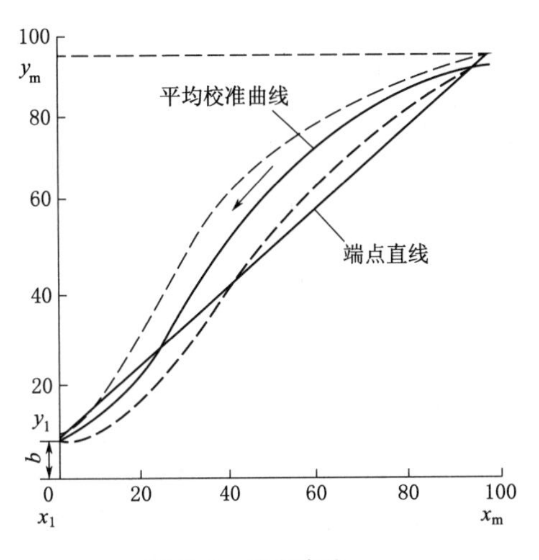

图 2.4 端点直线

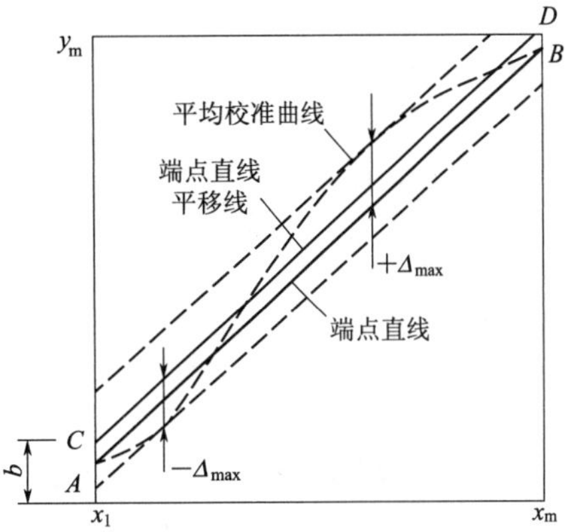

图 2.5 端点直线平移线

其斜率与式 (2.9) 相同。显然，端点直线平移线的方程为

$$y=\frac{y_1x_{\mathrm{m}}-y_{\mathrm{m}}x_1}{x_{\mathrm{m}}-x_1}+\frac{|+\Delta_{\max}|-|-\Delta_{\max}|}{2}+\frac{y_{\mathrm{m}}-y_1}{x_{\mathrm{m}}-x_1}x \tag{2.13}$$

当检测下限 $x=x_1=0$ 时，有

$$y=y_1+\frac{|+\Delta_{\max}|-|-\Delta_{\max}|}{2}+\frac{y_{\mathrm{m}}-y_1}{x_{\mathrm{m}}}x \tag{2.14}$$

因此，以端点直线平移线作为理论特性时的最大误差为

$$\Delta_{\max}=\frac{|+\Delta_{\max}|+|-\Delta_{\max}|}{2} \tag{2.15}$$

端点直线平移线可看作是最佳平均直线的一种近似。

6. 最小二乘法直线和最小二乘法线性度

找出一条直线，使该直线各点与相应的实际输出的偏差的平方和最小，这条直线称为最小二乘法直线。若有 n 个检测点，其中第 i 个检测点与该直线上相应值之间的偏差为

$$\Delta_i=y_i-(b+kx_i) \tag{2.16}$$

最小二乘法理论直线的拟合原则是使 $\sum_{i=1}^{n}\Delta_i^2$ 最小，即使其对 k 和 b 的一阶偏导数等于零，故可得到 k 和 b 的表达式为

$$\frac{\partial}{\partial k}\sum\Delta_i^2=2\sum(y_i-kx_i-b)(-x_i)=0$$

$$\frac{\partial}{\partial b}\sum\Delta_i^2=2\sum(y_i-kx_i-b)(-1)=0$$

从而得到

$$k=\frac{n\sum x_iy_i-\sum x_i\sum y_i}{n\sum x_i^2-(\sum x_i)^2} \tag{2.17}$$

$$b=\frac{\sum x_i^2\sum y_i-\sum x_i\sum x_iy_i}{n\sum x_i^2-(\sum x_i)^2} \tag{2.18}$$

其中，$\sum x_i=x_1+x_2+x_3+\cdots+x_n$

$\sum y_i=y_1+y_2+y_3+\cdots+y_n$

$\sum x_iy_i=x_1y_1+x_2y_2+x_3y_3+\cdots+x_ny_n$

$\sum x_i^2=x_1^2+x_2^2+x_3^2+\cdots+x_n^2$

式中　n —— 校准点数。

将求得的 k 和 b 代入 $y=b+kx$ 中，即可得到最小二乘法拟合直线方程。这种拟合方法的缺点是计算烦琐，但线性的拟合精度高。

2.4.2　灵敏度

线性传感器的校准曲线的斜率就是静态灵敏度，它是传感器的输出量变化和输入量变化之比，即

$$k_n=\frac{\Delta x}{\Delta y} \tag{2.19}$$

式中　k_n ——静态灵敏度。

例如位移传感器，当位移量 Δx 为 1μm，输出量 Δy 为 0.2mV 时，灵敏度 k_n 为 0.2mV/μm。非线性传感器的灵敏度通常用拟合直线的斜率表示。非线性特别明显的传感器，其灵敏度可用 dy/dx 表示，也可用某一小区域内拟合直线的斜率表示。

2.4.3　迟滞

迟滞表示传感器在输入值增长（正行程）和减少（反行程）的过程中，同一输入量输入时，输出值的差别，如图 2.6 所示，它是传感器的一个性能指标。该指标反映了传感器的机械部件和结构材料等存在的问题，如轴承摩擦、灰尘积塞、间隙不适当、螺钉松动、元件磨损（或碎裂），以及材料的内部摩擦等。迟滞的大小通常由整个检测范围内的最大迟滞值 Δ_{max} 与理论满量程输出之比的百分数表示，即

$$e_1=\frac{\Delta_{max}}{y_{FS}}\times 100\% \tag{2.20}$$

2.4.4　重复性

传感器的输入量按同一方向做多次变化时，各次检测所得的输入-输出特性曲线往往不重复，如图 2.7 所示。产生不重复的原因和产生迟滞的原因相同。重复性误差 e_R 通常

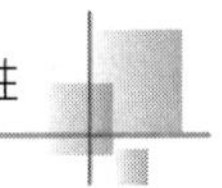

用输出最大不重复误差 $\Delta_{\max}$ 与满量程输出 y_{FS} 之比的百分数表示，即

$$e_R = \frac{\Delta_{\max}}{y_{FS}} \times 100\% \tag{2.21}$$

式中　$\Delta_{\max}$ —— $\Delta_{1\max}$ 与 $\Delta_{2\max}$ 两数值之中的最大者；

$\Delta_{1\max}$ —— 正行程多次测量的各个测试点输出值之间的最大偏差；

$\Delta_{2\max}$ —— 反行程多次测量的各个测试点输出值之间的最大偏差。

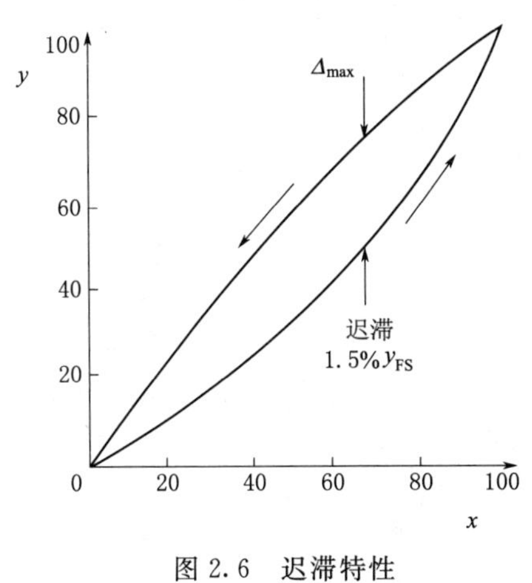

图 2.6　迟滞特性

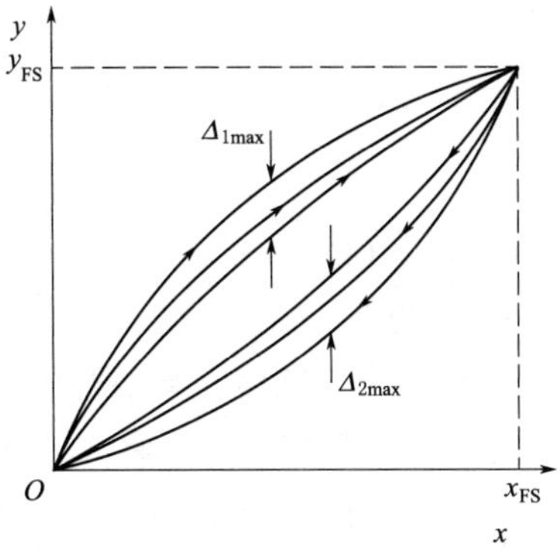

图 2.7　重复性

不重复误差是属于随机误差性质的，校准数据的离散程度与随机误差的精度相关，应根据标准偏差来计算重复性指标。重复性误差 e_R 可表示为

$$e_R = \pm \frac{(2 \sim 3)\sigma}{y_{FS}} \times 100\% \tag{2.22}$$

式中　σ——标准偏差。服从正态分布误差，其 σ 可以根据贝塞尔公式来计算，即

$$\sigma = \sqrt{\frac{\sum_{i=1}^{n}(y_i - \overline{y})^2}{n-1}} \tag{2.23}$$

式中　y_i —— 测量值；

y —— 测量值的算术平均值；

n —— 测量次数。

2.5　传感器的动态特性

即使静态性能很好的传感器，当被检测物理量随时间变化时，如果传感器的输出量不能很好地跟随输入量的变化而变化，也有可能导致高达百分之几十甚至百分之百的误差。因此，在研究、生产和应用传感器时，要特别注意其动态特性的研究。动态特性是指传感器对于随时间变化的输入量的响应特性。动态特性好的传感器，其输出量随时间变化的曲线与被测量随同一时间变化的曲线一致或者相近。实际被测量随时间变化的形式可能是各种各样的，实际研究中，通常根据标准输入特性来考虑传感器的

响应特性。标准输入有两种：正弦变化和阶跃变化。传感器的动态特性分析和动态标定都以这两种标准输入为依据。对任一传感器，只要输入量是时间的函数，则其输出量也应是时间的函数。

2.5.1　传感器动态特性的数学模型

传感器的动态特性比静态特性要复杂得多，必须根据传感器结构与特性，建立与之相应的数学模型，从而利用逻辑推理和运算方法等已有的数学成果，对传感器的动态响应进行分析和研究。最广泛使用的数学模型是线性常系数微分方程，只要对微分方程求解，即可得到动态性能指标。线性常系数微分方程的一般形式为

$$a_n \frac{d^n y}{dt^{n-1}} + a_{n-1} \frac{d^{n-1} y}{dt^{n-1}} + \cdots + a_1 \frac{dy}{dt} + a_0 y = b_m \frac{d^m x}{dt^m} + b_{m-1} \frac{d^{m-1} x}{dt^{m-1}} + \cdots + b_1 \frac{dx}{dt} + b_0 x \tag{2.24}$$

式中　x —— 输入信号；

y —— 输出信号；

a_n、b_m ——决定于传感器的某些物理参数（除 $b_0 \neq 0$ 外，通常 $b_1 = b_2 = \cdots = b_m = 0$）。

常见的传感器，其物理模型通常可分别用零阶、一阶和二阶的常微分方程描述，其输入-输出动态特性分别称为零阶环节、一阶环节和二阶环节，或称零阶传感器、一阶传感器和二阶传感器，即

$$a_0 y = b_0 x \quad \text{（零阶环节）} \tag{2.25}$$

$$a_1 \frac{dy}{dt} + a_0 y = b_0 x \quad \text{（一阶环节）} \tag{2.26}$$

$$a_2 \frac{d^2 y}{dt^2} + a_1 \frac{dy}{dt} + a_0 y = b_0 x \quad \text{（二阶环节）} \tag{2.27}$$

显然，传感器的阶数越高，其动态特性越复杂。零阶环节在测量上是理想环节，因为不管 $x = x(t)$ 如何变化，其输出总是与输入成简单的正比关系。严格地说，零阶传感器不存在，只能说有近似的零阶传感器。最常见的是一阶传感器和二阶传感器。

理论上讲，由式（2.24）可以计算出传感器的输入与输出的关系，但是对于一个复杂的系统和复杂的输入信号，采用式（2.24）求解很困难。因此，在信息论和控制论中，通常采用一些足以反映系统动态特性的函数，将系统的输出与输入联系起来。这些函数有传递函数、频率响应函数和脉冲响应函数等。

2.5.2　算子符号法和传递函数

算子符号法和传递函数的概念在传感器的分析、设计和应用中十分有用。利用这些概念，可以用代数式的形式表征系统本身的传输、转换特性，它与激励和系统的初始状态无关。因此，如两个完全不同的物理系统由同一个传递函数来表征，那么说明这两个系统的传递特性是相似的。

用算子 D 代表 d/dt，则式（2.24）可改写成

$$(a_n D^n + a_{n-1} D^{n-1} + \cdots + a_1 D + a_0) y = (b_m D^m + b_{m-1} D^{m-1} + \cdots + b_1 D + b_0) x \tag{2.28}$$

这样，用算子形式表示的传感器的数学模型为

$$\frac{y}{x}(D)=\frac{b_mD^m+b_{m-1}D^{m-1}+\cdots+b_1D+b_0}{a_mD^m+a_{m-1}D^{m-1}+\cdots+a_1D+a_0} \tag{2.29}$$

采用算子符号法可使方程的分析得到适当的简化。

对式（2.24）取拉普拉斯变换，得

$$Y(s)(a_ns^n+a_{n-1}s^{n-1}+\cdots+a_1s+a_0)=X(s)(b_ms^m+b_{m-1}s^{m-1}+\cdots+b_1s+b_0) \tag{2.30}$$

或

$$\frac{Y(s)}{X(s)}=\frac{b_ms^m+b_{m-1}s^{m-1}+\cdots+b_1s+b_0}{a_ns^n+a_{n-1}s^{n-1}+\cdots+a_1s+a_0} \tag{2.31}$$

输出 $y(t)$ 的拉普拉斯变换 $Y(s)$ 和输入 $x(t)$ 的拉普拉斯变换 $X(s)$ 之比称为传递函数，记为 $H(s)$，即

$$H(s)=\frac{Y(s)}{X(s)} \tag{2.32}$$

引入传递函数概念之后，在 $Y(s)$、$X(s)$ 和 $H(s)$ 三者之中，知道任意两个，第三个便可以容易求得。这样就为了解一个复杂的系统传递信息特性创造了方便条件，这时不需要了解复杂系统的具体内容，只要给系统一个激励信号 $x(t)$，得到系统对 $x(t)$ 的响应 $y(t)$，系统特性就可以确定了。

2.5.3 频率响应函数

对于稳定的常系数线性系统，可用傅里叶变换代替拉普拉斯变换，此时式（2.31）变为

$$H(\mathrm{j}\omega)=\frac{Y(\mathrm{j}\omega)}{X(\mathrm{j}\omega)}=\frac{b_m(\mathrm{j}\omega)^m+b_{m-1}(\mathrm{j}\omega)^{m-1}+\cdots+b_1(\mathrm{j}\omega)+b_0}{a_n(\mathrm{j}\omega)^n+a_{n-1}(\mathrm{j}\omega)^{n-1}+\cdots+a_1(\mathrm{j}\omega)+a_0} \tag{2.33}$$

$H(\mathrm{j}\omega)$ 称为传感器的频率响应函数，简称为频率响应或频率特性。很明显，频率响应是传递函数的一个特例。

不难看出，传感器的频率响应 $H(\mathrm{j}\omega)$ 就是在初始条件为零时，输出的傅里叶变换与输入的傅里叶变换之比，是在"频域"对系统传递信息特性的描述。输出量的幅值与输入量幅值之比称为传感器幅频特性。输出量与输入量的相位差称为传感器的相频特性。

2.5.4 动态响应特性

正弦输入时的频率响应

1. 一阶系统

一阶系统方程式的一般形式为

$$a_1\frac{\mathrm{d}y}{\mathrm{d}t}+a_0y=b_0x \tag{2.34}$$

式（2.34）两边都除以 a_0，得

$$\frac{a_1}{a_0}\frac{\mathrm{d}y}{\mathrm{d}t}+y=\frac{b_0}{a_0}x \tag{2.35}$$

或者写成

$$\tau\frac{\mathrm{d}y}{\mathrm{d}t}+y=kx \tag{2.36}$$

式中　τ ——时间常数，$\tau = a_1 / a_0$；

k ——静态灵敏度，$k = \dfrac{b_0}{a_0}$ 在动态特性分析中，k 只起着输出量增加 k 倍的作用。因此为了方便起见，在讨论任意阶传感器时可采用 $k=1$，这种处理方法称为灵敏度归一化。

由式（2.32），一阶系统的传递函数为

$$H(s) = \frac{1}{1+\tau s} \tag{2.37}$$

频率特性为

$$H(s) = \frac{1}{1+\tau \mathrm{j}\omega} \tag{2.38}$$

幅频特性为

$$H(s) = \frac{1}{\sqrt{(1+\tau \mathrm{j}\omega)^2}} \tag{2.39}$$

相频特性为

$$\phi(\omega) = \arctan(-\omega\tau) \tag{2.40}$$

由弹簧（刚度 k）和阻尼器（速度阻尼 c）组成的机械系统为单自由度一阶系统，如图 2.8 所示。

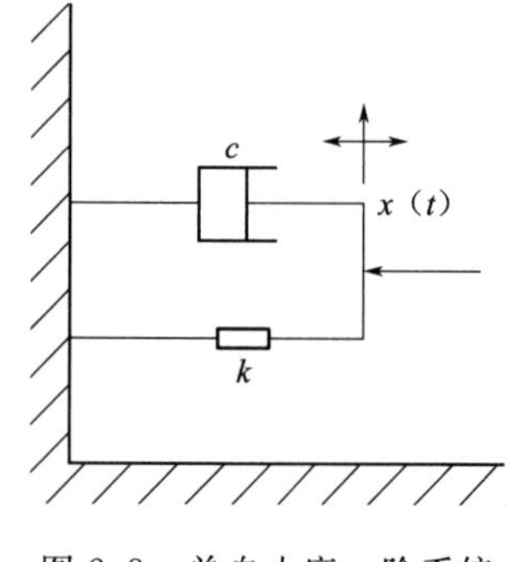

图 2.8　单自由度一阶系统

它的运动方程式为

$$c\frac{\mathrm{d}y}{\mathrm{d}t} + ky = b_0 x \tag{2.41}$$

式中　c ——阻尼系数；

k ——刚度。

式（2.41）可改写为

$$\tau\frac{\mathrm{d}y}{\mathrm{d}t} + y = kx(t) \tag{2.42}$$

式中　τ ——时间常数，$\tau = c/k$；

k ——静态灵敏度，$k = b_0/k$。

利用式（2.38）、式（2.39）和式（2.40）即可写出它的频率特性、幅频特性和相频特性的表达式。一阶系统，除了弹簧—阻尼、质量—阻尼系统之外，还有 $R-C$、$L-R$ 电路和液体温度计等。图 2.9 为一阶传感器的频率响应特性曲线。

从式（2.41）、式（2.42）和图 2.9 可以看出，时间常数 τ 越小，频率响应特性越好。当 $\omega\tau \leqslant 1.0$ 时，$A(\omega) \approx 1$，它表明传感器输出与输入为线性关系；$\phi(\omega)$ 很小，$\tan\phi \approx \phi$，相位差与频率 ω 呈线性关系。这时保证了测试是无失真的，输出 $y(t)$ 真实地反映输入

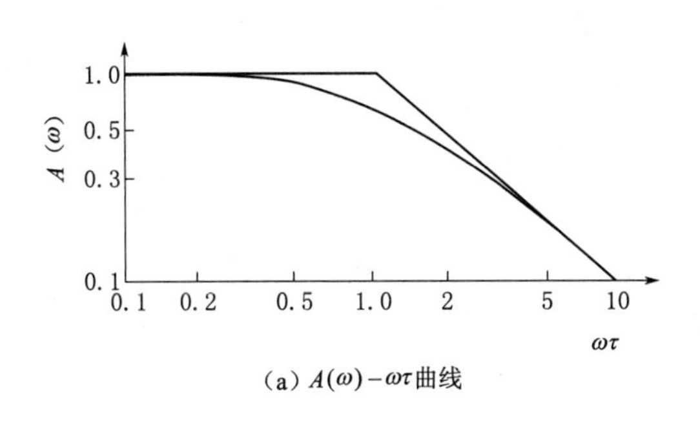

(a) $A(\omega)-\omega\tau$曲线

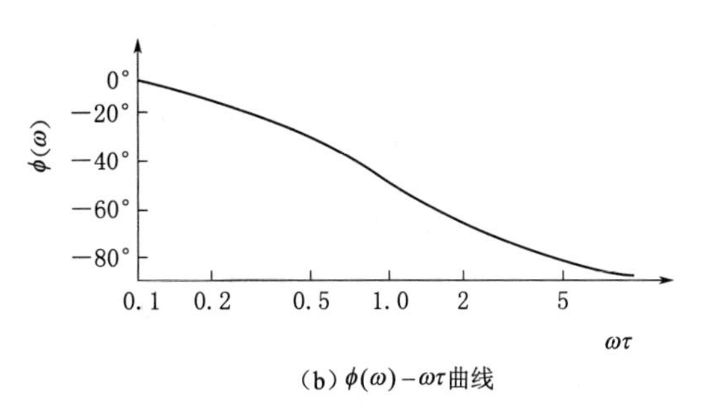

(b) $\phi(\omega)-\omega\tau$曲线

图 2.9 一阶传感器的频率响应特性曲线

$x(t)$ 的变化规律。

2. 二阶系统

很多传感器如振动传感器、压力传感器、加速度传感器等都包含有运动质量 m 、弹性元件和阻尼器，这三者就组成了一个单自由度二阶系统，如图 2.10 所示。

根据牛顿第二定律，可以写出单自由度二阶系统的力平衡方程式为

$$m\frac{\mathrm{d}^2y}{\mathrm{d}t^2}+c\frac{\mathrm{d}y}{\mathrm{d}t}+ky=F(t) \tag{2.43}$$

式中 $F(t)$ ——作用力；

y ——位移；

m ——运动质量；

c ——阻尼系数；

k ——弹簧刚度；

$m\dfrac{\mathrm{d}^2y}{\mathrm{d}t^2}$ ——惯性力；

$c\dfrac{\mathrm{d}y}{\mathrm{d}t}$ ——阻尼力；

ky ——弹性力。

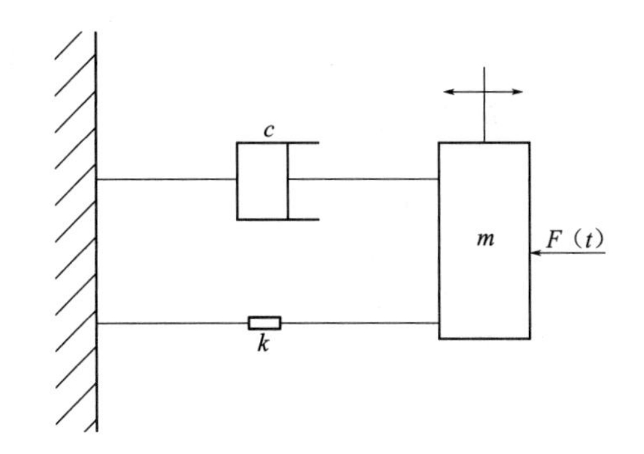

图 2.10 单自由度二阶系统

式（2.43）又可写成

$$\frac{\mathrm{d}^2y}{\mathrm{d}t^2}+2\xi\omega_0\frac{\mathrm{d}y}{\mathrm{d}t}+\omega_0^2y=K_1F(t) \tag{2.44}$$

式中 ω_0 —— 系统无阻尼时的固有振动角频率，$\omega_0=\sqrt{\dfrac{k}{m}}$ ；

ξ —— 阻尼比系数，$\xi=\dfrac{c}{2\sqrt{km}}$ ；

K_1 —— 常数，$K_1=\dfrac{1}{m}$ 。

将式（2.44）写成一般通用形式，成为

$$\frac{1}{\omega_0}\frac{\mathrm{d}^2 y}{\mathrm{d}t^2}+\frac{2\xi}{\omega_0}\frac{\mathrm{d}y}{\mathrm{d}t}+y=\frac{K_1}{\omega_0^2}F(t)=KF(t) \tag{2.45}$$

式中　K ——静态灵敏度，$K=\dfrac{1}{m\omega_0}$。

它的拉普拉斯变换式为

$$\left(\frac{1}{\omega_0^2}s^2+\frac{2\xi}{\omega_0}s+1\right)y(s)=KF(s) \tag{2.46}$$

传递函数为

$$H(s)=\frac{K}{\dfrac{s^2}{\omega_0^2}+\dfrac{2\xi s}{\omega_0}+1} \tag{2.47}$$

频率特性响应函数为

$$H(\mathrm{j}\omega)=\frac{K}{1-\left(\dfrac{\omega}{\omega_0}\right)^2+2\xi\mathrm{j}\left(\dfrac{\omega}{\omega_0}\right)} \tag{2.48}$$

任何一个二阶系统，它都具有如式（2.48）那样的频率特性。由式（2.48）可得它的幅频特性为

$$|H(\mathrm{j}\omega)|=\frac{K}{\sqrt{[1-(\omega/\omega_0)^2]^2+4\xi(\omega/\omega_0)^2}} \tag{2.49}$$

相频特性为

$$\phi(\omega)=\arctan\left[\frac{2\xi}{(\omega_0/\omega-1)(\omega_0/\omega+1)}\right] \tag{2.50}$$

图 2.11 为二阶传感器的频率响应特性曲线。由图可见，传感器的频率响应特性的好坏，主要取决于传感器的固有频率 ω_0 和阻尼比 ξ。当 $\xi<1$，$\omega_0\ll\omega$ 时，有 $A(\omega)\approx1$，幅频特性平直，输出与输入为线性关系；$\phi(\omega)$ 很小，$\phi(\omega)$ 与 ω 为线性关系。此时，系统

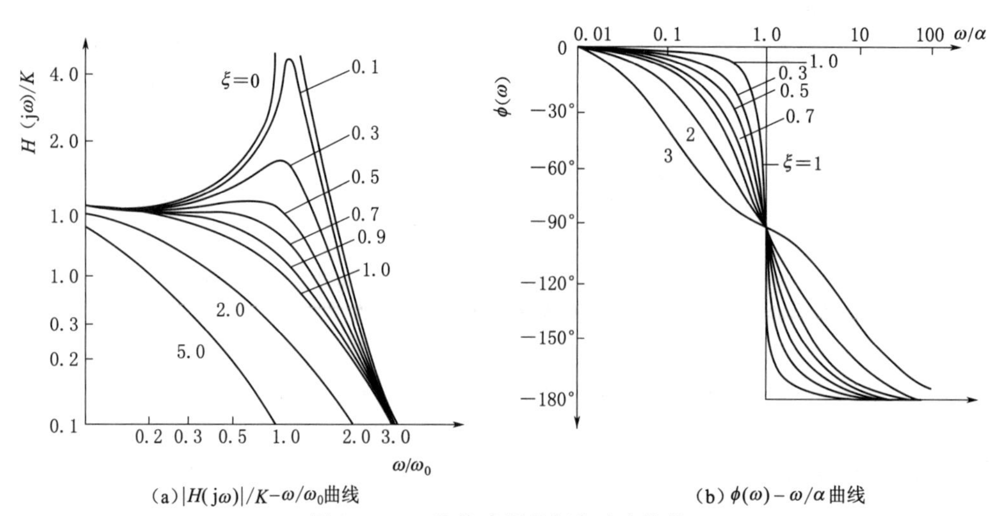

(a) $|H(\mathrm{j}\omega)|/K$-ω/ω_0曲线　　(b) $\phi(\omega)-\omega/\alpha$ 曲线

图 2.11　二阶传感器的频率响应特性

的输出$y(t)$真实准确地再现输入$x(t)$的波形，这是测试设备应有的性能。通过以上分析，可以得到这样一个结论：为了使测试结果能精确地再现被测信号的波形，在传感器设计时，必须使其阻尼比$\xi<1$，固有频率ω_0至少应大于被测信号频率ω的3～5倍，即$\omega_0\geqslant(3\sim5)\omega$。

在实际测试中$\xi<1$时，$H(\omega)$在$\omega/\omega_0\approx1$（即$\omega\to\omega_0$）时，出现极大值，即出现共振现象。当$\xi=0$时，共振频率就等于无阻尼固有频率ω_0；当$\xi>0$时，有阻尼的共振频率为ω_0。另外，在$\omega\to\omega_0$时，$\phi(\omega)$趋近于$-90°$，通常，当ξ很小时，取$\omega=\frac{\omega_0}{10}$的区域作为传感器的通频带。当$\xi=0.7$（最佳阻尼）时，幅频特性$H(\omega)$的曲线平坦段最宽，且相频特性$\phi(\omega)$接近一条直线。在这种情况下，若取$\omega=\omega_0/2\sim3$为通频带，其幅度失真不超过2.5%，而输出曲线比输入曲线延迟$\Delta t=\pi/2\omega_0$。当$\xi=1$（临界阻尼）时，幅频特性曲线永远小于1，其共振频率$\omega_d=0$。但因幅频特性曲线下降得太快，平坦段反而变短了。当$\omega/\omega_0=1$（即$\omega=\omega_0$）时，幅频特性曲线趋于零，几乎无响应。

如果传感器的固有频率ω_0不低于输入信号谐波中最高频率$\omega_{\max}$的3～5倍，这样可以保证动态测试精度。但保证ω_0达到3～5倍的$\omega_{\max}$，制造上很困难，且ω_0太高又会影响其灵敏度。实践表明，如果被测信号的波形与正弦波相差不大，则被测信号谐波中最高频率$\omega_{\max}$可以用其基频ω的3～5倍代替。这样，选用和设计传感器时，保证传感器固有频率ω_0不低于被测信号基频的10倍即可。从以上分析可知：为了减小动态误差和扩大频响范围，一般提高传感器的固有频率ω_0，是通过减小传感器运动部分质量和增加弹性敏感元件的刚度来达到的。但刚度增加，必然使灵敏度按相应比例减小。所以在实际中，要综合各种因素来确定传感器的各个特征参数。

2.5.5　阶跃信号输入时的阶跃响应

1. 一阶系统的阶跃响应

传感器的动态特性除了用频域中的频率特性来评价外，也可以从时域中的瞬态响应和过渡过程进行分析。阶跃函数、冲激函数和斜坡函数等是常用激励信号。起始静止的传感器，若输入的是一个单位阶跃信号，即$t=0$时，x和y均为零（在没有输入时也没有输出）；当$t>0$时，有一个阶跃信号$x(t)=1(t)$（幅值为1）输入，如图2.12（a）所示。一阶系统的传递函数为

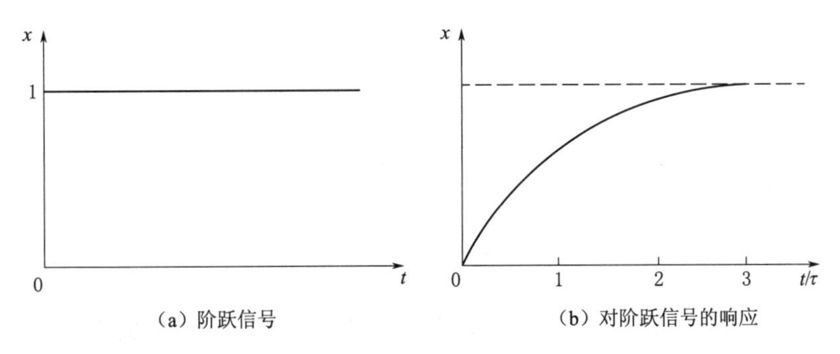

（a）阶跃信号　　（b）对阶跃信号的响应

图2.12　一阶系统的阶跃响应

$$H(s)=\frac{Y(s)}{X(s)}=\frac{1}{1+\tau s} \tag{2.51}$$

$$Y(s)=H(s)X(s) \tag{2.52}$$

因为单位阶跃函数的拉普拉斯变换式等于 $\frac{1}{s}$，将 $X(s)=\frac{1}{s}$ 代入，并将 $Y(s)$ 展开成部分分式，则得

$$Y(s)=\frac{1}{s}-\frac{\tau}{1+\tau s} \tag{2.53}$$

式（2.53）进行拉普拉斯反变换可得

$$y(t)=1-e^{-t/\tau}(t>0) \tag{2.54}$$

将式（2.54）画成曲线，如图 2.12（b）所示，可以看出，输出的初始值为零；随着时间推移，y 接近于 1；当 $t=\tau$ 时，$y=0.63$。τ 是系统的时间常数，系统的时间常数越小，响应就越快，故时间常数 τ 值是决定响应速度的重要参数。

2. 二阶系统的阶跃响应

如图 2.10 所示，具有惯性质量、弹簧和阻尼器的振动系统是典型的二阶系统。它的传递函数为

$$H(s)=\frac{Y(s)}{X(s)}=\frac{K\omega_0^2}{s^2+2\xi\omega_0 s+\omega_0^2} \tag{2.55}$$

当输入信号 $X(s)$ 为单位阶跃信号时，$X(s)=\frac{1}{s}$，则输出为

$$Y(s)=X(s)H(s)=\frac{K\omega_0^2}{s(s^2+2\xi\omega_0 s+\omega_0^2)} \tag{2.56}$$

（1）$0<\xi<1$，衰减振荡情形式（2.56）可展开成部分分式

$$Y(s)=K\left(\frac{1}{s}-\frac{s+2\xi\omega_0}{s^2+2\xi\omega_0 s+\omega_0^2}\right) \tag{2.57}$$

其第二项分母特征方程，在 $0<\xi<1$ 时为复数，且令阻尼振荡角频率为 ω_d，式（2.57）可写为

$$Y(s)=K\left[\frac{1}{s}-\frac{s+2\xi\omega_0}{(s+\xi\omega_0+j\omega_d)(s+\xi\omega_0-j\omega_d)}\right] \tag{2.58}$$

$$Y(s)=K\left[\frac{1}{s}-\frac{s+2\xi\omega_0}{(s+\omega_0\xi)^2+\omega_d^2}\right]=K\left[\frac{1}{s}-\frac{s+\xi\omega_0}{(s+\omega_0\xi)^2+\omega_d^2}-\frac{\xi\omega_0}{(s+\omega_0\xi)^2+\omega_d^2}\right] \tag{2.59}$$

从式（2.59）的拉普拉斯反变换可得

$$y(t)=K\left[1-\frac{e^{-\xi\omega_0 t}}{\sqrt{1-\xi^2}}\sin\left(\omega_d+\arctan\frac{\sqrt{1-\xi^2}}{\xi}\right)\right](t\geqslant 0) \tag{2.60}$$

由式（2.60）可知，在 $0<\xi<1$ 的情形下，阶跃信号输入时的输出信号为衰减振荡，其振荡角频率（阻尼振荡角频率）为 ω_d；幅值按指数衰减，ξ 越大，即阻尼越大，衰减越快。

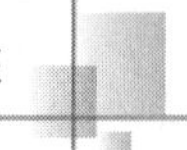

(2) $\xi=0$，无阻尼，即临界振荡情形。将 $\xi=0$ 代入式（2.60），得

$$y(t)=k(1-\cos\omega_0 t)\quad(t\geqslant 0) \tag{2.61}$$

此种情形为一个等幅振荡过程，其振荡频率就是系统的固有振动角频率 ω_0。实际上系统总有一定的阻尼，所以 ω_d 总小于 ω_0。

(3) $\xi=1$，临界阻尼情形。此时式（2.56）成为

$$Y(s)=\frac{K\omega_0^2}{s\,(s+\omega_0)^2} \tag{2.62}$$

式（2.62）分母的特征方程的解为两个相同实数，由拉普拉斯变换式的反变换可得

$$y(t)=K[1-e^{-\omega_0 t}(1+\omega_0 t)] \tag{2.63}$$

式（2.63）表明系统既无超调也无振荡。

(4) $\xi>1$，过阻尼情形。此时式（2.56）可写成

$$Y(s)=\frac{k\omega_0^2}{s(s+\xi\omega_0+\omega_0\sqrt{\xi^2-1})(s+\xi\omega_0-\omega_0\sqrt{\xi^2-1})} \tag{2.64}$$

作拉氏反变换后为

$$y(t)=K\left\{1+\frac{1}{2(\xi^2-\xi\sqrt{\xi^2-1}-1)}e^{\left[-(\xi-\sqrt{\xi^2-1})\omega_0 t\right]}+\frac{1}{2(\xi^2+\xi\sqrt{\xi^2-1}-1)}e^{\left[-(\xi+\sqrt{\xi^2-1})\omega_0 t\right]}\right\}\quad(t>0) \tag{2.65}$$

式（2.65）表明，$\xi>1$，则传感器蜕化到等同于两个一阶系统串联。此时虽然不产生振荡（即不发生超调），但也须经过较长时间才能达到稳态。

对应于不同 ξ 值的二阶系统的阶跃响应曲线如图 2.6 所示，由于横坐标是无量纲变量 $\omega_0 t$，所以曲线族只与 ξ 有关。由图 2.13 可见，在一定的 ξ 值下，欠阻尼系统比临界阻尼系统更快地达到稳态值；过阻尼系统反应迟钝，动作缓慢，所以系统通常设计成欠阻尼系统，ξ 取值为 0.6～0.8。

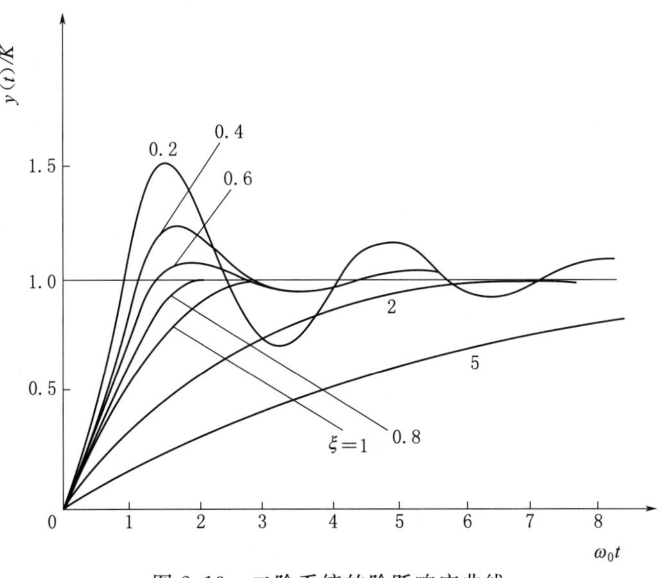

图 2.13 二阶系统的阶跃响应曲线

测量系统的动态特性常用单位阶跃信号（其初始条件为零）作为输入信号时的输出曲线来表示，如图 2.14 所示。表征动态特性的主要参数有上升时间 t_r，响应时间 t_s（过程时间），超调量 σ_p，衰减度 ϕ 等。

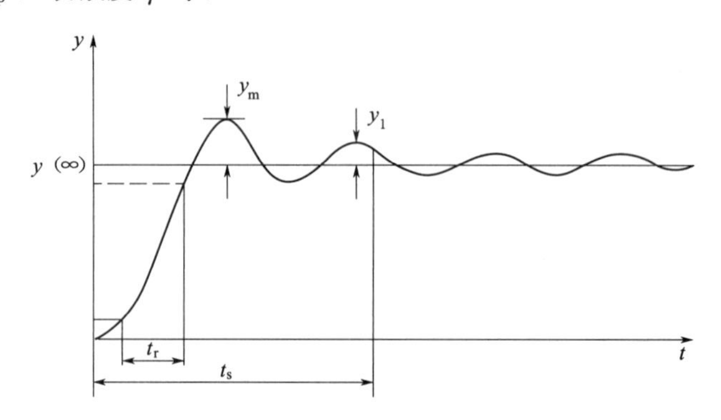

图 2.14　阶跃输入时的动态响应

上升时间 t_r 定义为从最终值的 $a\%$ 变化到最终值的 $b\%$ 所需时间。$a\%$ 常采用 5%或 10%，而 $b\%$ 常采用 90% 或 95%。

响应时间 t_s 是指输出量 y 从开始变化到进入最终值的规定范围内的所需时间，最终值的规定范围常取仪表的允许误差值，它应与响应时间一起写出，如 $t_s=0.5\text{s}$（±5%）。

超调量 σ_p 是指输出最大值与最终值之间的差值对最终值之比，用百分数来表示，即

$$\sigma_p=\frac{y_m-y(\infty)}{y(\infty)}\times 100\% \tag{2.66}$$

衰减度 ϕ 用来描述瞬态过程中振荡幅值衰减的速度，定义为

$$\phi=\frac{y_m-y_1}{y_m}\times 100\% \tag{2.67}$$

式中　y_1——出现一个周期后的 $y(t)$ 值。如果 $y_1 \ll y_m$，则 $\phi\approx 1$ 表示衰减很快，该系统很稳定，振荡很快停止。

总之，上升时间 t_r 和响应时间 t_s 是表征仪表（或系统）的响应速度性能的参数；超调量 σ_p 和衰减度 ϕ 是表征仪表（或系统）的稳定性能的参数。通过这两个方面就完整地描述了仪表（或系统）的动态特性。

第3章　电力设备在线监测

3.1　电力变压器在线监测

3.1.1　概述

电力变压器按用途可分为升压变压器、降压变压器、配电变压器、联络变压器（联络几个不同电压等级电网用）和厂用电变压器（供发电厂自用）等，还可以按绕组数、相数、冷却方式、绕组结构、铁芯结构、防潮方式以及调压方式等分类。

我国电力变压器采用的额定容量基本上是按 $\sqrt[10]{10}=1.259$ 的倍数增加的，即所谓 R_{10} 。容量系列，具体容量等级为 10kVA、20kVA、30kVA… 630kVA、80kVA… 6300kVA、8000kAV…通常将容量 630kVA 及以下的变压器统称为小型变压器，800～6300kVA 的变压器统称为中型变压器，8000～63000kVA 的变压器统称为大型变压器，90000kVA 及以上的变压器统称为特大型变压器。

变压器的冷却方式有空气冷却、油冷和水冷等，又分自然冷却和强迫冷却。目前广泛采用的油浸变压器，其绝缘油起着绝缘和散热的双重作用，每台油浸变压器都要使用大量油、纸等绝缘材料。

变压器的绝缘分为内绝缘、外绝缘，其绝缘分类如图 3.1 所示。

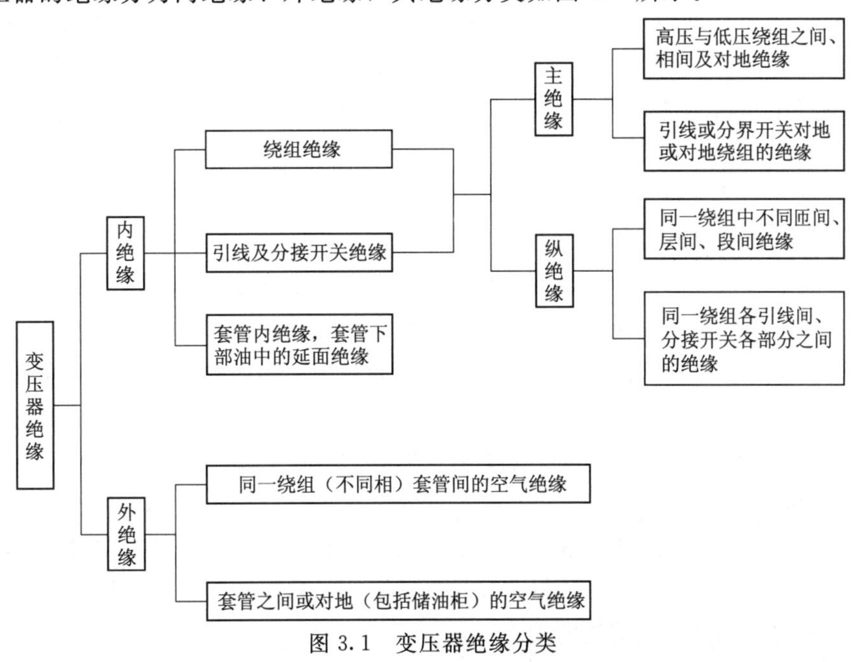

图 3.1　变压器绝缘分类

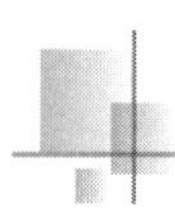

内绝缘是处于油箱中的各部分绝缘，包括绕组绝缘、引线及分接开关绝缘，这些绝缘是油、固体绝缘材料及其二者的组合。外绝缘是空气绝缘，是指套管上部对地以及彼此之间的绝缘间隙。

内绝缘又可分为主绝缘和纵绝缘两种。主绝缘是指绕组（或引线）对地、对异相或同相其他绕组（或引线）之间的绝缘；纵绝缘是指同一绕组上各点之间或其相应引线之间的绝缘。主绝缘由变压器的 1min 工频耐压和冲击耐压所决定，纵绝缘由变压器的冲击耐压所决定。

当变压器绕组中流过电流时，电流与漏磁通的相互作用产生电磁力。正常情况下，这些电磁力不大。当变压器绕组发生短路时，由于变压器短路电流可能达到额定电流的20～30 倍，因而绕组短路电磁力有可能达到正常时的几百到近千倍。如果绕组固定不牢固或者绝缘材料已经老化，就有可能导致绕组变形、松散等，造成事故。

变压器油或纸板等都属于 A 级绝缘材料（最高允许工作温度为 105℃）。在额定负载下运行时，其油面允许的温升不得超过 55℃，绕组的平均温升不超过 65℃，这样变压器经常会工作在 80～100℃，长期在较高的温度作用下其将逐渐老化变脆，在 80～140℃范围内，每升高 8℃，其绝缘寿命缩短约一半。

变压器油的老化、受潮以及含有杂质、气泡等将影响到电气性能，特别是在高温下，会加速绝缘油的老化；高温时绝缘纸老化变脆，当遇到短路等故障时，就可能因承受不了机械应力而使纸层断裂，导致绝缘击穿。

3.1.2　电力变压器的预防性试验

由于电力变压器内部绝缘结构复杂，电场、热场分布不均匀，因而事故率相对较高。因此要定期对变压器进行绝缘预防性试验，一般每 1～3 年进行一次停电试验。不同电压等级、不同容量、不同结构的变压器，试验项目略有不同。变压器在线监测技术主要是根据变压器的电气特性、机械特性，以及变压器绝缘老化后或劣化后的理化特性，采用局部放电、油中溶解气体分析等方法监测其运行状态。变压器油中溶解气体在线监测技术目前最为成熟，变压器局部放电监测技术也在推广之中。鉴于变压器在电力传输中的重要性及其资产成本，近年来变压器的固体绝缘的老化监测及诊断技术也逐渐引起了电力系统的重视。

3.1.3　变压器油中溶解气体在线监测技术

变压器油中溶解气体离线色谱分析的基本做法是现场从变压器中提取试油样，将试油样送到化学分析实验室，用色谱仪进行分析和检测，试验环节较多，操作手续较繁，检测周期较长，而且难以发现类似匝间绝缘缺陷等故障。因而国内外都致力于在线监测装置的研制，以实现连续监测，及时发现故障。在线监测中目前推广使用较多的是可以同时监测多种气体（4 种烃类气体、CO、CO_2、H_2、微水）的装置，也有单独监测 H_2 和微水含量的在线监测装置。

实现变压器油中溶解气体在线监测的关键是在现场如何简便地从油中脱出气体，以及如何方便地监测出各气体含量。依据测试原理的不同，目前油中溶解气体在线监测的主要方法有气相色谱法和光声光谱法两类。

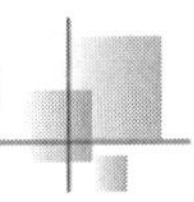

3.1.3.1 现场油气分离技术

1. 高分子膜脱气法

用于在线监测的高分子油气分离膜有如下性能要求：能渗透 H_2、CO、CO_2、CH_4、C_2H_6、C_2H_2、C_2H_4 7 种气体，而且渗透速度快，有良好的化学稳定性，耐油、耐一定程度的高温（80℃），具有一定的机械强度，在运行中不发生蠕动变形和破损，使用寿命长。

聚四氟乙烯耐磨、耐油，甚至在−100℃的低温下，聚四氟乙烯膜仍有柔韧性，素有“塑料王”之称。这种膜连续耐热温度可达 260℃，拉伸强度达 140～250kg/cm^2，压缩强度达 120kg/cm^2，可用于在线监测。但常规的聚四氟乙烯膜仅对 H_2 渗透性较好，为了提高膜对其他气体的渗透能力，在加工过程中，在膜上形成了许多微孔，孔径大小适合油中气体分子通过而油分子不能通过，膜的渗透性能得到改善。

在试验中发现，微孔孔径越大，膜强度越低，但当孔径小于 10μm 时，带微孔聚四氟乙烯膜的强度与常规聚四氟乙烯膜基本相同。此外，孔径的大小影响了膜对气体的渗透性能，孔径越大，气体的渗透速度越快。在一定范围（孔径小于 10μm）内，渗透时间随孔径增大而减少，而超过此范围就趋于饱和。

综合考虑，膜微孔的最佳孔径为 8～10μm（空隙率约为 20%），可以同时满足渗透时间和强度的要求。

2. 真空脱气法

根据产生真空的方式不同，真空脱气法又可以分为波纹管法、真空泵脱气法和油中吹气法等。

波纹管法利用小型电动机带动波纹管反复压缩，多次抽真空，将油中溶解气体抽出来，废油仍回到变压器中。由于积存在波纹管空隙里的残油很难完全排出，将污染下一次检测时的油样，不能真实地测出油中溶解气体组分含量及其变化趋势，特别是对含量低、在油中溶解度大的 C_2H_2，残油中 C_2H_2 的影响就更显著。

真空泵脱气法利用常规离线色谱分析中的抽真空脱气原理，用真空泵抽空气来抽取油中溶解气体，废油仍回到变压器油箱，也可以实现变压器油中溶解气体的在线监测。

油中吹气法采用不同的吹气方式，将溶于油中的气体替换出来，使油面上某种气体的浓度与油中该气体的浓度逐渐达到平衡状态，油中某种气体的浓度计算式为

$$\upsilon = \frac{C}{K} \tag{3.1}$$

式中 υ——油中某种气体的浓度，μL/L；

C——达平衡后油面上该气体的浓度，μL/L；

K——为脱气装置的脱气率。

当吹气结束后，再将油面上的气体送入检测单元，如图 3.2 所示。

3. 动态顶空脱气法

类似于油中吹气法，动态顶空脱气用流动的气体将样品中的挥发性成分“吹扫”出来，再用一个捕集器将吹出来的物质吸附下来，然后送入检测单元进行分析，通常称为吹扫—捕集脱气，如图 3.3 所示。

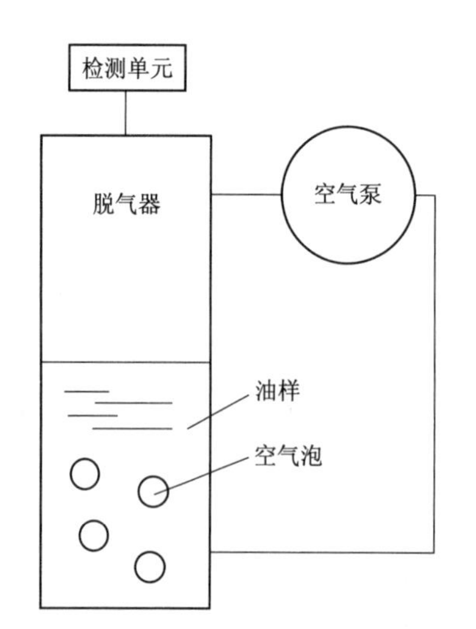

图 3.2 油中吹气法脱气示意图

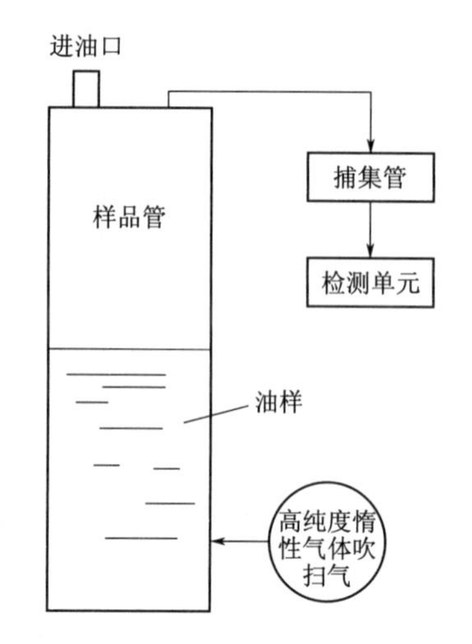

图 3.3 吹扫-捕集脱气示意图

吹扫-捕集脱气装置都必须采用高纯度惰性气体作为吹扫气，将其通入样品溶液鼓泡。在持续的气流吹扫下，样品中的挥发性组分随吹扫气逸出，并通过一个装有吸附剂的捕集装置进行浓缩。在一定的吹扫时间之后，待测组分全部或定量地进入捕集器，此时，关闭吹扫气，由切换阀将捕集器接入气体检测单元的开气气路，同时快速加热捕集的样品组分随载气进入色谱柱分离并由检测单元分析。

4. 振荡脱气法

振荡脱气法又称超声波脱气法，是通过机械振荡的方法实现油气分离。振荡脱气就是在一个容器里加入一定量的含气体油样，在一定的温度下，经过充分振荡，油中溶解的各种气体必然会在气、油两相间建立动态平衡，分析气相组分的含量，根据道尔顿-亨利定律就可计算出油中原来气体的浓度。

振荡温度为 50℃时，油中原来气体浓度计算公式为

$$C_{iL}=0.929C_{ig}\left(K_i+\frac{V_g}{V_L}\right) \tag{3.2}$$

式中 C_{iL}——油中组分 i 的浓度，10^{-6}；

C_{ig}——振荡平衡时，气相组分 i 的浓度，10^{-6}；

V_g——振荡平衡时气相体积，mL；

V_L——振荡平衡时液相体积，mL；

K_i——组分 i 溶解度系数。

油、气建立动态平衡后，根据道尔顿-亨利定律，其组分气体在油中浓度 C'_{iL} 与该组分在油面的气体分压 P_i 成正比，即

$$C'_{iL}=K_iP_i \tag{3.3}$$

式中 C'_{iL}——组分气体 i 在油中浓度，10^{-6}；

K_i——组分 i 溶解度系数；

P_i——组分 i 在油面的气体分压，10^{-6}。

气体分压 P_i 与油面气体总压 P、气体浓度 C_{ig} 关系满足

$$P_i = PC_{ig} \tag{3.4}$$

因此

$$C'_{iL} = K_i PC_{ig} \tag{3.5}$$

当 $P=1$ 时

$$C'_{iL} = K_i C_{ig} \tag{3.6}$$

同时，原来油中组分气体 i 的含量，等于振荡平衡后该气体尚留在油中的含量，加上振荡后气相中该气体的含量，即

$$C''_{iL} V_L = C'_{iL} V_L + C_{ig} V_g \tag{3.7}$$

式中 C''_{iL}——原来油中组分气体 i 的浓度。

将式（3.6）代入式（3.7）整理后得

$$C''_{iL} = C_{ig}\left(K_i + \frac{V_g}{V_L}\right) \tag{3.8}$$

考虑到油温对油样体积的影响，应乘以一修正系数。在50℃油温时，修正系数约为0.929，即式（3.2）。

超声波脱气法采用超声波装置使气液两相迅速达到平衡。一般超声波的产生方法采用压电法，即利用电声换能器以及压电晶体的逆压电效应，通过施加交变电压，使之发生交替的压缩和拉伸而引起振动，当振动的频率与所加交变电压相同时，使所加频率在超声波的频率范围内（即大于20kHz），则产生超声频的振动，因而波长很短，可定向直线传播。超声波在介质中所引起的介质微粒振动，即使振幅极小，也足可使介质微粒间产生很大的相互作用力。

绝缘油在正常状态下均会存在些微小气泡，称为绝缘油的空穴现象。在超声波的作用下，气体空穴出现了空化作用，有空气或其他溶解气体存在时，实际上是除气过程。试验证明，液体在超声波作用下的空化现象与液体的沸腾现象相似，空化阈值（使液体空化的最低声强或最低声压幅值）和液体的沸点又有一定的关系。油内微气泡越小，产生内压越大；液体中含气越少，空化阈值越高；频率越高，空化阈值也就越高。这就是超声波脱气法的理论基础。

超声波脱气法操作时，频率选择35kHz。由于只能在极低功率下操作，一般选功率5W、电压30V以下，这也为超声波脱气仪器向小型化发展并与在线色谱仪配套创造了条件。脱气时间5～10min基本可以满足脱气要求。

几种现场油气分离技术的优缺点对比见表3.1。

表3.1　几种现场油气分离技术优缺点对比

脱气技术	优　点	缺　点
高分子膜脱气法	结构简单	脱气率低，监测周期产长
真空脱气法	脱气率高，监测周期短	需取油样，有循环管道，结构复杂
动态顶空脱气法	脱气率高，监测周期短	需取油样，有循环管道，结构复杂
振荡脱气法	脱气率高，监测周期短	需取油样，有循环管道

3.1.3.2　变压器油中气体的色谱监测技术

当气体从油中分离出来后，在现场对其定量监测的方法有两大类：一类仍用色谱柱将不同气体分离开；另一类不用色谱柱，而改用仅对某种气体敏感的传感器进行监测。后者易于制成可携带型设备。实际使用中，比较成熟的是监测 H_2 含量或可燃气体总量（TCG）的仪器，不仅可直接安装在变压器上做连续监测，也可制成轻便的可携带型设备。因为无论是过热型或放电型故障，油中 H_2 含量或 TCG 都将增长，监测油中溶解气体里的 H_2 含量或 TCG，有助于更灵敏地发现故障。

1. 变压器油中 H_2 的在线监测

放电性故障和过热性故障都会产生 H_2，由于产生 H_2 需克服的键能最低，所以最容易生成。换句话说，H_2 既是各种故障中最先产生的气体，也是变压器内部气体各组成中最早发生变化的气体，所以若能找到一种对 H_2 有一定的灵敏度又有较好稳定性的敏感元件，在变压器运行中监测油中 H_2 含量的变化，及时预报，便能捕捉到早期故障。

一种早期的方法是将监测装置的气室安装在热虹吸器与本体连接的管路上，在这段管路上增加一段过渡管，并与监测单元相连接。如图 3.4 所示，是一种计算机控制的利用气体敏感半导体元件来监测油中 H_2 含量的监测仪的原理。

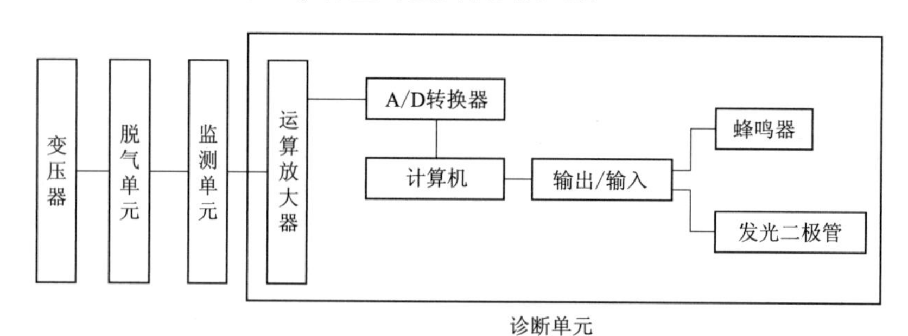

图 3.4　油中 H_2 含量监测仪原理框图

脱气单元主要采用聚四氟乙烯透膜，安装在变压器侧面；监测单元包括气室和氢敏元件；诊断单元包括信号处理、报警和打印等功能。

目前常用的氢敏元件有燃料电池或半导体氢敏元件。燃料电池由电解液隔开的两个电极组成，由于电化学反应，H_2 在一个电极上被氧化，而 O_2 则在另一个电极上形成。电化学反应所产生的电流正比于 H_2 的体积浓度（$\mu L/L$）。半导体氢敏元件也有多种，例如采用开路电压随含量而变化的钯栅极场效应管，或用电导随氢含量变化的以 SnO_2 为主体的烧结型半导体。半导体氢敏元件造价较低，但准确度往往还不够理想。

不仅油中气体的溶解度与温度有关，在用薄膜作为渗透材料时，渗透过来的气体也与温度有关。因此进行在线监测时，宜取相近温度下的读数来做相对比较，或运用温度补偿计算修正。测得的 H_2 浓度，一般在每天凌晨时测值处于谷底，而在中午时接近高峰。

2. 变压器油中多种气体的色谱在线监测

监测油中的 H_2 可以诊断变压器故障，但不能判断故障的类型。为了诊断变压器故障及故障性质，需对油中气体进行色谱在线监测，系统结构如图 3.5 所示。

气体分离单元只渗透气体成分的高分子聚合物膜（也可以采用其他的几种油气分离技

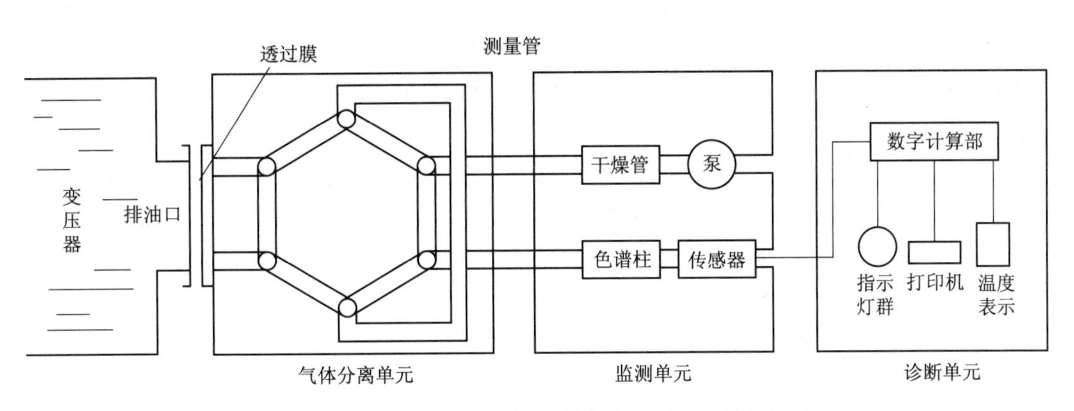

图 3.5 变压器油中气体色谱在线监测系统结构图

术)、集存渗透气体的测量管、装在变压器本体排油阀（排油阀通常在打开位置）上改变气流通过的六通控制阀。当渗透时间相当长时，则渗透气体浓度与油中气体浓度成正比。监测单元通过一个直通管与气体分离单元相连，油中渗透出来的混合气体经色谱柱分离后，依次经过传感器，得到各种气体的含量。诊断单元包括信号处理、浓度分析和结果输出等功能。

变压器油中气体色谱在线监测系统原理框图如图 3.6 所示。绝缘油中溶解的特征气体被油气分离单元中的透气膜分离出来，经过混合气体分离单元（色谱柱）后，成为单组分的气体，再进入气敏监测单元（内有传感器），传感器输出分别代表各种气体浓度的电信号，经 A/D 转换后送入终端计算机，终端计算机将数据通过远距离数字通信传至主控计算机。主控计算机的功能包括定时开机、人机交互、数据接收及处理、故障诊断、设备数据库等。

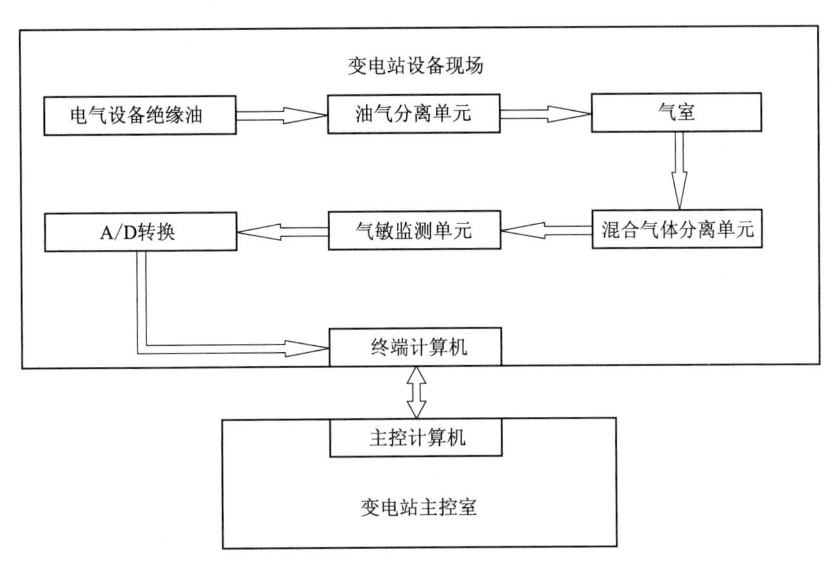

图 3.6 变压器油中气体色谱在线监测系统原理框图

（1）色谱柱分离技术。色谱监测主要原理：被分析物质在不同的两相之间具有不同的分配系数，当两相做相对运动时，被分析物质在两相做反复多次的分配，以使那些分配系数只有微小差异的组分产生相当大的分离效率，从而使不同组分得到完全分离。实际中固定不动的相称为固定相，均匀移动的相称为移动相。

由色谱柱实现分离的功能，通常由玻璃管、不锈钢管或铜管组成，内部填充固定相填充剂，对气体有吸附和解吸作用。待测气体在载气（移动相）的推动下注入色谱柱，载气的气体可为氩、氮等。移动相为气体的色谱分析称为气相色谱分析。当待测的混合气体被移动相携带通过色谱柱时，气体分子和固定相分子之间发生吸附和解吸等的相互作用，从而使混合气体各组分的分子在两相之间进行分配。

从油中分离的是 7 种特征气体的混合气体，因此需把它们分离出来开展监测。常规用于监测分离混合气体的色谱柱一般由两根色谱柱组成，每根色谱柱分别负责分离 2～3 种气体，这种色谱柱受温度影响很大，不适合在线监测系统。采用一种适合油色谱在线监测的复合色谱柱可满足要求。这种复合色谱柱采用氧化铝和一种化学填料（Propark N）复合充填，柱长 6m，能够在 14min 内对从变压器油中分离出来的混合气体进行稳定、高效的分离，而且基本不受温度变化的影响。

（2）气敏传感器技术。由于监测的气体先用透气膜分析出变压器油中的 7 种气体，然后用色谱柱对 6 种气体再分离，所以要求传感器对 6 种特征的气体灵敏度都较高，而对选择性的要求就相对较低。气敏传感器采用热线型半导体传感器的结构，是将加催化剂的 SnO_2 覆盖在铂丝上，烧结成半导体敏感膜，铂丝用作加热，又与半导体敏感膜连在一起，这两个电阻并联作为测量元件。气敏半导体的特点是体积小、功耗低、敏感材料活性高，可满足在线色谱监测的要求。但是气敏半导体传感器的稳定性和耐久性较差，要定期校验或更换。由于 CO_2 是非可燃性气体，采用半导体传感器不能监测，另外要单独用 CO_2 传感器，故也无需色谱柱分离，因此图 3.7 没有 CO_2 的分离谱图。近年来，一些厂家研究出了类似气相色谱仪的热导监测器（TCD），称为微型热导监测器，比半导体传感器灵敏度和稳定度更好。

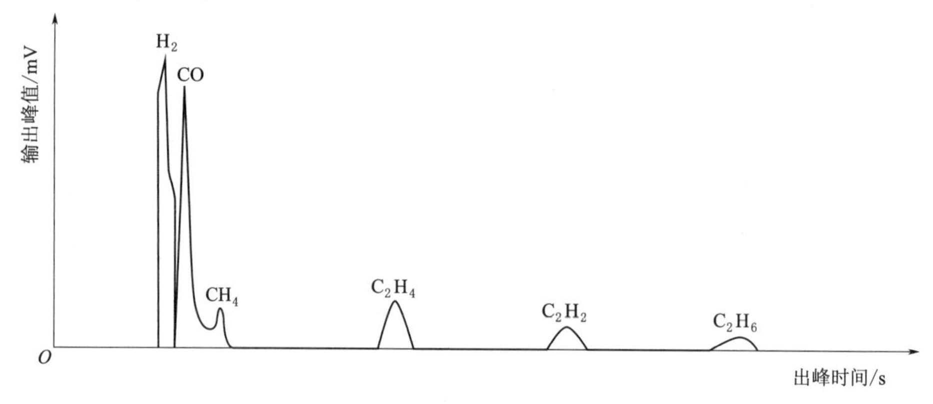

图 3.7　色谱柱分离效果图

（3）控制系统。图 3.8 为基于单片机控制的在线色谱监测终端机控制流程图。终端机以 89C51 单片机为 CPU，整个电路采用串行数据总线，以减小电路板面积。为避免通信

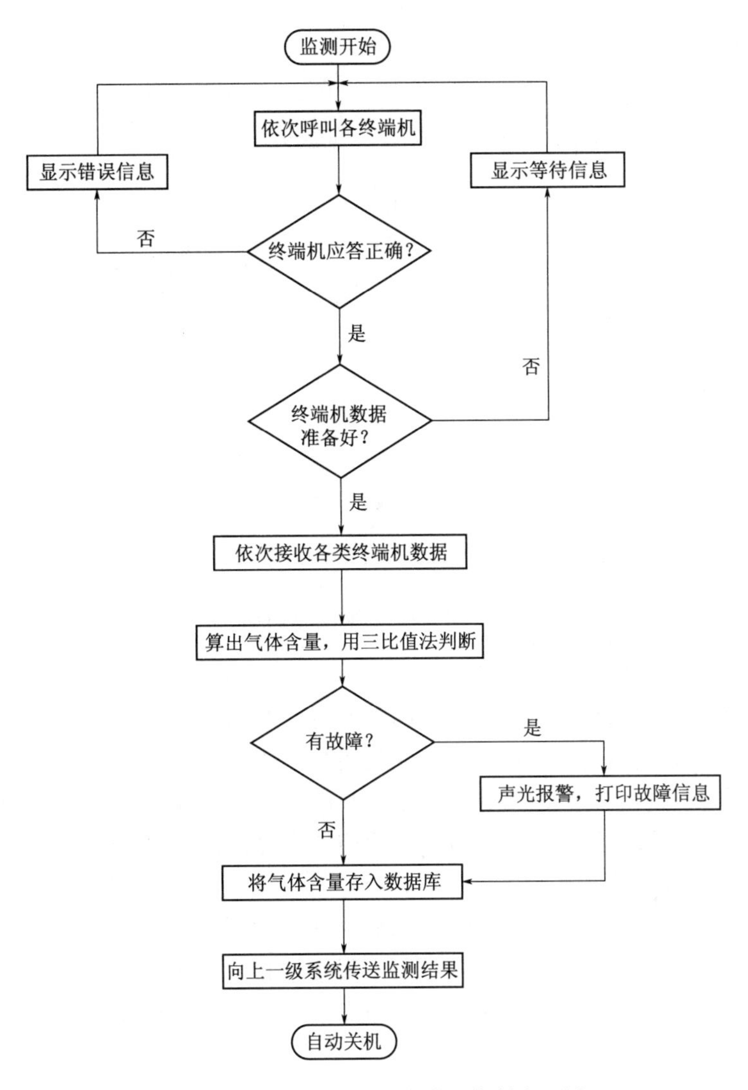

图 3.8 在线色谱监测终端机控制流程图

线路数据拥挤，减少通信时间，每次监测中 A/D 转换得到约 8000 个数据暂存在串行快擦写 128kbit 存储器 X25F128 中，掉电后数据不丢失。终端机监测完毕后，各终端机依次将数据上传给主机。

由在线色谱监测系统输出的 6 种气体（CO_2 另外监测）色谱图例如图 3.9 所示。得到这些气体的含量，就可根据三比值准则，利用计算机进行故障分析，可以诊断变压器中局部放电、局部过热、绝缘纸过热等故障。

3.1.3.3 变压器油中多种气体的光声光谱在线监测

光声光谱监测技术是以光声效应为基础的一种新型光谱分析监测技术。用一束强度可调制的单色光照射到密封于光声池中的样品上，样品吸收光能，并以释放热能的方式退激，释放的热能使样品和周围介质按光的调制频率产生周期性加热，从而使光声产生周期性压力波动，这种压力波动可用灵敏的微音器或压电陶瓷传声器监测，并通过放大得到光

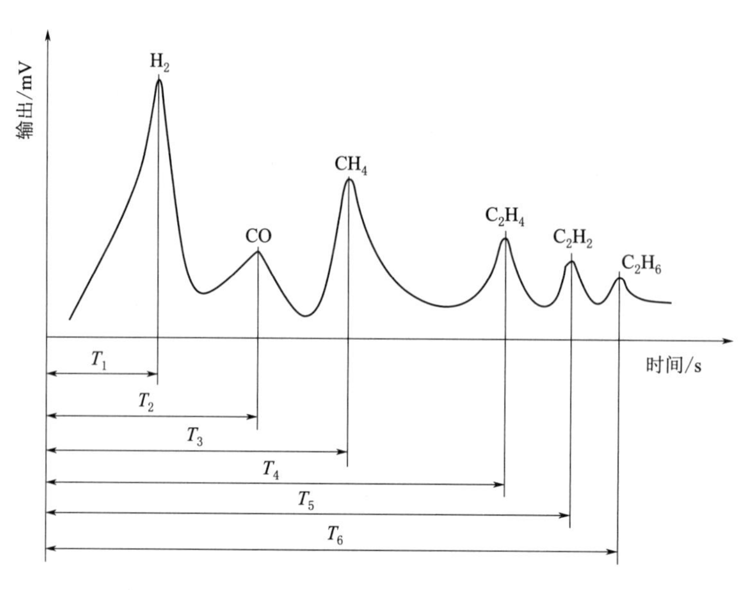

图 3.9　6种气体色谱图例

声信号，这就是光声效应。

光声光谱的监测借助斩波器采用特定的频率对红外光进行调制，用调制之后的红外光对密封容器内试样的气体进行照射填充，在封闭状态的气室中能够生成和斩波器频率一样的声波，体现出光声效应。物质将具备特定波长的红外光吸收进来，产生热效应，在这一波段内的红外光照射情况下，因热效应出现周期性变化，根据相应的频率实施调制，通过调制能够使得物质所散发出来的热量也随之产生周期性的变化，按照热力学第一定律，这一情况会造成封闭气室内气压产生周期性的涨与落，如图 3.10 所示。这种周期性的气压涨落现象，会使气体产生同频率振动，进而出现与之相应的声波信号。因为通常情况下，调制光所具备的频率都被控制在一个声频范围之中，所以能够借助微音器这一类比较敏感的器件对其进行监测。

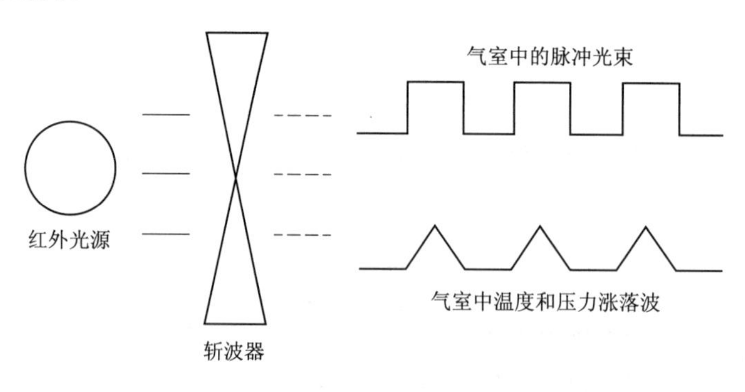

图 3.10　光声激发示意图

变压器的光声光谱在线监测模块内包含了以下几个关键构成部件：红外光源、斩波器、滤光片、微音器、光声腔、激光功率计和锁相放大器。它的工作原理为：由宽谱带红外光源将红外光发射出来，受斩波器影响红外光被转化为具备斩光调制频率、不断重复着的断续脉冲光，再经由滤光片将与被监测气体波长一样的红外光波段选择出来，向光声腔内部透射，进一步使得光声信号出现，微音器监测到这一光声信号后借助锁相放大器将噪声部分的信号过滤除去，这样就能够得到需要的信号。假如再加上数据采集卡和存储数据、输出数据的设备，就能够组成一整套完善的光声光谱监测系统，如图 3.11 所示。

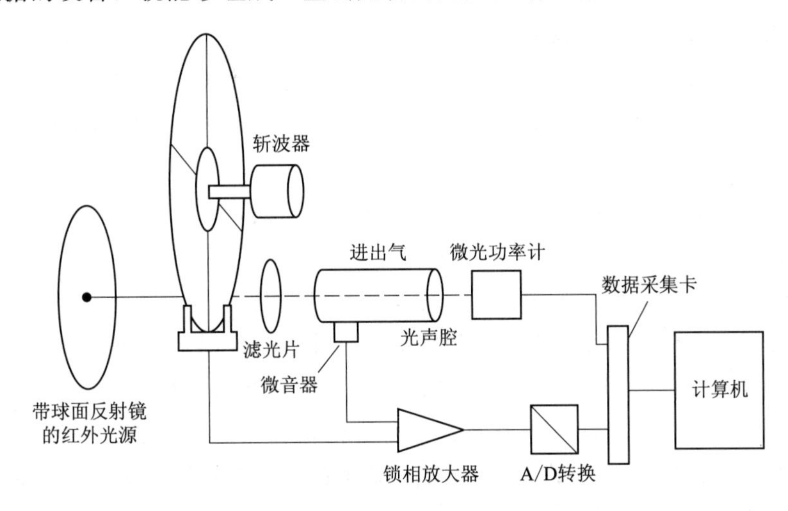

图 3.11　光声光谱监测原理图

在气体样品受到一个具备较宽覆盖频率的红外光源照射时，其中有部分频率红外光束会被吸收，剩下的部分光束会完全透射过样品。被吸收的光束的频率恰巧与部分气体分子的振动谐振频率相同。另外，有较多组分的气体内，红外光可以吸收多少量是由特定气体的浓度所决定的，二者之间存在正比关系。光声腔体内密封着的气体将红外光吸收，把吸收到的能量转变成为热能，然后被加热的气体就能够产生与入射红外光调制频率相同的压力波，也就是声波。这一声波信号能够借助具备较高灵敏度的微音器监测到。对谐振方式的光声光谱而言，它所具备的气体光源一般都有着圆柱体样的外形，并且被设计为一个声振谐管。光声腔谐振频率对红外光源产生调制，致使声信号得到更进一步的放大和增强。

光声信号与受到监测气体组成浓度间存在的关系式，在光源调制频率较高的情况下意义更大。这是因为在调制频率十分低的情况下，光信号的强度和气体的浓度间出现了非线性关系，此时比较低的调制频率会导致低频噪声产生，并造成很大影响，使监测误差变大。同时，光源以及光声信号间的强度存在着正比关系，这并不表示能够一直提升光源强度，在这一强度被提升至一定数值以后，气体吸收光会出现饱和情况，之后如果光源强度进一步上升，信号幅度也不会再跟着它一起提升，反而会出现下降。

每一个组分的气体都有与它相对应的吸收特征波长和红外吸收谱图，混合气体每一种组成气体的浓度都不同，与这些气体浓度相应的光声信号强度也会不一样，因为不一样的气体具备不一样的吸收截面。就算气体是同一种，受到不一样谱线的影响，吸收截面也会产生差异，而且这一截面还和环境温度、压强等因素有关系。

在采用光声光谱对某个特定气体进行监测时，先要分析这一气体，判断它在什么条件下能被激发确定下来，确定与之相应的红外辐射的频谱范围。因为分子内原子间存在不一样的化学键，每一类化学键都有与它相对应的唯一光谱，在分子结构不同的情况下，与之相应的光谱波长也存在区别。运用光声光谱实施监测，借助相应的仪器能够监测变压器油中包含的气体，其优点是具有较快的监测速度、较高的测量准确度、较好的重复性，并且不用耗费载气。

一般在使用传统气相色谱分析的过程中，色谱柱会渐渐出现变化，并且会出现老化情况，长时间地运用势必会致使仪器稳定性下降。因此需要运用标准气体按一定的周期校准仪器，来确保气体监测具备较高的准确性，这就需要加大维护的次数与工作量。在运用气相色谱分析的方法在线监测变压器时，一般需要将纯度很高的氮气当成载体气源实现监测，氮气由高压钢板储存，被瓶子内氮气含量所限制，如果瓶子中纯度较高的氮气全部用完了或是出现压力不够的情况，监测就不能继续进行下去，这就很难满足对变压器进行连续监测的要求。

光声光谱监测这一类技术不用像气相色谱分析仪一样要借助载气，不需要消耗气体，而且也不用对气体进行分离就能够直接获得混合气体的成分以及每一个成分的含量。光声光谱监测的仪器具备较高的稳定性，可以长时间使用，在实施监测前不用实施标定和校准。与其他的传感器相比，这一类监测仪器稳定性很高，这就提升了在线监测的可维护性。而且光声光谱监测装置没有较大的体积，监测的过程中不用收集很多气体样本，这也使得油气分离效率得到很大提升。

3.1.3.4　变压器油中溶解气体的故障诊断

1. 变压器内气体产生及故障判断

变压器在发生故障前，在电、热效应的作用下，其内部会析出多种气体。气相色谱分析法通过定性、定量分析溶于变压器油中的气体，分析变压器的潜伏性故障。导致变压器内部析出气体的主要原因为局部过热、电弧放电和局部放电等。变压器运行中的这些异常现象都会引起变压器油和固体绝缘的裂解，从而产生气体，主要有 H_2、烃类气体（CH_4、C_2H_6、C_2H_4、C_2H_2、C_3H_8、C_3H_6 等）、CO、CO_2 等，见表 3.2。

表 3.2　各种故障下油和绝缘材料产生的主要气体成分

气体成分	油			油和绝缘材料		
	局部过热	电弧放电	局部放电	局部过热	电弧放电	局部放电
H_2	☆	☆	☆	☆	☆	☆
CH_4	☆	Δ	☆	☆	Δ	☆
C_2H_6	Δ			Δ		
C_2H_4	☆	Δ		☆	Δ	
C_2H_2		☆			☆	
C_3H_8	Δ			Δ		
C_3H_6	☆			☆		
CO				☆	☆	Δ
CO_2				☆	Δ	Δ

注："☆"表示产生的主要气体，"Δ"表示产生的次要气体。

DL/T 596—2021《电力设备预防性试验规程》对变压器油中溶解的气体含量进行了规定，只要其中任何一项超过标准规定，都应引起注意，应查明气体产生的原因，或进行连续监测，对其内部是否存在故障或故障的严重性及其发展趋势做出评估。变压器中溶解气体含量标准见表 3.3。

表 3.3　变压器油中溶解气体含量标准

气体成分	总烃（CH_4、C_2H_6、C_2H_4、C_2H_2）	C_2H_2	H_2
气体含量（$\times10^{-6}$）	150	5	150

注：500kV 变压器 C_2H_2 含量的注意值为 1×10^{-6}。

评价变压器油中气体含量变化情况的简单方法是用绝对产气速率和相对产气速率两个指标，若 C_1 和 C_2 分别表示第一次取样和第二次取样测得的油中某气体的含量（$\times10^{-6}$），Δt 表示取样间隔中的实际运行时间，G 为变压器总油量（t），d 表示油的密度（t/m^3），则绝对产气速率为

$$v_a = \frac{C_2 - C_1}{\Delta t} \times \frac{G}{d} \tag{3.9}$$

相对产气速率为

$$v_r = \frac{C_2 - C_1}{C_1} \times \frac{1}{\Delta t} \times 100\% \tag{3.10}$$

DL/T 596—2021《电力设备预防性试验规程》规定，烃类气体总的产气速率大于 0.25mL/h（开放式）和 0.5mL/h（密封式）时，或相对产气速率大于 10%/min 时，可判断为变压器内部存在异常。

变压器油纸绝缘材料在高温下分解产生的气体主要是 CO、CO_2，而碳氢化合物很少。当油纸绝缘遇电弧作用时，还会分解出更多的 C_2H_2 气体。由于 CO、CO_2 气体的测量结果分散性很大，目前还没有规定相应的标准。国产变压器油中的 CO 可参考 250×10^{-6}为上限。

DL/T 596—2021《电力设备预防性试验规程》规定了变压器油中气体含量的劣化判定标准，可利用该标准判定变压器油是否劣化，但不能确定故障性质和状态。

2. 三比值法及其改进方法

通过变压器油的气体含量来鉴别变压器故障，目前国际通用的方法是三比值法。所谓三比值法是用 5 种特征气体的三对比值，用不同的编码表示不同的三对比值和不同的比值范围，以此判断变压器的故障性质。目前已出现四比值法和三角形法，原则上属于三比值法的改进形式。

电气设备内油、纸绝缘故障下裂解产生气体成分的相对浓度与温度有着相互的依赖关系，选用两种溶解度和扩散系数相近的气体成分的比值作为判断故障性质的依据，可得出对故障状态较可靠的判断。三比值法的编码规则见表 3.4。

表 3.5 中给出了一个三比值法判断故障典型示例。在实际应用中，常出现不包括在范围内的编码组合，应结合必要的电气试验做出综合分析。

表 3.4　　　三比值法的编码规则

特征气体的比值	按比值范围编码			说　明
	C_2H_2/C_2H_4	CH_4/H_2	C_2H_4/C_2H_6	
<0.1	0	1	0	$C_2H_2/C_2H_4=1\sim3$，编码为 1 $CH_4/H_2=1\sim3$，编码为 2 $C_2H_4/C_2H_6=1\sim3$，编码为 1
0.1～1	0	0	1	
1～3	1	2	1	
>3	2	2	2	

表 3.5　　　三比值法判断故障典型示例

序号	故障性质		比值范围编码			典型事例
			C_2H_2/C_2H_4	CH_4/H_2	C_2H_4/C_2H_6	
0	无故障		0	0	0	正常老化
1	局部放电	低能量密度	0	1	0	空隙中放电
2		高能量密度	1	1	0	空隙中放电并已导致固体放电
3	电弧放电	低能量	1→2	1	1→2	油隙放电、火花放电
4		高能量	1	0	2	有续流的放电、电弧
5	局部过热	<150℃	0	0	1	绝缘导线过热
6		150～300℃	0	2	0	铁芯过热：从小热点、接触不良到形成环流，温度逐渐升高
7		300～700℃	0	2	1	
8		>700℃	0	2	2	

3. TD 图判断法

当变压器内部存在高温过热和放电性故障时，绝大部分情况下 $C_2H_4/C_2H_6>3$，于是可选择三比值中的其余两项构成直角坐标，CH_4/H_2 作纵坐标，C_2H_2/C_2H_4 作横坐标，形成 T（过热）D（放电）分析判断图，如图 3.12 所示。

用 TD 图判断法可以区分变压器是过热故障还是放电故障，按其比值划分局部过热、局部放电和电弧放电区域。该方法能迅速、正确地判断故障性质，起到监控作用。通常变压器的内部故障，除悬浮电位的放电性故障外，大多以过热状态开始，向过热Ⅱ区或放电Ⅱ区发展，如图 3.12 中的箭头所示，而以产生过热故障或放电故障引起直接损坏而告终。放电Ⅱ区属于要严格监控并及早处理的重大隐患。当然，这并不是说在过热Ⅱ区运行就无问题，例如当 CH_4/H_2 比值趋近于 3 时，就可能出现变压器轻瓦斯保护动作，发出信号。

基于三比值法的变压器故障诊断流程如图 3.13 所示。

近年来，神经网络技术、模糊诊断、小波分析和专家系统也逐渐应用于变压器油色谱诊断中。变压器油色谱神经网络诊断的建模一般采用反向传播（BP）网络的三层或多层向前的网络，使用部分或全部特征气体的含量值。但是网络自身存在收敛速度、隐层神经元选择、局部收敛和输入样本无法随意增长等缺点，人为干预多，算法局限性大，因此对各类典型故障数据不准确，算法可能陷入局部最优。

变压器中溶解气体分析对于变压器的故障诊断只给出了注意值，只对故障类型进行粗

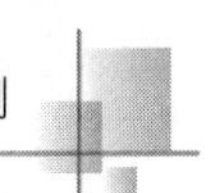

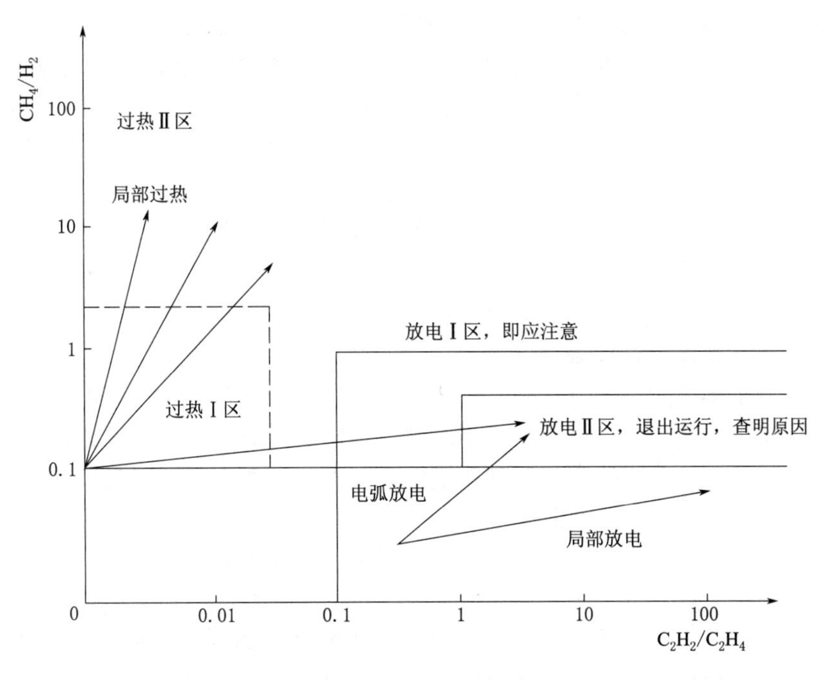

图 3.12 TD分析判断图

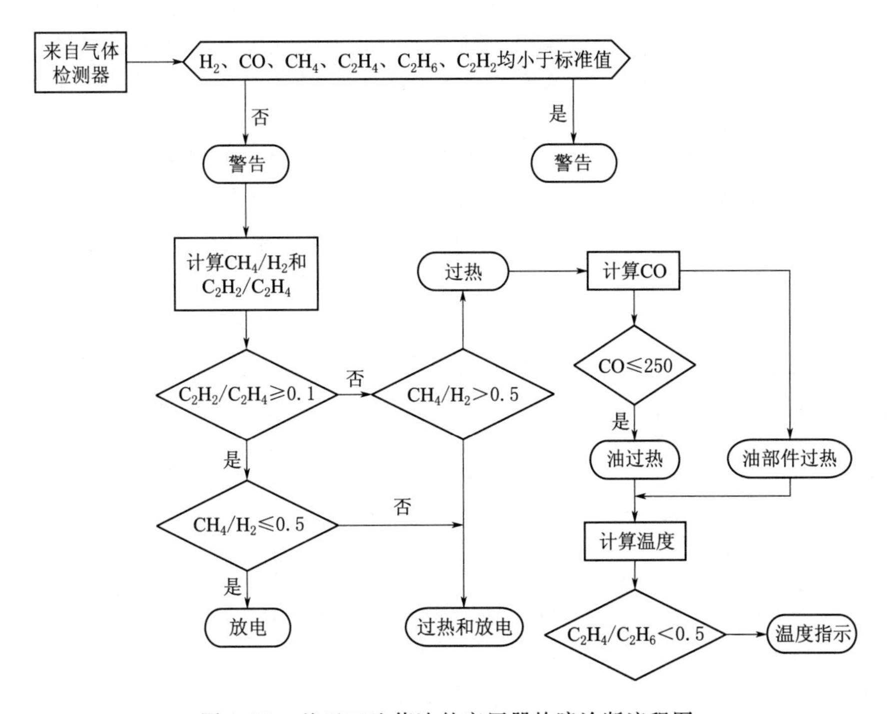

图 3.13 基于三比值法的变压器故障诊断流程图

略的判断，无法将故障和各种特征气体含量之间的客观规律表征出来。故障原因和机理难以用确定的模型来描述，且没有确定性的判据，边界取值问题存在有一定的发散性和模糊性。国内外有大量的科学家和研究者对这个问题使用模糊理论进行了研究和探讨。

小波分析常常与人工神经网络联合进行变压器油色谱分析诊断。小波分析可以进行人工神经网络的前置处理，为其提供输入特征向量；还可以作为基本单元的激励函数与人工神经网络直接融合。

由于变压器的缺陷多种多样，能检测到的绝缘参数与其对应函数不明确，因此需要把巡视、停电检测、带电检测等获得的信息进行综合分析，同时还要进行纵横比较，与同类型设备进行比较，与历年数据进行比较，因此也可考虑采用专家系统故障诊断。

3.1.4　变压器局部放电在线监测技术

变压器油、纸绝缘中如含有气隙，由于气体介质的介电常数小，而击穿场强比油、纸都低，在外施交流高压下气隙将是最薄弱环节。但刚放电时，一般放电量较小，不超过几百皮库；当外施高压下油中也出现局部放电时，放电量可能有几千到几十万皮库。强烈的局部放电（如 106pC 以上），即使时间很短（如几秒钟），也会引起纸层损坏。持续时间较短、强度不大的局部放电，并不会马上损伤纸层；但如果局部放电在工作电压下不断发展，会加速油、纸老化，气泡扩大，形成高分子量的蜡状物等，加剧局部放电。

局部放电检测的方法总的来说可以分为电测法与非电测法。两类检测法各有优缺点，电测法可以在实际检测应用当中获得较为准确的数值，而非电测法可以很好地定位故障发生位置，所以这两类检测法相结合可很好地应用于电气设备检测当中。电测法包括脉冲电流法、射频法和特高频法等。非电测法包括光测法、声测法、色谱分析法和红外热成像法等。实际检测时为了兼顾定性、定量和定位的需求，可能采用以上方法的组合，如电—超声联合测试法等。本书仅介绍电测法中的脉冲电流法和组合方法电—超声联合测试法。

3.1.4.1　脉冲电流法

国际电工委员会（IEC）推荐的 3 种用脉冲电流法监测局部放电的原理如图 3.13 所示。图 3.14（a）为并联法，适用于试品接地时的监测；图 3.14（b）为串联法，适用于试品对地绝缘时的监测；图 3.14（c）为电桥法。并联法和串联法都属于直接法。图中的 C_x及 C 分别为试品电容及耦合电容，Z_m、Z 为监测阻抗，Z 为低通滤波器，A 及 M 分别为放大器及监测仪器（如示波器、局部放电测试仪等）。当试品 C_x发生局部放电时，在 C_x两端有一瞬时的电压变化，在此监测回路中形成了脉冲电流。通过监测 Z_m上的电压变化［图 3.14（a）及图 3.14（b）中］，或 Z_m及 Z 上电位差的变化［图 3.14（c）中］，从而可获得视在放电量 Q、放电次数 N、放电电流 I 等多种有价值的参数。

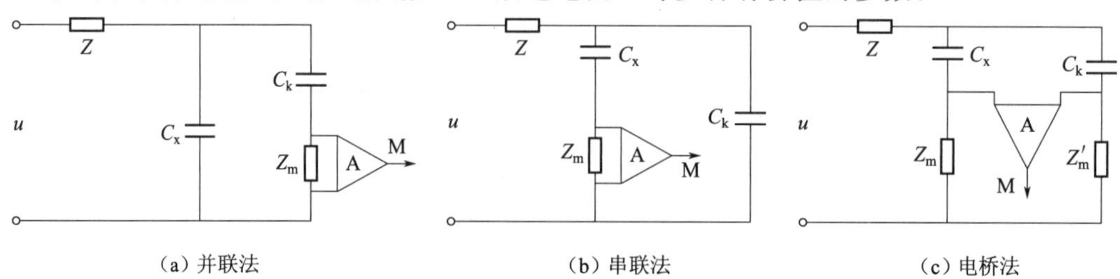

（a）并联法　（b）串联法　（c）电桥法

图 3.14　脉冲电流法监测局部放电的原理图

耦合电容 C_k 为试品 C_x 及监测阻抗 Z_m 之间提供了一条低阻抗的通道，因此 C 必须在试验电压下自身无局部放电，且 C_k 的电容量宜大于 C_x。采用低通滤波器 Z 是为了减小来自电源侧的高频干扰，故从阻值看 Z 宜大于 Z_m，这样在试品 C_x 出现局部放电时，电荷载 C_x 及 C_k 间很快转换，而从电源侧的充电过程则相对慢些。

当变压器内部发生局部放电时，在变压器中性点或外壳接地电缆处加装罗戈夫斯基(Rogowski) 线圈就能监测到电流脉冲；或用一个与变压器高压套管抽头连接的监测器来监测。图 3.15 所示为一种典型的变压器局部放电脉冲电流法监测原理图。

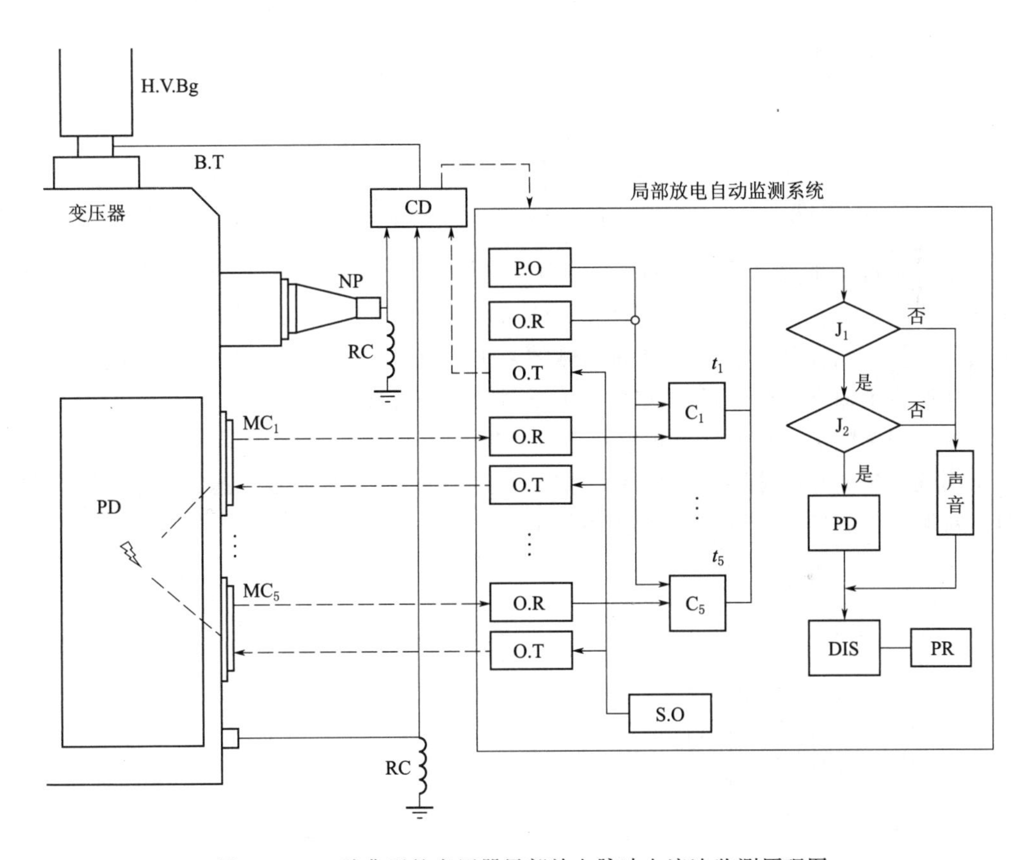

图 3.15 一种典型的变压器局部放电脉冲电流法监测原理图

H. V. Bg—高压套管；B. T—高压抽头；PD—局部放电；NP—中性点；RC—Rogowski 线圈；MC_1～MC_5—微音器；CD—电流脉冲监测器；P. O—脉冲振荡器；O. R—光接收器；O. T—光发送器；C_1～C_5—计数器；S. O—模拟脉冲振荡器；J_1、J_2—传播时间的判断；DIS—显示装置；PR—打印机

进行变压器局部放电在线监测的关键是抑制现场干扰。比较常见的是脉冲鉴别法，其原理是利用脉冲鉴别电路，使出现局部放电时高频脉冲电流在不同的监测阻抗上产生相反的极性，而外来的干扰信号则在其上产生相同的极性，从而鉴别出不同类型的信号。如图 3.16 所示，当试品 C_x 上出现局部放电时，高频脉冲电流 i_x 在监测阻抗 Z_{m1}、Z_{m2} 上的极性正好相反。正脉冲经放大后由 D_+ 极性门加到与门Ⅱ上，而同时负脉冲经放大后由 C_- 极性门加到与门Ⅱ上，与门Ⅱ打开，有信号自通道Ⅱ输出；而通道Ⅰ没有输出。

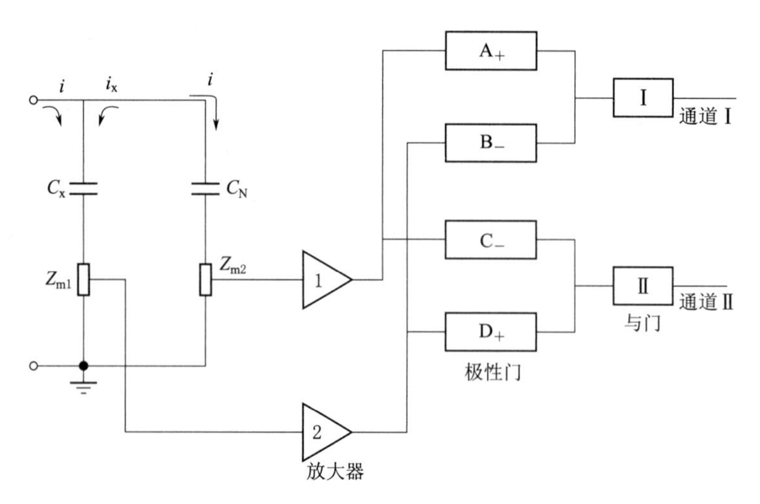

图 3.16　脉冲鉴别法原理图

如果有来自高压侧的外来干扰 i，则分别经过 C_x-Z_{m1} 及 C_N-Z_{m2} 两条并联支路，于是在监测阻抗 Z_{m1}、Z_{m2} 上可得到相同极性的信号，与门Ⅰ、Ⅱ都不会打开，因而无信号输出。这样，就有可能消除来自高压侧的外来干扰。C_N 先于 C_x 发生局部放电时，将有信号从通道Ⅰ输出；而 C_x 先放电时，有信号从通道Ⅱ输出。

也可采用选频法消除外界干扰，即在信号采集系统中加入选频滤波器。如图 3.17 所示，采用选频法加脉冲鉴别法进行局部放电信号识别。还可采用数字滤波技术，通过软件的方法对监测到的信号进行干扰识别和抑制。

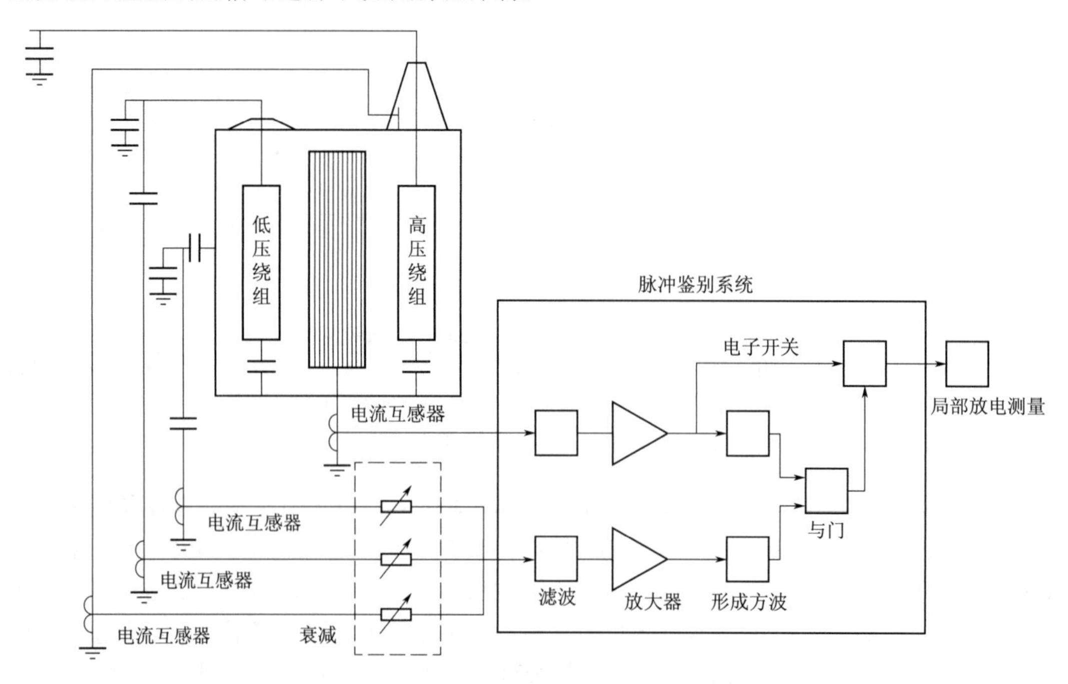

图 3.17　选频法加脉冲鉴别法监测原理图

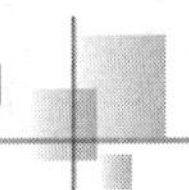

变压器的在线监测采用脉冲电流法可以安装高准确度电流传感器对局部放电特性参数进行采集和分析，以实现对局部放电故障的准确监测和定位。脉冲电流传感器按照频带范围可分为窄带、宽带两种类型。其中窄带传感器的频宽通常在10kHz左右，且中心频率基本可以达到20～30kHz甚至更高，对脉冲电流监测具有较高的灵敏度和抗干扰能力，但因其频带范围较窄，输出性能较差，输出波形容易出现严重畸变问题。宽带传感器的频宽通常为100kHz甚至更宽，且中心频率也能达200～400kHz，具有脉冲分辨能力较强、输出性能较高等优点，但其在使用过程中信噪比却较低。脉冲电流法具有监测原理简单、逻辑组成简洁、安装调试便捷等优点，在工程中应用范围较广。

3.1.4.2 电—超声联合测试法

变压器内发生局部放电时不仅有电信号，也有超声信号发生，而超声脉冲的分布范围从几千赫兹到几十万赫兹。当在油箱里放进间隙做模拟试验时，箱壁外测到的超声信号的幅值与局部放电量大致上成正比，但分散性相当大。由于变压器结构复杂，且超声波在油箱内传播时不但随距离而衰减，且遇箱壁又有折、反射，靠单一超声传感器测到的信号来确定放电量是很困难且不准确的。但多个超声传感器的联合应用对于局部放电的定位却是很有其特色的。

图3.18为电气法及超声法结合起来的电-超声联合测试法。表3.6中，超声波在油及箱壁中的传播速度分别为1400m/s及5500m/s，远低于电信号的传播速度，因此可利用装在外壳地线或小套管上的高频传感器所接收到的电气信号来触发示波器或记录仪。然后根据记录下来的各个超声传感器所接收到超声信号的时差大小（Δt_1、Δt_2等）来推测变压器内部局部放电的位置。但事先要整定好接收到超声信号的最大、最小传播时间（t_{max}、t_{min}），这是根据超声波传播速度及油箱尺寸所决定的。只有在$t_{min}<t<t_{max}$时，所接收到的超声信号才有可能判断为内部的局部放电。

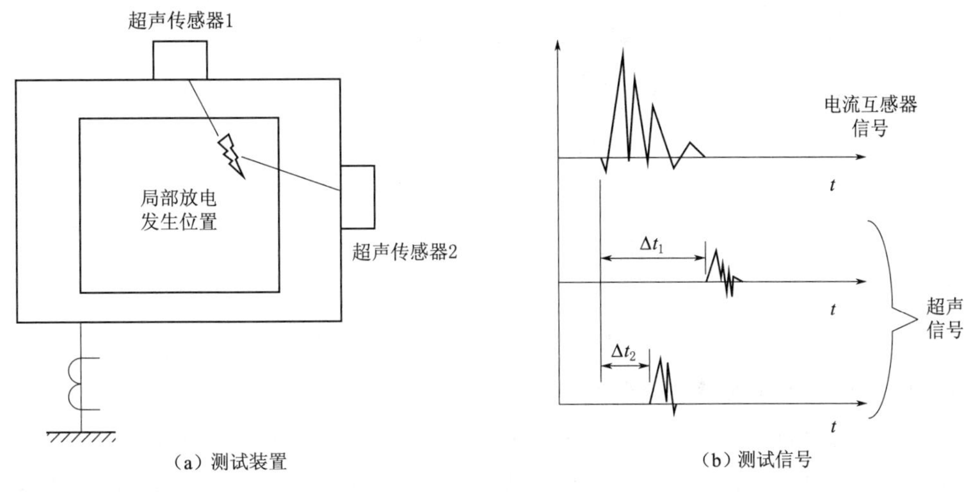

图3.18 电-超声联合测试法

在选择超声传感器的频率范围时应尽量避开铁芯噪声、雨滴或沙粒等对箱壳的撞击声。各研究单位所取的频带有差异：有的采用180～230kHz、60dB的放大器配以中心频率为200kHz的超声传感器；有的采用10～120kHz频段，且认为局部放电超声信号的大

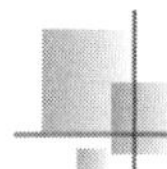

部分集中在10～30kHz，而变压器箱壳及风扇振动噪声也大多在这个频率范围里，这时宜采用平衡阻抗器来抑制噪声。

表3.6　　超声波在变压器里的传播速度

媒质	传播速度/(m/s)	相对衰减率/(dB/cm)	媒质	传播速度/(m/s)	相对衰减率/(dB/cm)
变压器油	1400	约为0	铜	3680	9
油浸纸	1420	0.6	钢	5500	13
油浸纸板	2300	3.5			

目前，对于变压器局部放电故障的确定，用得较多的就是电-超声联合测试法。随着近年来传感器技术、计算机技术和数字信号处理技术的迅速发展，这项监测技术灵敏度及准确性得到了极大提高，监测迅速、使用方便、功能强大。

近年来国内应用的超声波定位方法，基本原理也大体相似。通常在高压电气设备局部放电超声波测试及定位中，需在箱壁上布置多个传感器同时采集放电产生的超声波信号，如图3.19所示。将各传感器的坐标及得到的与电气信号的时间差值构成一个三维非线性方程组，通过计算机求解方程就能得到放电源的位置坐标。

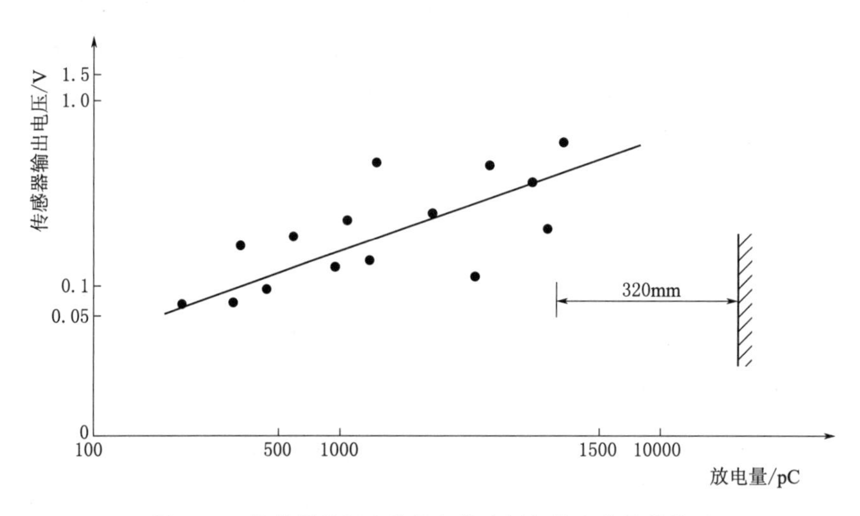

图3.19　箱外测得超声信号与箱内局部放电信号的关系

3.1.5　变压器固体绝缘的老化监测及诊断技术

油、纸绝缘结构普遍应用于大型高压变压器，在运行过程中一直受到电、热、机械及化学等应力的作用，性能不断劣化，容易引发非计划性停电甚至灾难性的事故。绝缘油可以在变压器服役期间通过滤油或更换的方式来改善绝缘性能，而变压器纸板具有不可逆转的老化特性，因此变压器的寿命很大程度上取决于绝缘纸板等固体绝缘材料的电气和机械性能。如何有效地监测变压器固体绝缘老化状况并制订相应的运行维护策略已经成为一个日益突出的问题。

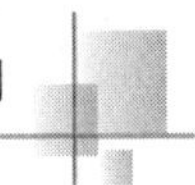

3.1.5.1 变压器固体绝缘的老化诊断方法

1. 绝缘纸抗张强度测试

抗张强度测试作为最直接的诊断方法，在固体绝缘诊断的初期得到了一定的应用。当绝缘纸的抗张强度下降到初始值的50%甚至更低时，可认为变压器的寿命终止。其测试结果受取样的影响较大：一方面性能相对较差的绝缘纸一般位于比较靠近绕组内部的热点处，取样时不易获取；另一方面测试需要的纸样较多，从而对原有的绝缘系统变压器的在线监测造成一定程度的损伤。因此，在现场运行的变压器中很少应用。

2. 油中溶解气体分析

当变压器内部发生涉及固体绝缘材料的故障时会产生一定的CO和CO_2，其含量在一定程度上反映了变压器固体绝缘的状况。当怀疑固体绝缘材料老化时，一般CO_2与CO的比值大于7。但是对于运行中的变压器，CO和CO_2也可以由绝缘油氧化分解产生，而且其含量还受到保护方式的影响，分散性较大。因此从现场应用的角度来看，单纯依靠CO和CO_2含量、产气速率或CO_2和CO的比值来判断固体绝缘的性能存在很大的不确定性。

3. 聚合度分析

纸板纤维素的化学式为（$C_6H_{10}O_6$)$_n$，其中n为聚合度。一般新纸板的聚合度为1000～1200，聚合度下降到250以下时绝缘纸的机械强度将急剧降低，下降至150时绝缘纸的机械强度将完全丧失而不能再承受机械力。与抗张强度试验相比，聚合度分析需要的纸样少且测试的重复性好，是目前评估绝缘纸板老化状况最为直接、有效的方法。但是聚合度分析同样面临变压器停运及典型纸样获取的困难，限制了聚合度分析法在现场的推广应用。

4. 介质损耗角正切值分析

介质损耗角正切值$\tan\delta$对于绝缘受潮、老化等分布性缺陷方面的分析比较灵敏有效，变压器绕组$\tan\delta$的测量灵敏度较高，可以作为固体绝缘诊断的有效手段。但$\tan\delta$与老化程度不具备对应关系，所以在分析数据时，一方面需与该变压器历年的$\tan\delta$值做比较，另一方面还要与处于同样运行条件的同类设备做比较。

5. 油中糠醛分析

理论分析和实验室研究均已表明，变压器油中糠醛的产生仅仅来自绝缘纸或纸板等纤维素材料的老化分解，而且糠醛的稳定性很好、不易挥发，因此监测油中糠醛的含量及其变化，可以作为诊断变压器固体绝缘老化状况的有效方法。此方法不需要停电，油样的获取非常方便，高效液相色谱仪的使用保证了测量的重复性和准确度。一般认为油中糠醛含量达到0.5mg/L时，变压器整体绝缘水平处于寿命中期；达到1～2mg/L时，绝缘劣化严重；达到4mg/L时，变压器绝缘寿命终止。糠醛含量会随油的更换或处理而发生变化，但固体绝缘的性能不随油的更换而改变，因此应用此方法时，需要结合历次测量的数据、换油、滤油等情况，综合分析绝缘实际老化的程度。糠醛含量测试和介质响应测试相对便利，且具有明确的固体绝缘老化意义，可发展为相应寿命评估方法。

3.1.5.2 基于介质响应分析的诊断方法

电介质在电场作用下，一方面内部的载流子不断移动形成电导电流，另一方面电介质内部沿电场方向出现宏观偶极矩形成极化现象。其中电子式极化和离子式极化瞬间完成极

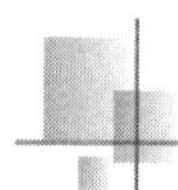

化过程（不超过 $10^{-13} \sim 10^{-11}$ s），不消耗能量，属于弹性极化；而转向极化、界面极化需要经过相当长的时间（10^{-10} s 或更长）才能到达稳态，属于松弛极化。在电路模型上可以用串联的电阻、电容网络来等效此类极化现象的时滞特性。单一电介质等效电路如图 3.20 所示。R_g、C_g 分别表示电介质的绝缘电阻和几何电容，R_{pn} 和 C_{pn} 等效具有不同极化时间常数的极化过程。

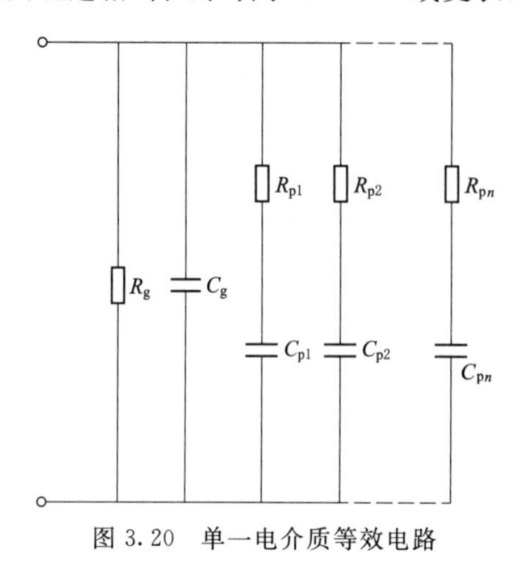

图 3.20 单一电介质等效电路

绝缘介质的老化降解或水分含量的变化会改变材料的微观结构，影响电介质的电导和极化现象，改变电路模型中的相关参数，其介质响应特性也会有相应的变化。

1. 去极化电流法

去极化电流法的电路原理如图 3.21 所示，电流曲线如图 3.22 所示。合上开关 S_1，在高压绕组和低压绕组之间施加直流电压 U_c，在变压器的绝缘中有极化电流 i_{pol} 产生，其表达式为

$$i_{pol}(t) = U_c C_x \left[\frac{\gamma}{\varepsilon} + f(t) \right] \tag{3.11}$$

式中 $f(t)$ ——绝缘介质的响应函数；
C_x ——绝缘介质的几何电容；
γ ——直流电导率；
ε ——相对介电常数。

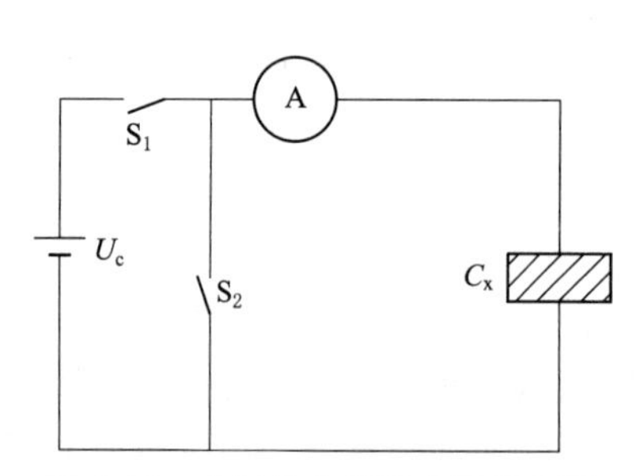

图 3.21 去极化电流法电路原理图

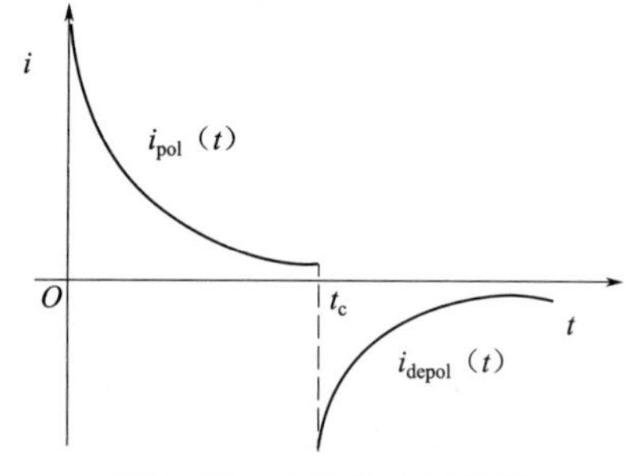

图 3.22 去极化电流曲线

绝缘介质的响应函数 $f(t)$ 为单调减函数，当施加直流电压的充电时间 t_c 足够长时，式（3.11）中第二项可忽略，即极化电流达到稳定值。其大小取决于绝缘介质的直流电导率。在 $t < 100$s 范围内，对极化电流影响的主要因素是油的电导率，油的电导率越高，电流越大。固体绝缘中的水分对极化特性的影响主要在 $t > 100$s 之后，固体绝缘水分含量越高，电流越大。

极化过程结束后，断开开关 S_1，合上开关 S_2，绝缘介质经电流表被短接，并以此时

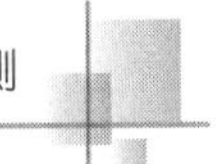

刻为计时点，产生负向的反极化电流 i_{depol}，其表达式为

$$i_{depol}(t)=-U_{c}C[f(t)-f(t+t_{c})] \tag{3.12}$$

当绝缘介质被充分极化时，式（3.12）中的第二项可以忽略，去极化电流与介质响应函数成正比关系，在一定程度上可以对绝缘介质的受潮及老化进行判断。

2. 恢复电压法

恢复电压法电路原理如图3.23所示。闭合开关 S_1，直流电压 U_c 作用在绝缘系统上，经充电时间 t_c 后，打开 S_1、闭合 S_2，经较短时间 $t_d(t_d<t_c)$ 进行短路放电；打开 S_1 后，剩余的被极化电荷会逐渐返回其自由状态，引起绝缘系统两端电压先升高，达到峰值，变压器的在线监测随后下降，直至零值，这种电压就被称为恢复电压。恢复电压法波形如图3.24所示，可见绝缘系统 C_x 两端的波形及相关参数。目前常以恢复电压峰值（U_{max}）、恢复电压峰值时间（t_{max}）、起始斜率（S）作为判断油纸绝缘系统老化与受潮的依据。

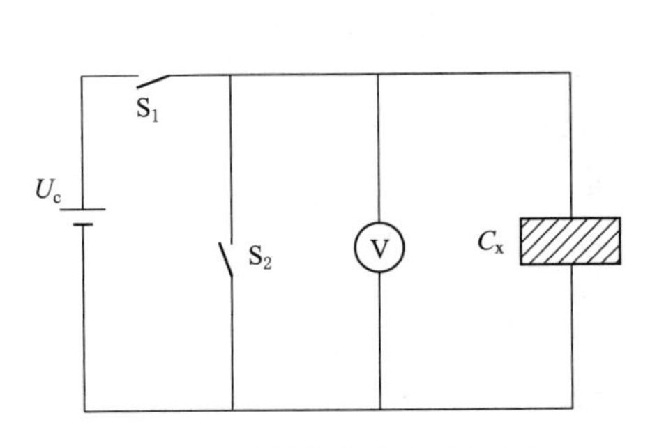

图3.23　恢复电压法电路原理图

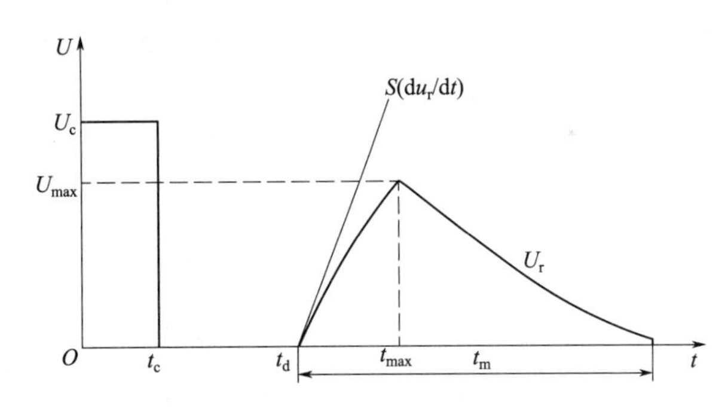

图3.24　恢复电压法波形图

恢复电压峰值与电介质的极化率成正比，恢复电压起始斜率正比于电介质电导率。随着变压器纸中含水量的升高，在油纸界面中将会出现更多的束缚电荷，极化程度将更显著，油纸系统电导率增加，起始斜率变大，恢复电压峰值升高，峰值时间缩短。

介质响应分析法利用绝缘介质的电导和极化特性，不仅可以对长期服役的变压器的固体绝缘性能做出老化评估，还可以对新投产的变压器和大小修后的变压器进行监测，对其安装和检修工艺做出评价。介质响应分析法作为一种非破坏性试验方法，其测试接线简单，便于现场实施，可作为现有固体绝缘老化诊断的技术支持。

3.2　GIS在线监测

3.2.1　概述

GIS是把变电站内除变压器以外各种电气设备全部组装在一个封闭的金属外壳里，充以 SF_6 气体或 SF_6 混合气体，以实现导体对外壳、相间以及断口间可靠绝缘的一种电气设备。GIS诞生于20世纪70年代初，它使高压变电站的结构和运行发生了巨大的变化，其显著特点是集成化、小型化、美观和安装方便。GIS的故障率比传统的敞开式设备低一个数量级，而且设备检修周期大大延长，因此GIS近年来在许多大型重要电站得到普遍应用。

GIS 大大缩小了电气设备的占地面积与空间体积。由于 SF_6 及其混合气体具有很好的绝缘性能，因此绝缘距离大为减小，通常电气设备的占地面积与绝缘距离的二次方成正比，而占有的空间体积与绝缘距离的三次方成正比。随着电压等级的提高，减小绝缘距离对减小占地面积和空间的意义就更大，不仅为大城市、人口稠密地区的变电站建设以及城市电网的改造提供了便利，也为建设地下变电站创造了有利条件。GIS 还适宜用在严重污秽、盐雾地区及高海拔地区，某些水电站的变电站如果空间受到限制，也可采用 GIS。

GIS 内部包括母线、断路器、隔离开关、电流互感器、电压互感器、避雷器、各种开关及套管等。GIS 采用 SF_6 气体或 SF_6 混合气体作为主绝缘，GIS 内输电母线用环氧树脂盆式绝缘子作为支撑绝缘，从而取代了以前的变电站内以裸导线连接各种电气设备、用空气作为绝缘的方法。220kV 电压等级 GIS 一个间隔的内部结构及主接线如图 3.25 所示。GIS 有单相封闭式和三相封闭式两种不同结构，三相封闭式比单相封闭式的总体尺寸小、部件少、安装周期短，但额定电压高时制造比较困难。所以通常只对 110kV 及以下电压等级采用全三相封闭式结构，对 220kV 电压等级除断路器以外的其他元件采用三相封闭式结构，对 330kV 及以上电压等级则一般采用单相封闭式结构。

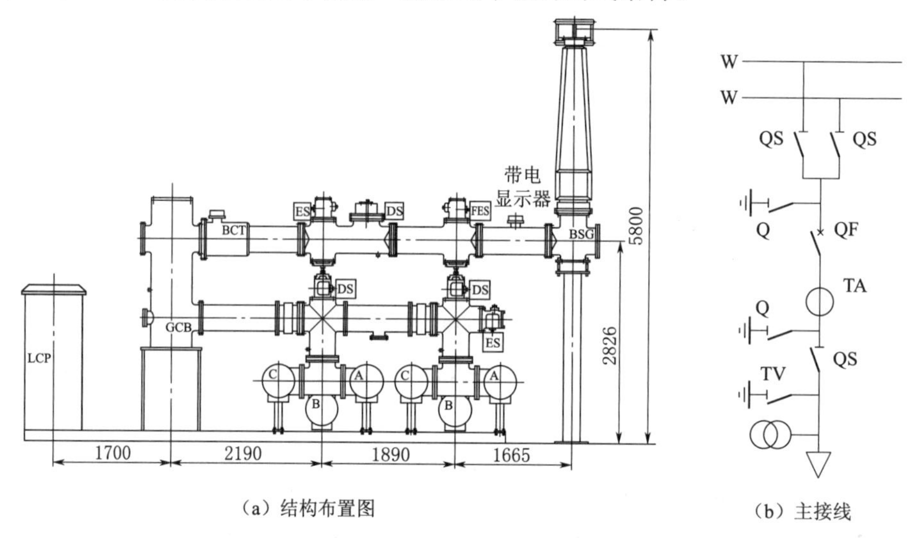

（a）结构布置图　　（b）主接线

图 3.25　220kV 级 GIS 一个间隔的内部结构及主接线

W—母线；QS—隔离开关；Q—接地开关；QF—断路器；TA—电流互感器；TV—电压互感器

GIS 中的绝缘气体通常采用 SF_6 气体或 SF_6 混合气体（SF_6+N_2、SF_6+CO_2 等）。SF_6 气体本身无毒，与电气设备中的金属和绝缘材料有很好的相容性，但 SF_6 的分解物有毒，对材料有腐蚀作用，因此必须采取措施，以保证人身安全和设备工作的可靠性。能够使 SF_6 分解的方法有三种，即电子碰撞引起的分解、热分解和光辐射分解，在高压电气设备故障时主要是前两种导致的 SF_6 分解。GIS 中常见的三种放电形式分别是大功率电弧放电、火花放电和电晕或局部放电，以上放电形式均会引起 SF_6 气体分解。SF_6 主要放电生成物有 SF_4、SOF_2、SO_2F_2、SO_2、S_2F_{10} 和粉末状固体生成物，这些分解物均是有毒的，有的（如 S_2F_{10}）则是剧毒。大部分气体分解物具有很高的耐电强度，对气体间隙的耐电强度没有什么影响，即使气体分解物浓度达到30%，耐电强度也没有什么变化。气态分解物主要使固体绝缘材料腐蚀而产生破坏，而固体生成物落在绝缘支撑表面，同时吸收了气体中的水分时，则导致闪络电压下降。

用SF_6气体作绝缘的电气设备的耐压值，除了与气体及极间距离有关外，还明显地受到电极材料、电极表面粗糙度、电极面积和导电微粒污染等因素的影响。另外，固体支撑绝缘子也会引起气体中局部电场的畸变，使SF_6气体的放电特性发生变化。

由于GIS是全封闭组合电气设备，一旦出现事故，造成的后果比分离式敞开设备严重且修复极为复杂，有时需要两星期甚至更长的时间才能修复。所以GIS的运行监测十分重要，不仅需要认真进行常规预防性试验，而且应该发展技术，监测GIS运行中的绝缘状态，及时发现各种可能的异常或故障预兆，及时进行处理。

GIS和气体绝缘电缆（GIC）在工厂中制造、试验之后，以运输单元的方式运往现场安装，因此设备在现场组装后必须进行现场耐压试验。现场耐压试验的目的是检查总体装配的绝缘性能是否完好。

设备在运输过程中的机械振动、撞击等可能导致GIS元件或组装件内部紧固件松动或相对位移；安装过程中，在联结、密封等工艺处理方面可能失误，导致电极表面刮伤或安装错位引起电极表面缺陷；空气中悬浮的尘埃、导电微粒杂质和毛刺等在安装现场又难以彻底清理；还曾出现将安装工具遗忘在GIS内的情况。这些缺陷和问题如未在投运前检查出来，将引发绝缘事故。因此现场耐压试验是必不可少的，但它不能代替设备在制造厂的型式试验和出厂试验。现场耐压试验的方法与常规的高压试验方法有所不同。试验电压值不低于工厂试验电压的80%。

GIS的现场耐压可采用交流电压、振荡雷电冲击电压和振荡操作冲击电压等试验装置进行。交流耐压试验是GIS现场耐压试验最常见的方法，它能够有效地检查内部导电微粒的存在、绝缘子表面污染、电场严重畸变等故障。雷电冲击耐压试验对检查异常的电场结构（如电极损坏）非常有效，现场一般采用振荡雷电冲击电压试验装置进行。操作冲击电压试验能够有效地检查GIS内部存在的绝缘污染、异常电场结构等故障，现场一般采用振荡操作冲击电压试验装置。

3.2.2 GIS的常见故障和在线监测方法

GIS的常见故障主要有以下几方面：

（1）SF_6气体泄漏。这类故障通常发生在GIS的密封面、焊接点和管路接头处。主要原因是密封垫老化，或者焊缝出现砂眼。因此每年需要对GIS补充大量的SF_6气体来保证正常工作压力。

（2）SF_6气体微水超标。运行时断路器气室SF_6气体微水量要不大于300×10^{-6}，其他气室不大于500×10^{-6}。SF_6气体含水量太高引起的故障，易造成绝缘子或其他绝缘件闪络。微水超标的主要原因是通过密封件泄漏渗入的水分进入到SF_6气体中。

（3）开关故障。包括断路器、负荷开关、隔离开关或接地开关等元件的气体击穿，或因动、静触头在合闸时偏移而引起的接触不良等原因。

（4）GIS内部放电。由于制造工艺等原因，在GIS内部的某些部件处于悬浮电位，导致电场强度局部升高，进而产生电晕放电。GIS中金属杂质和绝缘子中气泡的存在，都会

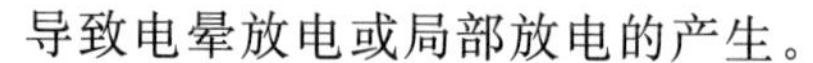

导致电晕放电或局部放电的产生。

从 GIS 运行事故的统计来看，约 60%的故障发生在盆式支撑绝缘子处，即 GIS 中电场极不均匀处。而事故原因 70%左右是雷电过电压，并导致对地闪络。所以加强 GIS 在线监测，对及时发现隐患十分重要。近年来，国内外已经采用的 GIS 在线监测与停电监测项目见表 3.7。

表 3.7　　国内外已经采用的 GIS 在线监测与停电监测项目

试验项目	监测内容	试验内容	监测仪器或方法
绝缘性能	局部放电监测	☆	局部放电监测仪、超高频局部放电法
	异常放电声监测	☆	声波传感器、超声波监测
	气体压力监测	☆/Δ	气体密度开关、检漏仪
	气中水分含量监测	☆/Δ	水分计
	气体分解监测	O	气体分解物监测仪
	绝缘电阻监测	Δ	绝缘电阻监测仪
	避雷器泄漏电流监测	☆	泄漏电流监测仪
导电性能	主回路电阻监测	Δ	微欧仪
	接触不良监测	☆	局部放电监测
	温度监测	☆	温度传感器
机械性能	合闸时间监测	Δ	合闸时间测定仪
	动作次数过多	☆/Δ	计数器
	结构变形监测	*	X 射线监测仪

注：“☆”表示在线监测；“Δ”表示停电试验；“O”表示取样试验；“*”表示现场监测。

目前 GIS 绝缘在线监测最有效的方法为局部放电监测。局部放电监测可以弥补耐压试验的不足，监测 GIS 制造和安装的清洁度，发现绝缘制造工艺和安装过程中的缺陷、差错，并能确定放电位置，从而进行有效处理，确保设备投运后安全运行。由于局部放电在投运早期诊断相对灵敏，局部放电测试已列入 GIS 型式试验、例行试验和现场试验项目之中。在线监测 GIS 局部放电可发现多种绝缘缺陷，局部放电对 GIS 绝缘的破坏作用如图 3.26 所示。

GIS 局部放电监测方法归纳起来可分为两大类：一类为电测法，按被监测信号的频段，又可分为脉冲电流法、耦合电容法、高频法、甚高频法和特高频法等；另一类为非电测法，如超声波法、化学法、光学法等。

3.2.3　GIS 局部放电脉冲电流法的在线监测

目前较普遍采用的基于脉冲电流法的 GIS 在线监测，根据其采集的局部放电在外围电路中引起的脉冲电流或脉冲电压不同，有外部电极法、接地线电磁耦合法、绝缘子中预埋电极法几种方法。

3.2.3.1　外部电极法

在 GIS 外壳上放置一外部电极，外部电极与外壳之间用薄膜绝缘，形成一耦合电容。使用绝缘薄膜的主要目的是防止外壳电流流入监测装置。

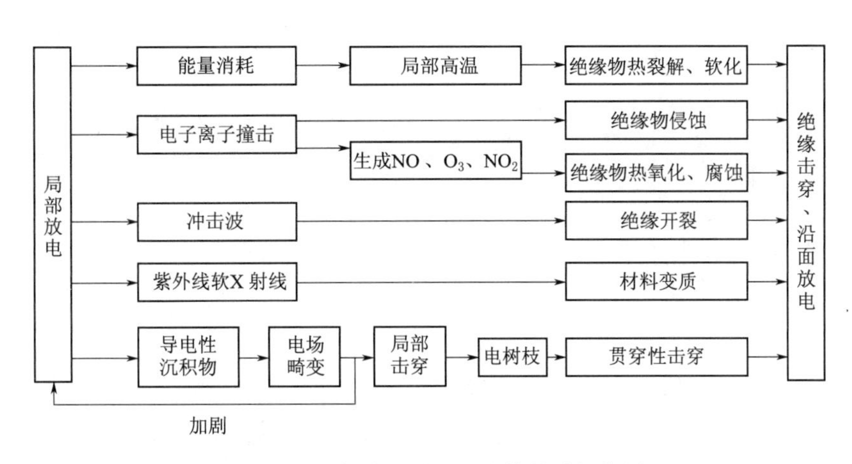

图 3.26 局部放电对GIS绝缘的破坏作用

考虑到GIS各个气室之间有绝缘垫，因而对于局部放电的高频电流而言，将在同一绝缘垫两侧的两个外部电极间形成电位差，将20～40MHz的衰减波进行放大、滤波、A/D转换后，即可得到测试结果。该系统可采用脉冲鉴别法以区分外来干扰以及内部局部放电。外部电极法检测局部放电原理如图3.27所示。

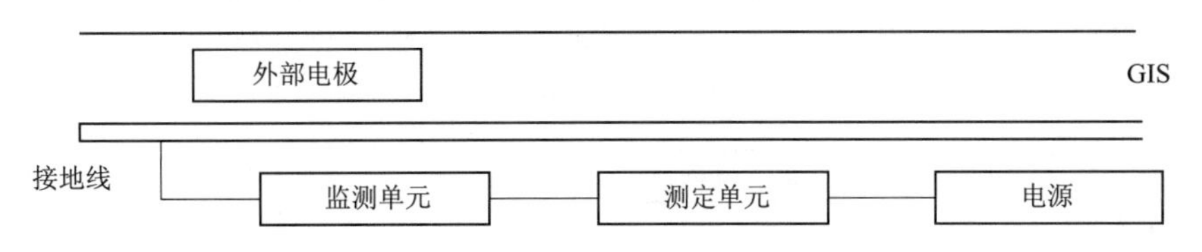

图 3.27 外部电极法检测局部放电原理框图

3.2.3.2 接地线电磁耦合法

当GIS内部发生局部放电时，GIS外壳接地线中流过的电流除工频分量外，还有高频脉冲，可通过电磁线圈耦合进行监测。图3.28给出了一种接地线电磁耦合法监测原理图。

现场用的监测仪器一般比较简单，例如可用宽频放大器（10～1000kHz）和示波器配合，或用带通滤波器（如400kHz）与峰值电压表配合，也有监测频率为几兆赫的局部放电信号。现场监测关键是提高抗干扰能力，进而考虑根据局部放电信号波形区分故障性质。例如，自由微粒引起的局部放电出现的相位不规则，放电量大小与气压几乎无关；而固定突出物引起的局部放电出现在峰值附近，放电与气压有关。

3.2.3.3 绝缘子中预埋电极法

利用事先埋在绝缘子中的电极作为探测传感器进行内部局部放电的监测（图3.29），可测量处于400kHz左右频率的衰减波的振幅。

因为预先埋入的电极处于金属容器以内，所以抗干扰性能好、灵敏度高，可测出几皮库的放电量。但传感器探头必须事先安装在支撑绝缘子里，为此需要妥善解决处于壳内的前置放大器电源问题。对于分相外壳的GIS，可采用电源侧的感应电压作为此放大器的电源；而对于三相同一外壳者，需定期更换电池。

3.2.4 GIS局部放电的超声波和振动监测

超声波法局部放电监测是一种对GIS非常重要的非破坏性监测手段，GIS内部发生局

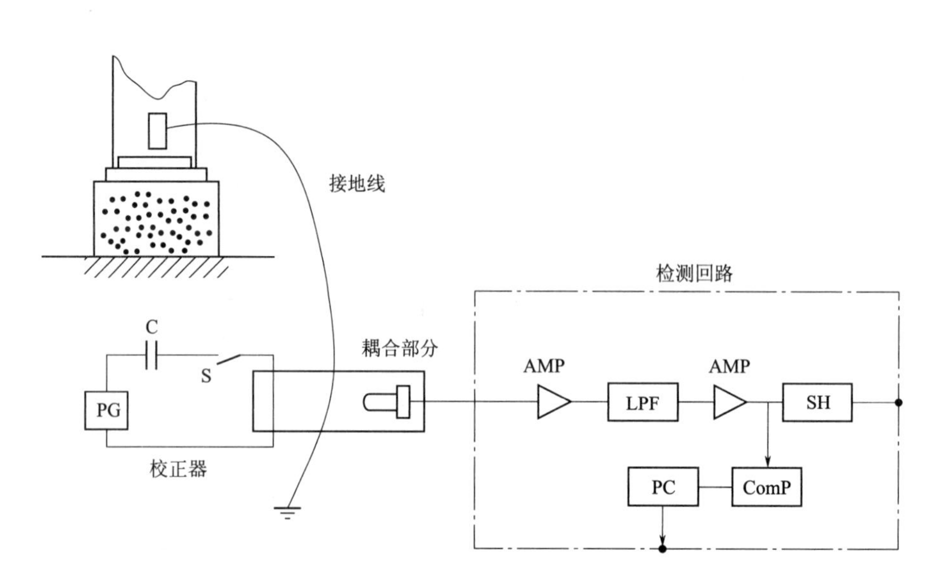

图 3.28 接地线电磁耦合法监测原理框图

PG—脉冲发生器；LPF—低通滤波；SH—门槛电路；PC—脉冲计数器；ComP—计算机；AMP—放大器

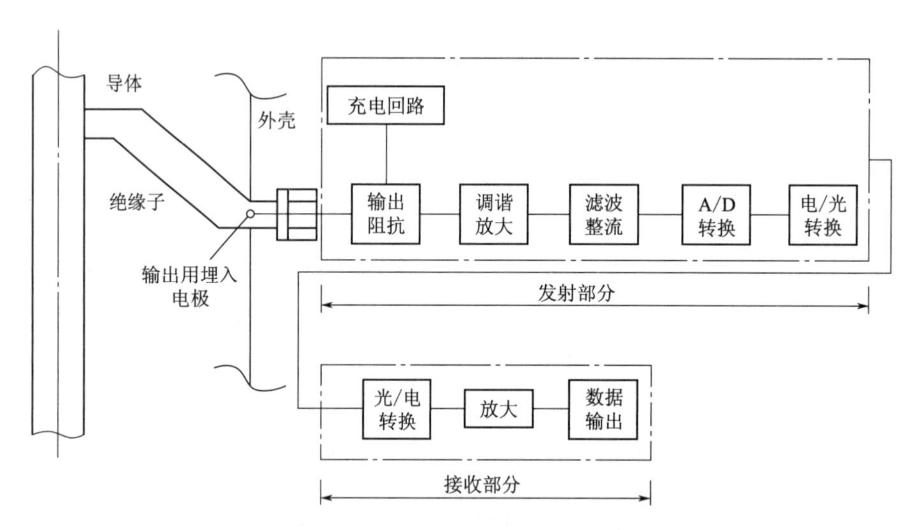

图 3.29 绝缘子中预埋电极法监测原理框图

部放电时会发出超声波，不同结构、环境和绝缘状况下产生的超声波频谱差异很大。GIS中沿 SF_6 气体传播的只有纵波，而沿GIS壳体则既可以传播横波也可以传播纵波，并且衰减很快，监测的灵敏度较低，局部放电超声波信号的主频带集中在20～500kHz范围内。GIS中的局部放电可以看作以点源的方式向四周传播，由于超声波的波长较短，因此它的方向性较强，能量较为集中，可以通过壳体外部的超声波传感器采集超声放电信号进行分析。

利用局部放电过程中产生的超声波信号进行监测具有以下优点：可以对运行中的设备进行实时监测、可以免受电磁干扰的影响、利用超声波在介质中的传播特性可以对局部放电源进行定位。超声波定位通过监测声波传播的时延来确定局部放电源的位置，在实验室条件下，运用超声波监测法可以对 10pC 的局部放电做出准确的检测和定位，而在现场应用时，却远不能达到如此高的准确度。

超声波在传播过程中遇到障碍会产生一系列的反射和折射，易受现场周围环境的影响。在 GIS 内 SF_6 的超声波吸收率相对很强（其值为 26dB/m，类似条件下空气仅为 0.98dB/m），并且随频率增大而增加。放电所产生的超声波传播到 GIS 壳体上时，会发生反射和折射，而且通过绝缘子时衰减也非常严重，所以常常无法监测出某些缺陷（如绝缘子中的气隙引起的局部放电）。而且由于超声波传感器监测有效范围较小，在局部放电监测时，需对 GIS 进行逐点探查，监测的工作量很大，因此目前主要用于 GIS 的带电监测。

对 GIS 中局部放电引起的振动可采用微音器、超声波探头或振动加速计进行监测。随着监测技术的改进，如探头压紧装置的改进、超声波导管的改进、采用微机采集和处理信号等，灵敏度已大有提高，能够达到皮库级的准确度。

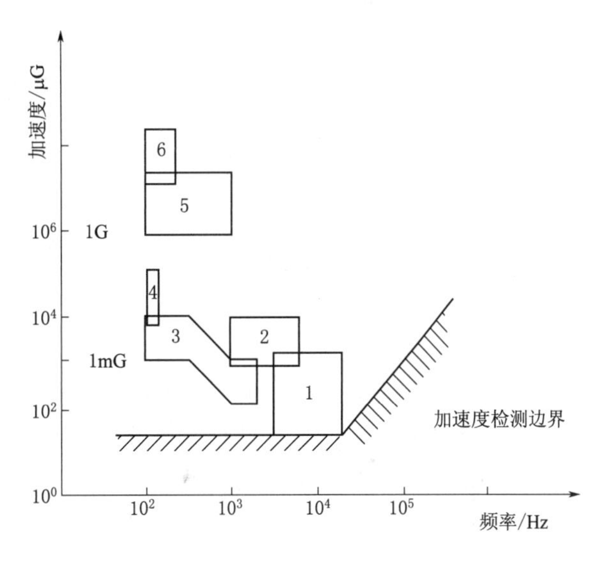

图 3.30 各种因素在容器壁引起机械振动的频谱

1—局部放电引起的振动；2—异物振动；

3—电磁力、磁致伸缩引起的振动；

4—静电力引起的振动；5—操作引起的振动；

6—对地短路引起的振动

从振动表达式可以推导出加速度的最大值与振幅成正比，因此采用加速度计监测有较高的灵敏度。各种因素在容器壁引起机械振动的频谱如图 3.30 所示，可见局部放电引起的振动频率较高（几千赫到几十千赫），因此可先经滤波器除去低频部分，提高监测的灵敏度和抗干扰能力。

由于 GIS 运行中不同的杂质微粒在振动时对壳外所装的加速度及超声波传感器的反映有所差别，在壳外测得的不同性质微粒杂质的加速度信号和超声波信号之比明显不同，因此还可用这两种传感器的输出信号强度之比来鉴别杂质。

监测机械振动波的最大优点是易于定位。双探头超声波监测原理如图 3.31 所示，A、B 两个探头测到的信号经放大后送入信号鉴别回路，根据左右两个探头测得信号的先后次序（先测得信号那边的发光二极管发光），可以确定波的传播方向。按顺序移动仪器的探头，可准确地找出故障点。

用这种方法对 GIS 进行局部放电监测模拟试验研究时，壳外所测得的超声波振动的振幅与 GIS 内部的放电量或放电能量大体上成正比关系，但与 GIS 内部放电的性质有关。即使是同一类型的放电，当放电发生在中心导体处时，在壳外测得的振动幅值也要比放电发生在壳体内测得的低。在进行局部放电监测时，要注意到这一差别。

随着技术发展，多探头技术也逐渐用于GIS局部放电监测和定位，其放电点监测定位装置由 n 个超声波探头、光纤、监测系统等部分组成，如图3.32所示。根据GIS中放电特性，超声波探头将 n 个声信号变换成光信号，经监测系统处理，最后显示或打印出结果。

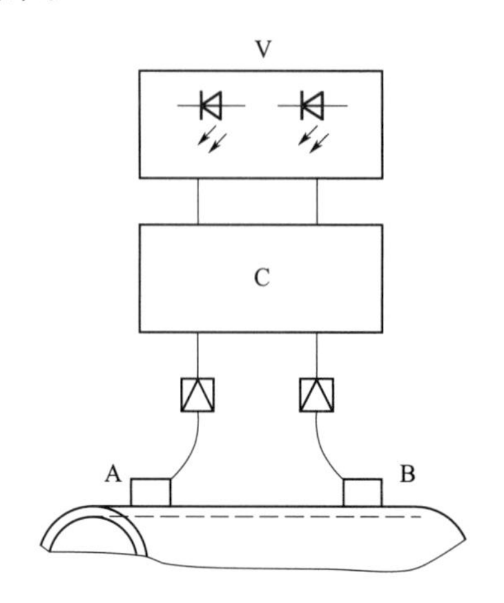

图3.31　双探头超声波监测原理图

A、B—电压探头；C—信号鉴别回路；V—发光二极管

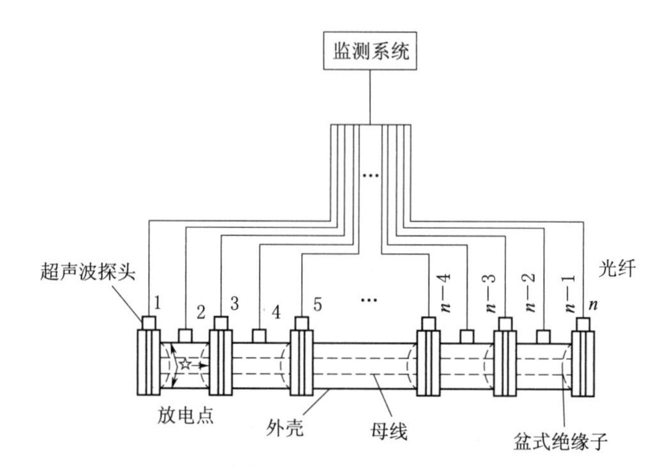

图3.32　多探头放电点监测定位装置组成

GIS一旦发生放电，将产生与电压相应的超声波脉冲，各超声波传感器将因距放点远近不同而陆续收到放电的超声波信号，此超声波信号主要是自GIS壳体传播的横波小信号，则放电点距声传感器的距离 S 为

$$S=t_n c_t \tag{3.13}$$

式中　t_n ——超声波从放电点传到 n 号传感器的时间；

c_t ——横波在GIS外壳中的传播速度。

为了监视GIS耐压过程中的放电情况和确定放电位置，通常要在GIS外壳上设置8～10个超声波传感器，同步记录信号时差和幅值，进行综合分析判断。通过几个测点求出 S_1，S_2，…，S_n，便可初步确定放电点的位置。

3.2.5　GIS局部放电的特高频监测

特高频法的基本原理是使用特高频天线，而不是脉冲电流法的耦合电容，来监测GIS局部放电产生的电磁波，从而获得局部放电的信息。在GIS局部放电监测时，现场干扰的频谱范围一般小于300MHz，传播过程中衰减很大，若对局部放电产生的数百兆赫以上的电磁波信号进行监测，则可有效避开电晕等干扰，大大提高信噪比。它最主要的优点是高灵敏度，并能够通过放电源到不同传感器的时间差对放电源进行准确定位。

特高频监测法根据监测频带的不同可分为窄频法和宽频法。宽频法通常监测300MHz～1GHz频率范围内的信号，并加装前置高通滤波器；窄频法则多是利用频谱分析仪对所研究频段进行筛选，选择合适的中心频率作为系统监测工作频率。

用特高频法监测GIS中局部放电产生的特高频信号，最早由英国Strathclyde大学在

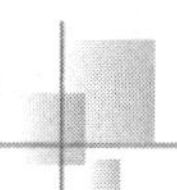

20世纪80年代初提出并且开始研究。1986年，特高频法被最先引进用于英国的Torness变电站420kV的GIS设备上，通过现场试验，认为在一个大的变电站中，安装25～30组三相传感器就可监测整个变电站的局部放电情况。瑞士ABB高电压技术公司对550kV的GIS试验装置中特高频的适用性与灵敏度进行了研究，并与常规的脉冲电流法做了对比；德国Stuttgart大学的研究人员对550kV的GIS模型局部放电进行监测研究，认为特高频法和超声波灵敏度接近，而特高频法抗干扰能力强于超声波法。

3.2.5.1 特高频监测的基本原理

局部放电是电气绝缘中局部区域的电击穿，伴随有正负电荷的中和，从而产生宽频带的电磁暂态和电磁波。局部放电特高频监测，即在特高频频段（0.3G～3GHz频段）接收局部放电所产生的电磁脉冲信号，实现局部放电监测。运行中的GIS内部充有高压SF_6气体，其绝缘强度和击穿场强都很高。当局部放电在很小的范围内发生时，气体击穿过程很快，将产生很陡的脉冲电流。对信号进行频谱分析之后，发现其中频率可达数吉赫，并且脉冲向四周辐射出特高频电磁波。研究认为，GIS设备中的放电脉冲波不仅以横向电磁波（TEM波）的形式传播，而且还会以横向电场波（TE波）和横向磁场波（TM波）的形式传播。TEM波为非色散波，任何频率的TEM波都能在GIS同轴波导中传播。但GIS同轴波导存在导体损耗和介质损耗，随着频率的提高，信号的衰减逐渐增大。研究表明，TEM波在100MHz左右达到最大值，然后大小会随着频率的增高而衰减。TE波和TM波存在一个下限截止频率，一般为几百兆赫。当信号频率小于截止频率时，其衰减很大；而信号频率大于截止频率时，信号在传播时的损失很小。由于GIS设备具有良好的同轴波导特性，因此可用同轴波导的概念分析GIS中的特高频信号传播。

由于GIS波导壁为非理想导体，电磁波在GIS内部传播过程中就会有功率损耗，因此，电磁波的振幅将沿传播方向逐渐衰减，并且GIS中的SF_6气体将会引起波导体积中的介质损耗，也会造成波的衰减。这种衰减具有1μs左右的衰减时间常数，它的衰减量要比信号在绝缘子处由于反射造成的能量损耗低得多。研究表明，1GHz的电磁波在直径为0.5m的GIS内传播所产生的衰减只有3～5dBm/km，因此在用波导理论进行局部放电仿真和监测时可以不考虑这种衰减。

GIS有许多法兰连接的盆式绝缘子、拐弯结构和T形接头、隔离开关及断路器等不连续点，特高频信号在GIS内传播过程中经过这些结构时，必然会造成衰减。信号在绝缘子和T形接头处的反射是造成信号能量损失的主要原因，通过计算，初步确定绝缘子处的能量衰减为3dB，T形接头处的能量衰减为10dB。根据GIS中电磁波传播特点，可以利用特高频传感器接收其500M～3000MHz的特高频信号进行监测，以避免常规电磁脉冲干扰。这是因为空气中的电晕放电等电磁干扰频率一般在500MHz以下，利用一个加有500MHz的高通滤波器的特高频放大器就可解决干扰问题，从而提高局部放电监测的信噪比。

特高频信号虽抗干扰性能好，但该频段信号较弱，故需要较精密的仪器来监测和显示。该频段信号的监测既可使用只有几兆赫带宽的窄频法，也可使用达几吉赫带宽的宽频法。窄频法一般除了需要频谱分析仪外，还需要低噪声、高增益的特高频放大器来收集局部放电信号，在有特高频干扰的情况下比较适用，且要求仪器较精密。宽频法在一般的场合使用更广泛，它需要可达纳秒级采样的示波器和截止频率为 250M～300MHz 的高通滤波器。特高频法的灵敏度依赖于传感器等监测装置的可靠性。

采用特高频监测能够提高局部放电现场测试的抗干扰性能，主要原因如下：电气设备内部的局部放电信号能够达到特高频段，而电力系统中的电磁干扰信号（如空气中的电晕放电）一般低于特高频段，所以特高频传感可以避开干扰频段；即使电气设备相邻区域存在特高频干扰，由于特高频信号传播时衰减较快，其影响范围较小，不会产生远距离的干扰。

特高频测量能够实现局部放电源的空间定位。特高频信号传播过程中，随着距离变远，探测到的放电信号的幅值将显著下降，因此，通过比较特高频信号的幅值可以进行放电的大致定位。局部放电的特高频电磁脉冲具有纳秒时间量级的上升沿，采用多个特高频传感器同时监测，能够得到纳秒量级准确度的脉冲时差，基于此时差监测，可实现对放电源的准确定位。

3.2.5.2　特高频监测系统组成

GIS 局部放电特高频在线监测系统一般由传感单元、采集单元、通信单元和诊断分析单元等四部分构成，如图 3.33 所示。

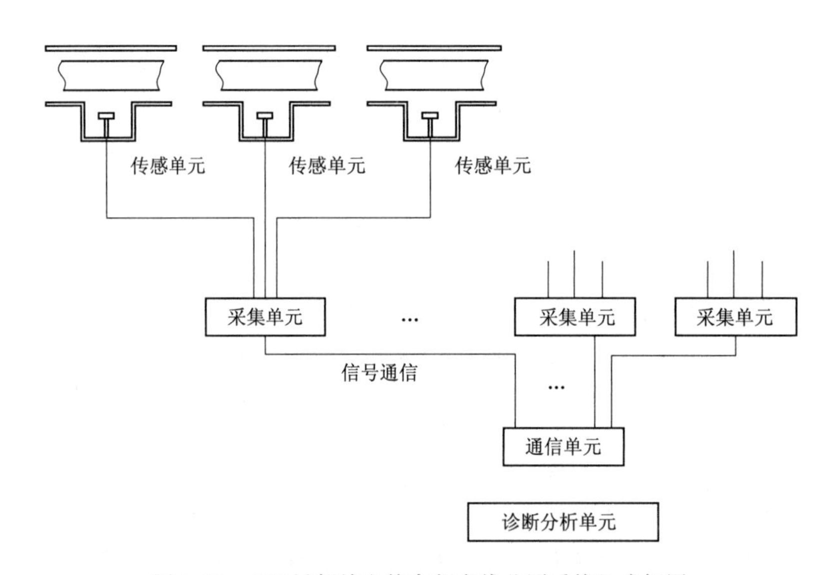

图 3.33　GIS 局部放电特高频在线监测系统组成框图

特高频在线监测系统利用预先安装在 GIS 上的内置或外置传感器探测 GIS 内部发生的局部放电特高频信号，对特高频信号进行滤波、放大和检波，数据采集单元将传感器捕获的放电信号转换为数字量，完成特征量检出，进行波形、频谱和统计分析，实现缺陷预警；处理结果经通信接口传送至诊断分析单元进行数据分析、显示、报警管理、诊断和存储，远程用户可以通过网络对 GIS 的运行状态进行实时监测。

特高频传感器主要由天线、特高频放大器、高通滤波器、检波器、耦合器和屏蔽外壳组成。整个传感器采用金属材料屏蔽，以防止外部信号干扰。

特高频传感器根据安装方式可分为内置式和外置式两种，如图 3.34 所示。内置传感

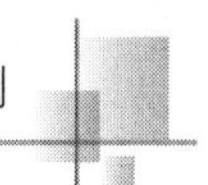

器可获得较高的灵敏度（目前英国新制造的GIS均要求加装内置传感器），但对制造安装的要求较高，特别是对已投运的GIS安装内置传感器通常是不可行的，这时只能选择外置传感器。相对于内置传感器，外置传感器的灵敏度要差一些，但安装灵活，不影响系统的运行，安全性较高，因而也得到了较为广泛的应用。

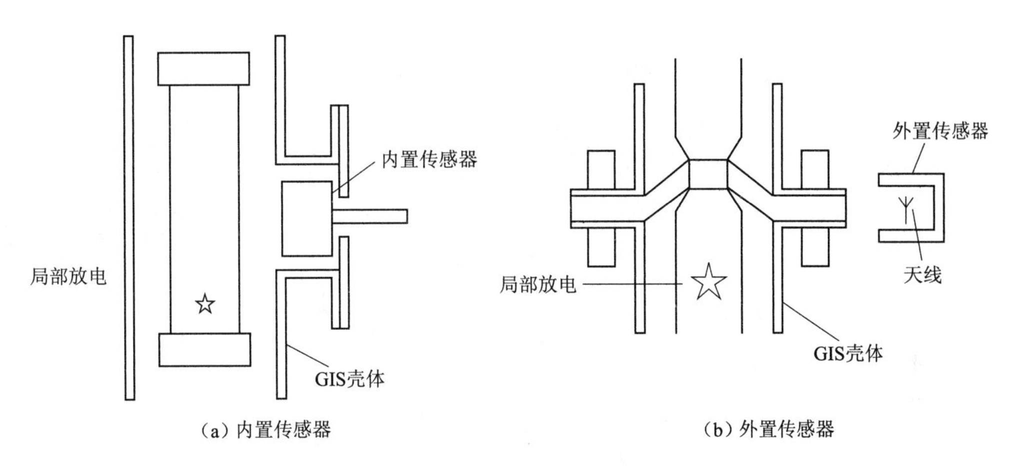

(a) 内置传感器　　(b) 外置传感器

图 3.34　特高频传感器的布置

内置传感器宜由GIS生产厂在制造时置入，内置传感器应在制造前应与GIS进行一体化设计，在出厂时应同GIS一起完成出厂试验。外置传感器应置于未包裹金属屏蔽的GIS盆式绝缘子外侧或GIS壳体上存在的介质窗处，当GIS盆式绝缘子外包金属屏蔽时，需要对金属屏蔽开窗。

传感器安装不应影响设备美观。传感器布置应保证GIS内部发生在任何位置的局部放电都能够被有效传感，在此前提下，传感器应尽量安装在GIS关键设备附近，包括断路器、隔离开关、电压互感器等。对于长直母线段测点间隔宜为5～10m。

3.2.5.3　特高频在线监测方法

根据所需信息量不同，特高频监测采用宽频法和窄频法两种方式。宽频法可观察到局部放电信号在300MHz～3GHz频域上的信号能量分布，信息量大，因此具有较好的监测和识别效果；而窄频法则无法得到不同缺陷信号的频谱特征，但具有较高的信噪比，抗干扰能力强，监测灵敏度高。由于特高频局部放电监测至少需要监测一个工频周期以上的百兆赫到千兆赫的放电信号，常用的A/D转换系统在采样率和存储深度等方面很难满足要求，且数据处理难度大。通常局部放电监测只关心信号的幅值、出现的相位以及放电重复率，因此在线监测系统普遍采用检波法，仅对放电信号的主要信息进行监测、分析和存储。

在线监测特征信息包括最大放电量、放电相位、放电频次和放电谱图，放电谱图应由不少于50个连续工频周期的监测数据形成。监测周期应可根据监测需要进行设置和调节，最小监测周期不应小于10min。在线监测系统的内置储存模块应能保存设备24h的实时数据和所有历史特征信息，应采用掉电非易失存储技术，应能通过外部接口调用历史数据和报警信息。

检波法特高频在线监测系统中，内置传感器或者耦合器是在 GIS 壳内预置的一种薄膜电容器，电容量为数千皮法，在 GIS 壳外通过阻抗匹配器采集信号，监测仪器全部置于壳外。其监测原理和等效电路如图 3.35 所示，C_1 为中心导体与外壳间的电容，为几皮法。

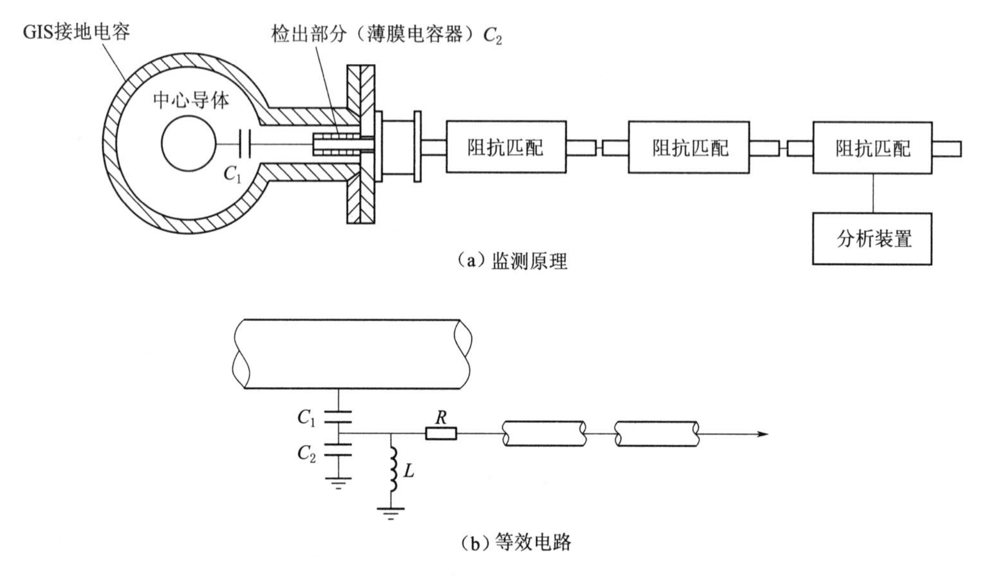

图 3.35　检波法特高频局部放电在线监测系统监测原理和等效电路

现在已开发出中心频率 250MHz、750MHz、800MHz、1400MHz、3000MHz 等不同特高频局部放电监测装置，并得到实际应用。

特高频传感器基本可以分为耦合式和天线式两类。我国科研单位对各个类型特高频传感器都做了相应的研究，图 3.36 所示为我国研制的几种超宽带外置传感器。

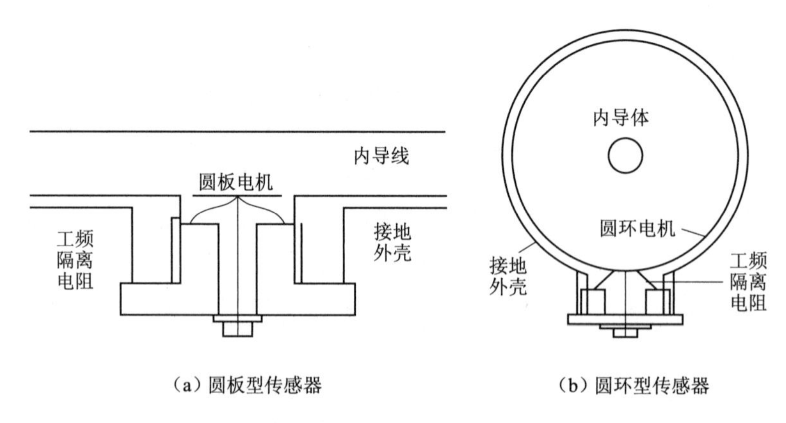

图 3.36　我国研制的几种超带宽外置传感器

特高频局部放电信号比较微弱，因此需要采用低噪声/高增益的特高频放大器来放大原始特高频信号。同时，为了避开空气中频率范围在 200MHz 以下的电晕干扰信号，在特高频放大器前需加装高通滤波器，因此放大器工作频带一般在 200M～3000MHz 范围内，但在很多情况下为了避免手机通信干扰的影响，监测频带应根据噪声环境相应缩减。

在局部放电在线监测中，如果监测到放电信号，并确定为 GIS 内部的局部放电，则可以将所测波形和典型模式样本进行比较，确定局部放电的类型。局部放电类型识别的准确程度取决于经验和数据的不断积累，目前尚未达到完善的程度。实际往往采用目测比较的方式进行检测，对使用者的专业水平和现场经验要求很高，判断结果具有很强的主观性。随着人工智能技术的发展，基于统计识别、线性分类器、人工神经网络等技术的自动诊断系统得到广泛的应用，大大提高了局部放电缺陷识别的准确性和客观性。

对于由特高频传感器捕获的局部放电信号，常用频域法和时域法两种信号处理方式。在早期的特高频监测中，一般采用扫频式的频谱分析仪，通过考察信号频谱分布和最高幅值（阈值）来判断试品或设备的绝缘状况和产生原因。随着数字技术的发展，高采样率的宽带数字采集系统越来越普及，利用快速傅里叶分析功能也可以研究局部放电信号频谱。与此同时，对多个工频周期的特高频信号进行统计分析，将更有利于进行放电缺陷的严重程度判断和模式识别，但这要求系统具有强大的数据采集、存储和处理能力。

根据典型局部放电信号的波形特征或统计特性提取局部放电指纹，建立模式库，通过局部放电监测结果和模式库的对比，可进行局部放电类型识别。局部放电的类型识别可采用人工神经网络、统计分类器等自动识别算法实现。局部放电典型放电特征及图谱见表 3.8，该表以 IEC 推荐的关于局部放电的典型放电图谱为依据。

表 3.8　　局部放电典型放电特征及图谱

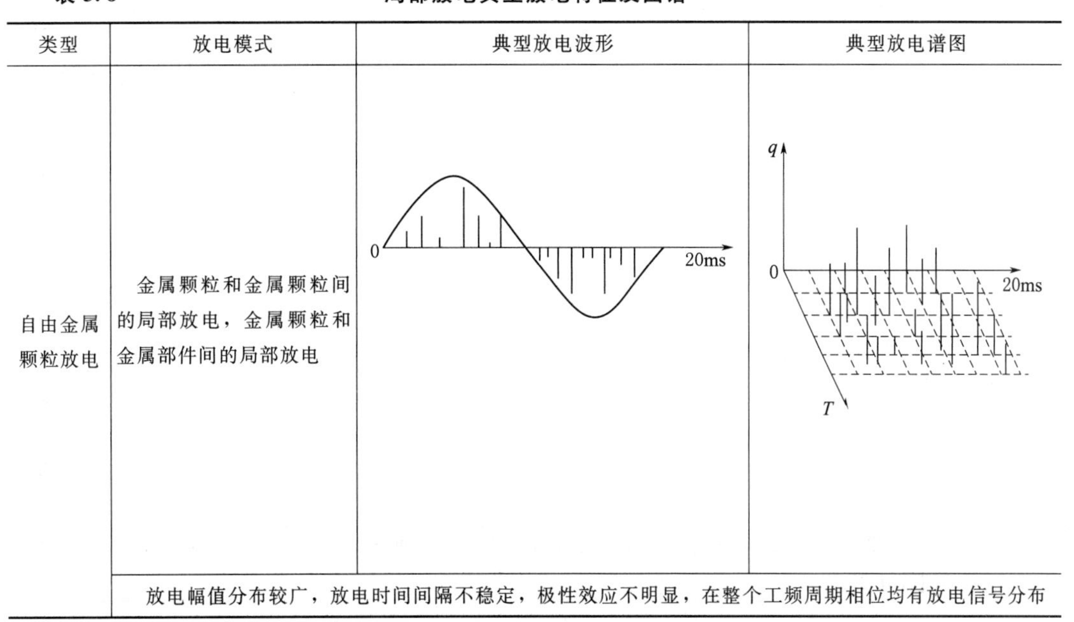

类型	放电模式	典型放电波形	典型放电谱图
自由金属颗粒放电	金属颗粒和金属颗粒间的局部放电，金属颗粒和金属部件间的局部放电	0　20ms	q　0　20ms　T
	放电幅值分布较广，放电时间间隔不稳定，极性效应不明显，在整个工频周期相位均有放电信号分布		

续表

类型	放电模式	典型放电波形	典型放电谱图
悬浮电位体放电	松动金属部件产生的局部放电		
	放电脉冲幅值稳定，且相邻放电时间间隔基本一致。当悬浮金属体不对称时，正负半波监测信号有极性差异		
绝缘件内部气隙放电	固体绝缘内部开裂、气隙等缺陷引起的放电		
	放电次数少，周期重复性低，放电幅值也较分散，但放电相位较稳定，无明显极性效应		
沿面放电	绝缘表面金属颗粒或绝缘表面脏污导致的局部放电		
	放电幅值分散性较大，放电时间间隔不稳定，极性效应不明显		
金属尖端放电	处于高电位或低电位的金属毛刺或尖端，由于电场集中产生的 SF_6 电晕放电		
	放电次数较多，放电幅值分散性小，时间间隔均匀，放电的极性效应非常明显，通常仅在工频相位的负半轴出现		

局部放电类型识别主要依据放电信号的波形特征，通常特高频监测装置的生产厂商会提供典型局部放电的信号波形图，这些波形来自实验室模拟试验和已被验证了的现场监测结果，构成典型模式样本库。

另外，在局部放电模式识别中，由于放电信号波形、频谱和统计特性的数据量较大，如果直接对放电模式进行识别，是非常困难的。为了有效地实现分类识别，就需要选择和提取能够反映不同放电缺陷的本质特征。特征量的提取过程是对放电脉冲信号在数据量上的简化和压缩，以实现利用简单的特征量来表征放电特性。目前常用统计特征参数法、分形特征参数法、数字图像矩特征参数法、波形特征参数法、小波特征参数法等方法进行局部放电模式特征提取。

3.2.6 GIS局部放电气体分解产物监测

当GIS内部发生故障放电时，局部放电形成的高温将产生金属蒸气，会引起SF_6气体产生分解，生成化学性质很活泼的SF_4，同时与气体中的水分子发生反应生成SOF_2、HF、SO_2等活泼气体。用化学分析法测量H^+或F^-含量，就可推断SF_6是否被分解，进而测出GIS内部发生的局部放电。

利用气体监测器进行酸度测量十分灵敏、方便。图3.37所示为一种简易的气体分解物监测器。将气体监测器装在GIS气体管道口处，打开GIS管道口和气体监测器的流量调节阀，使试样气体流过探头。经过一定时间后，分解气体在监测元件上发生作用，导致监测元件变色，指示剂的变色长度几乎与分解气体浓度成正比，因而可根据变色的长度初步判断分解气体浓度。

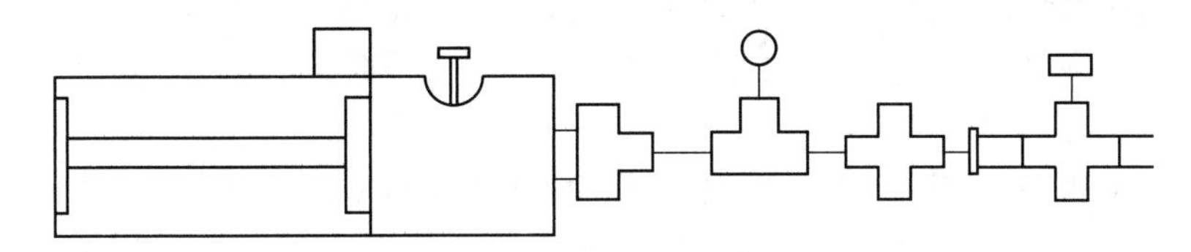

图3.37 气体分解物监测器结构示意图

通常可选用灵敏度高和变色清晰的溴甲酚红紫指示剂，这种指示剂随H^+浓度的变化而变色，其pH值在5.2～6.8。这种敏感元件包括一支充有Al_2O_3粉和指示剂碱溶液的玻璃管，将含有分解气体的气样通过该敏感元件，玻璃管内的颜色从蓝紫色变到黄绿色。肉眼可观察相当于0.03×10^{-6}的分解气体浓度。这种方法的特点是：①从有、无变色就能简单地判断出有、无明显局部放电发生；②操作容易，不需要专门培训，携带方便；③不受电气机械噪声的影响。

3.2.7 GIS局部放电的光学监测

由于局部放电伴随着光辐射，若在GIS内部安装光传感器，就可以利用局部放电光特性进行监测。图3.38所示为光学监测器原理框图，光学监测器配置有高灵敏度的快门。传感器由装在屏蔽电磁、光的铁壳中的光电倍增管和放大器/鉴别器组成，安装在金属外壳的窗口上，以便监测GIS内部的局部放电。测量到的信号通过电缆送到微机，其信号按电流和距离进行校正，并显示出来。

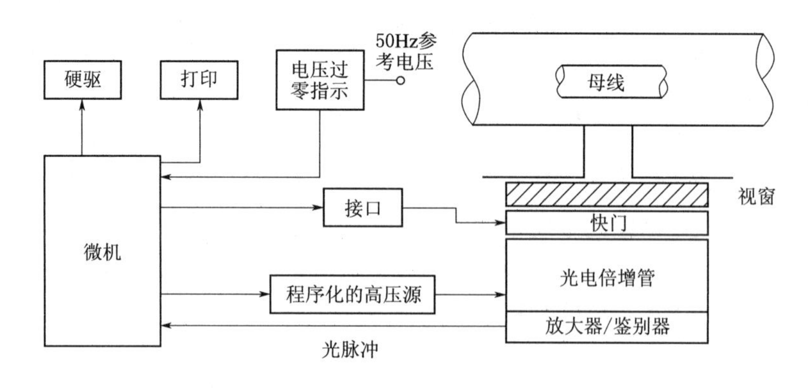

图 3.38　光学监测器原理框图

3.3　高压断路器在线监测

3.3.1　概述

高压断路器是电力系统中最重要的开关设备，担负着控制和保护的功能，即根据电网运行的需要用来可靠地投入或切除相应的线路或电气设备。当线路或电气设备发生故障时，断路用于将故障部分从电网中快速切除，保证电网无故障部分正常运行。如果断路器不能在电力系统发生故障时开断线路、消除故障，就会使事故扩大，造成大面积的停电。因此，高压断路器性能的好坏、工作的可靠程度，是决定电力系统安全运行的重要因素。高压断路器必须满足灭弧、绝缘、发热和电动力方面的一般要求。

1. 按对地绝缘方式分类

（1）接地金属箱（或罐）型。接地金属箱型断路器的结构特点是触头和灭弧室装于接地的金属箱（或罐）中，导电回路靠绝缘套管引入，如图 3.39 所示。它的主要优点是：可以在进出线套管上装设电流互感器以提供电流信号，利用出线瓷套的电容式分压器以提供电压信号。这种类型的断路器在使用时不需再配专用的电流和电压互感器。

（2）套管支持型。套管支持型断路器的结构特点是安置触头和灭弧室的容器（可以是金属筒，也可以是绝缘筒）处于高电位，靠支持套管对地绝缘，如图 3.40 所示。其主要优点是可用串联若干个开断元件和加高对地绝缘尺寸的方法组成更高电压等级的断路器，如图 3.41 所示。

用断路器来关合和开断电力系统某些元件时，会出现电弧。关合与开断的电流越大，电弧就越强烈，其工作条件也就越严重。虽然从理论上讲，开断过程中出现的电弧可能在交流电流过零时自然熄灭，但由于电弧一经形成，断口间的绝缘不能立刻恢复，此时，只要在断口上加上一个比较低的电压，电弧就会重新形成，所以断路器的设计主要是围绕如何灭弧进行的。

2. 按灭弧介质不同分类

按照灭弧介质的不同，断路器可划分为：①油断路器，指触头在绝缘油中开断，利用绝缘油作为灭弧介质的断路器；②空气断路器，指利用高压力的空气来灭弧的断路器；

③SF_6断路器，指利用高压力的 SF_6 气体来灭弧的断路器；④真空断路器，指触头在真空中开断，利用真空作为绝缘介质和灭弧介质的断路器。

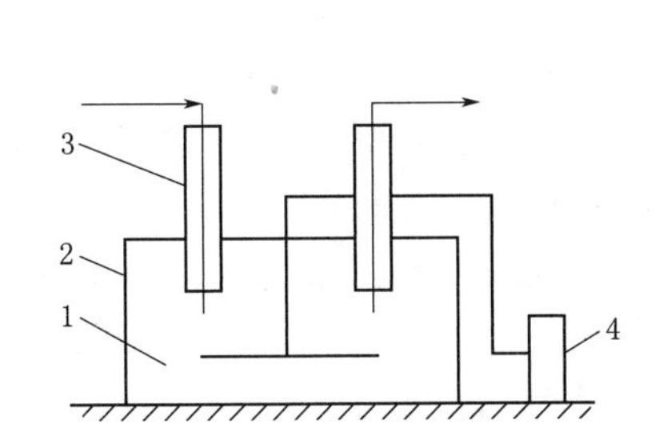

图 3.39 接地金属箱型断路器结构示意图

1—断口；2—箱；3—绝缘套管；4—操动机构

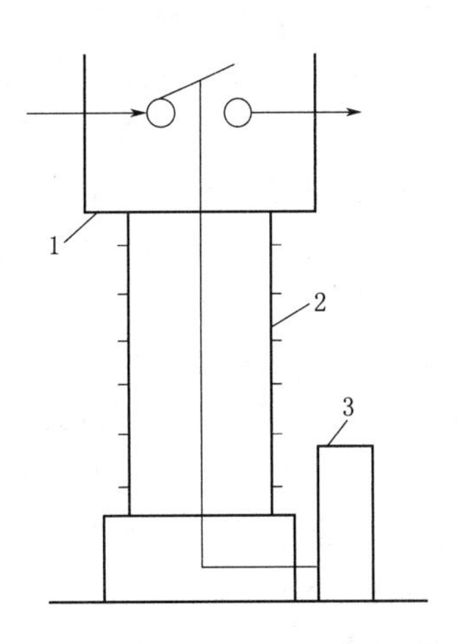

图 3.40 套管支持型断路器结构示意图

1—断口；2—箱；3—绝缘套管

(1) 油断路器。油断路器是最早出现、使用最广泛的一种断路器，制成接地金属箱型的油断路器常称为多油断路器，制成套管支持型的油断路器常称为少油断路器。多油断路器的结构是所有元件都处于接地的金属油箱中，油一方面用来灭弧，另一方面用作导电部分之间以及导电部分与接地油箱之间的绝缘介质。由于断路器开断时产生的电弧具有极高的温度，在此过程中，绝缘油会裂解产生大量气体，造成油箱压力急剧升高，因此多油断路器的油箱必须具有足够的机械强度。目前多油断路器主要用于35kV及以下电压等级的非主干线路。少油断路器是我国以前用量最大的断路器，它的结构特点是触头、导电系统和灭弧系统直接装在绝缘油筒或不接地的金属油箱中，变压器油只用来熄灭电弧和作为触头间的绝缘用，断路器导电部分的对地绝缘主要靠瓷套管、环氧玻璃布和环氧树脂等固体绝缘介质。少油断路器中都装有灭弧室并设油气分离器，把在电弧作用下分解出的气体中所含的油进行分离和冷凝后重新送回油箱。油断路器的灭弧室分为自能式和外能式两种，绝大多数油断路器都采用自能式灭弧原理，即利用自身能量建立熄灭电弧所需要的吹气压力来灭弧。

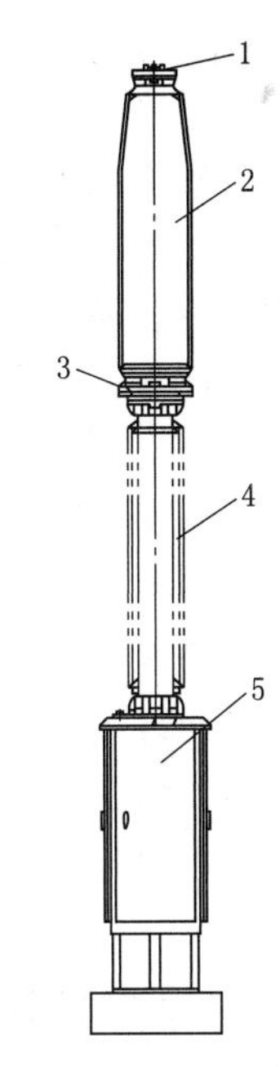

图 3.41 断路器的积木组合方式

1—上接线板；2—灭弧室瓷套；3—下接线板；4—支柱瓷套；5—机构、支架

(2) 空气断路器。空气断路器是利用压缩空气来吹弧并运用压缩空气作为操作能源的一种断路器。空气断路器是高压和超高压大容量断路器的主要品种，开断能力大，燃弧时间短，动作快，容易实现快速自动重合闸。空气断路器结构较为复杂，需要较多的有色金属，通常只在330kV及以上电压等级中才应用空气断路器。

(3) SF_6 断路器。SF_6 断路器是利用 SF_6 气体作为绝缘和灭弧介质，具有灭弧能力强、介质强度高、介质恢复速度快等特点。其单断口的电压可以做得很高，在 SF_6 中，断路器触头材料烧蚀极轻微，有利于增加开断次数。SF_6 断路器的灭弧装置分为压气式和旋转式，近年来又发展了自能式灭弧装置。

(4) 真空断路器。真空断路器利用真空作为触头间的绝缘及真空灭弧室的灭弧介质。真空灭弧室的真空度为 $1.33\times10^{-5}\sim1.33\times10^{-2}$Pa，属于高真空范畴。真空灭弧室的绝缘性能好，触头开距小（12kV 的真空断路器的开距约为 10mm，40.5kV 的约为 25mm），要求操动机构提供的能量也小，电弧电压低，电弧能量小，开断时触头表面烧损轻微，因此真空断路器的机械寿命和电气寿命都很高。真空断路器可用于要求操作频繁的场所，目前广泛用于 10kV、35kV 的配电系统中，额定开断电流已做到 50～100kA。

目前，高压线路普遍采用 SF_6 断路器，中低压线路普遍采用真空断路器，油断路器和空气断路器已渐渐退出运行线路。

3. 高压断路器绝缘

高压断路器的绝缘主要有三部分：一是导电部件对地之间的绝缘，通常由支持绝缘子（或瓷套）、绝缘拉杆和提升拉杆以及绝缘油（或绝缘气体）组成；二是同相断口间的绝缘；三是相间绝缘，各相独立的断路器的相间绝缘就是空气间隙。断路器各部分绝缘应能承受标准所规定的试验电压的作用。

影响高压断路器绝缘性能的主要因素如下：

(1) 水分。对于油断路器，绝缘中吸入 1/10 的水分将使其耐压水平降低为原来的几分之一，绝缘胶纸受潮后沿面放电电压将大大下降，且由于绝缘电阻的下降，在工作电压下就可能发生热击穿。

(2) 外绝缘污闪。断路器断口间的工频电压可以达到两倍相电压，在外绝缘污脏并出现雾雨天时容易发生污闪。

(3) 绝缘胶开裂。由于热胀冷缩而导致瓷套管充胶开裂、密封结构老化，使绝缘强度大大降低。

断路器中的断口连接方式是电接触，接触电阻的存在增加了导体通电时的损耗，导致接触处的温度升高，将直接影响其间绝缘介质的品质。为保证断路器的可靠工作，无论是导体本身还是接触处的温升都不允许超过规定值，这就要求必须控制接触电阻的数值，使之不超过允许值。

断路器要求在运行过程中能在工频最大工作电压下长期工作不击穿，在最大负载电流下长期工作时各部分温升不超过规定值，并能承受短路电流所产生的热效应和电动力效应而不损坏。

3.3.2　高压断路器常见运行故障

高压断路器的运行特性和绝缘、触头材料、机械动作可靠性等诸多特性有关，其试验项目也有别于一般静态运行的电气设备，需综合考量电气和机械动作特性。

1. 绝缘故障

因绝缘问题引发高压断路器故障的次数是最多的，主要有内、外绝缘对地闪络击穿，相间绝缘闪络击穿，雷电过电压击穿，瓷套管、电容套管污闪、闪络、击穿、爆炸，绝缘

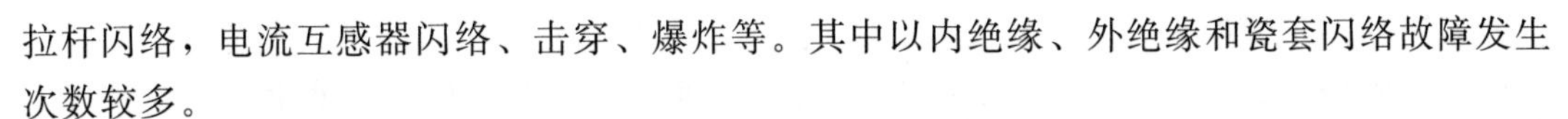

拉杆闪络，电流互感器闪络、击穿、爆炸等。其中以内绝缘、外绝缘和瓷套闪络故障发生次数较多。

内绝缘故障原因：在断路器安装或运行过程中，断路器内出现的异物或剥落物可导致断路器本体内发生放电；此外，因触头及屏蔽罩安装位置不正而引起的金属颗粒磨损脱落也可导致断路器内部发生放电。

外绝缘和瓷套闪络故障原因：主要是瓷套的外形尺寸和外绝缘泄漏比距不符合标准要求以及瓷套的质量有缺陷。

由于断路器与开关柜不匹配、柜内隔板吸潮、绝缘距离不够、爬电比距不足、无加强绝缘措施等原因，导致高压开关柜发生绝缘故障的次数也较多，主要有电流互感器闪络、柜内放电和相间闪络等。此外，开关柜内元件有质量缺陷也将导致相间短路故障。

2. 拒动故障

高压断路器的拒动故障包括拒分和拒合故障。其中拒分故障最严重，可能造成越级跳闸从而导致系统故障，扩大事故范围。造成断路器拒动主要有机械原因和电气原因。

（1）机械原因，主要由生产制造、安装调试、检修等环节引发。因操动机构及传动系统机械故障而引发的断路器拒动占拒动故障的65%以上，具体故障有机构卡涩，部件变形、位移、损坏，轴销松断，脱扣失灵等。

（2）电气原因。由电气控制和辅助回路故障引发。具体故障有分合闸线圈烧损、辅助开关故障、合闸接触器故障、二次接线故障等。其中分合闸线圈烧损一般因机械故障而引起线圈长时间带电所致；辅助开关及合闸接触器故障虽表现为二次故障，实际多为触头转换不灵或不切换等机械原因引起；二次接线故障基本是由于二次线接触不良、断线及端子松动引起。

3. 误动故障

高压断路器的误动主要是由二次回路故障、液压机构故障和操动机构故障引起。

（1）二次回路故障。二次回路故障主要由因接线端子排受潮，绝缘强度降低，合闸回路和分闸回路接线端子间发生放电而产生的二次回路短路引发。此外还有二次电缆破损、二次元件质量差、断路器误动、继电保护装置误动等原因。

（2）液压机构故障。断路器出厂时因阀体紧固不够、装配不合格、清洁度差而造成密封圈损坏，从而促发液压油泄漏或机械机构泄压，最终导致断路器强跳或闭锁。

（3）操动机构故障。检修断路器时，因调整操动机构分（合）闸挚子使弹簧的预压缩量不当，导致弹簧机构无法保持而引起断路器自分或自合。

4. 开断与关合故障

少油和真空断路器出现开断与关合故障较多，主要集中于7.2～12kV电压范围内。少油断路器发生故障主要是因为喷油短路烧损灭弧室，导致断路器开断能力不足，在关合时发生爆炸；真空断路器发生故障主要是因为真空灭弧室真空度下降，导致真空断路器开断关合能力下降，引起开断或关合失败；SF_6断路器发生故障主要是由于SF_6气体泄漏或者微水含量超标引起灭弧能力下降。

5. 载流故障

载流故障主要是由触头接触不良过热或者引线过热而造成。触头接触不良是由于装配

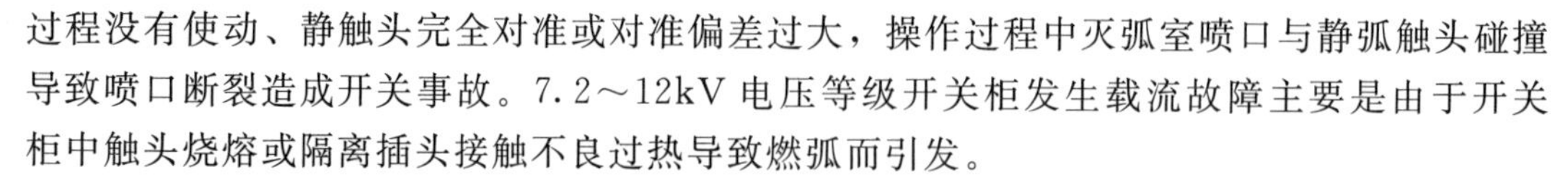

过程没有使动、静触头完全对准或对准偏差过大，操作过程中灭弧室喷口与静弧触头碰撞导致喷口断裂造成开关事故。7.2～12kV电压等级开关柜发生载流故障主要是由于开关柜中触头烧熔或隔离插头接触不良过热导致燃弧而引发。

3.3.3　高压断路器常见的在线监测方法

高压断路器与其他电气设备（如电机、电抗器、电容器）相比，有以下几个特点：结构的多样性、试验的重要性、高度的可靠性。电力系统的运行状态和负载性质是多种多样的，作为控制、保护元件的高压断路器，要保证电力系统的安全运行，对它的要求也是多方面的，如对电气性能、机械性能、开合能力以及断路器所处自然环境的要求，其中，断路器的高度的可靠性是对高压断路器最基本的要求。

与高压断路器所保护的电气设备（如发电机、变压器）相比，单台断路器的价格低得多。但是因断路器故障造成的损失，如引起其他电气设备的损坏和电力系统的停电，则远远超过断路器本身的价值。对于断路器的在线监测，无论是国内还是国外，都还没有通用的在线监测装置标准产品，各研究机构或制造厂家根据不同的断路器装置和用户要求而生产不同的产品。

高压断路器的在线监测装置可以分为两种类型：一种是具有综合功能的在线监测装置，它监测断路器的状态参数相对多一些，如断路器的分、合闸速度和时间，断路器的开断电流和燃弧时间、气体压力等；另一种是监测某一种参数的在线监测装置，如断路器的机械在线监测、绝缘的在线监测、温度监测等。

高压断路器的在线监测内容主要包括：交流泄漏电流在线监测、介质损耗角正切值在线监测、高频接地电流在线监测、断路器机械特性在线监测、温度特性在线监测等。

3.3.3.1　交流泄漏电流在线监测

高压少油断路器在运行时，断路器承受运行电压的绝缘部位是绝缘拉杆和绝缘油。高压少油断路器最常见的故障是断路器进水受潮，使得绝缘水平下降，有时甚至发生击穿或爆炸事故。

要实现断路器交流泄漏电流的在线监测，需要对断路器结构进行必要的改造。断路器的改造主要是对指对绝缘拉杆的改造，将电流表（微安表）串入回路，以满足在线监测交流泄漏电流的要求。断路器的绝缘拉杆一端通过操动机构接地，一端接于运行相电压上，改造的方法是在距离绝缘拉杆接地端上部1～2cm处镶上金属圆环，在圆环上焊接或用螺钉固定测量电极，并用可伸缩的弹性引线由断路器底部用小套管引出，在运行时将其接地。测量小套管与绝缘拉杆上镶包的圆环电极间的引线，采用具有伸缩弹性的绝缘软线，是为了在断路器分、合及绝缘拉杆发生快速运动时，弹性导线随之伸缩，保证不会断脱。

将测量引线接于测量小套管上，引线经桥式整流电路接地，用直流微安表测量，测量线路如图3.42所示。测量时，断开测量小套管接地引线，由直流微安表读出运行电压下的泄漏电流（直流微安表接于桥式整流电路另两个端点）。测量完毕后，测量小套管恢复接地，使高压少油断路器恢复正常运行。

在线监测得到的断路器交流泄漏电流小于DL/T 596—1996《电气设备预防性试验规程》规定的10μA时，与直流40kV电压下泄漏电流试验基本上一致。当断路器进水受潮后，监测交流泄漏电流基本能反映绝缘缺陷，考虑到在线监测交流泄漏电流的偏差，通常

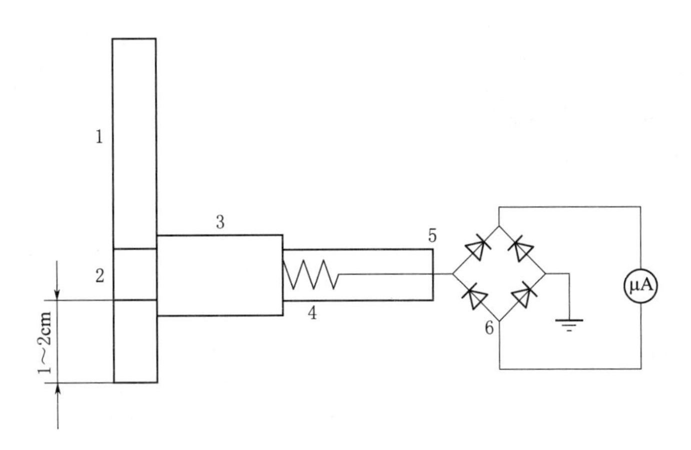

图 3.42 高压少油断路器交流泄漏电流在线监测原理图

1—绝缘拉杆；2—金属圆环；3—测量电极；4—绝缘引线；5—测量小套管；6—桥式整流

将交流泄漏电流的判断标准规定为不大于 5μA。当大于 5μA 时应引起注意，而当大于 8μA 时应停电检查。监测交流泄漏电流也可以有效地检出绝缘拉杆分层开裂的缺陷。

现场测量交流泄漏电流会受电场干扰和潮湿气候的影响。通常 A 相泄漏电流偏大，而 C 相泄漏电流偏小，应按历次测量数据进行比较、分析、判断。测量读数应该在晴天进行，空气相对湿度应不大于 65%。

3.3.3.2 介质损耗角正切值在线监测

高压少油断路器改造成经测量小套管将拉杆绝缘引出后，接入西林电桥就可以用于在线监测介质损耗角正切值（tanδ）。

电桥的第一臂为试品 C_x，第二臂为标准电容器 C_N，第三臂为可变电阻 R_3，第四臂由固定电阻 R_4（3184Ω）与电容箱 C_4 并联组成，则

$$C_x = C_N = \frac{3184}{R_3} \tag{3.14}$$

$$\tan\delta = \omega R_4 C_4 \times 10^{-6} = C_4(\mu F) \tag{3.15}$$

现场在线监测 tanδ 主要困难是缺乏高压标准电容器，必要时可用断口电容器串联或无放电耦合电容器作为标准电容器，但应注意电桥平衡条件。如遇到电桥不平衡情况，可以采用降低并联电阻 R_4 或增大可调电阻箱的方法，也可采用将标准电容和试品位置对调的方法。

由于在线监测试验电压较高，电场干扰影响相对较小，如能做到两次测量基本相同，一般可以忽略不计干扰的影响。

由于在停电条件下测量少油断路器的 tanδ 时，分散性较大，所以在 DL/T 596—1996《电气设备预防性试验规程》中并未要求测 tanδ 。但是在运行条件下，测量结果分散性较小，可以根据历次测量结果进行相互比较，并结合泄漏电流的测量结果对少油断路器的状况做出正确的判断。

3.3.3.3 高频接地电流在线监测

由高压断路器（如 SF_6 断路器）内部放电产生的高频电晕电流，会流入壳体的接地

线，通过传感器监测该电流，用滤波器消除干扰后，进行输出信号的判断处理，原理如图3.43所示。

除局部放电之外的各种外部干扰所产生的电流也会流入接地线，所以要利用传感器的特性和滤波器，尽量消除那些外部放电。

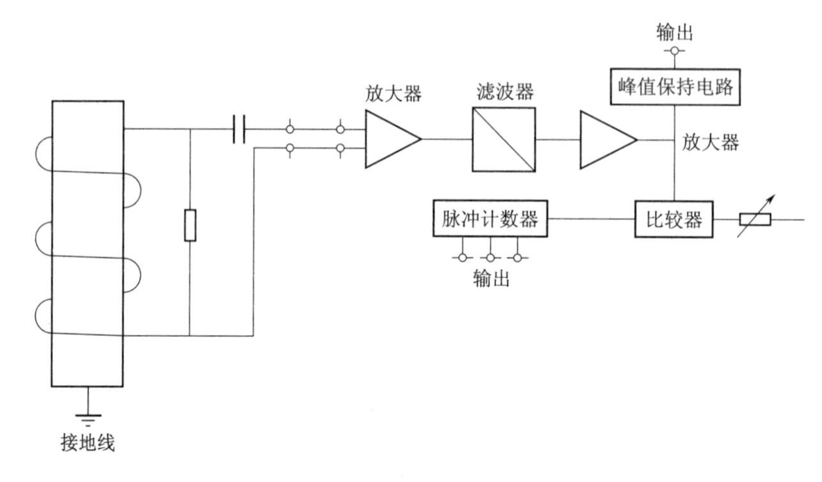

图3.43　接地电流监测法的原理

3.3.3.4　断路器机械特性在线监测

断路器与其他电气设备相比，机械部分零部件特别多，加之这些部位动作频繁，造成故障的可能性就大。从中国电力科学研究院对全国6kV以上高压开关故障原因的统计分析中看出，在拒动、误动故障中，操动机构故障占41.63%；国际大电网会议（CI-GRE）资料也表明，操动机构故障占43.5%。由此可见，无论是国内还是国外，机械性故障是构成断路器故障的主要原因，所以对断路器机械状态的监测以及故障诊断甚为重要。

1. 断路器分、合闸线圈电流监测

高压断路器一般都是以电磁铁作为操作的第一级控制件。大多数断路器均以直流为其控制电源，故直流电磁线圈的电流波形中包含诊断机械故障的重要信息。断路器分、合闸线圈电路如图3.44所示，图中L的大小取决于线圈和铁芯铁轭等的尺寸，并与铁芯的行程s（即铁芯向上运动经过的路程）有关密切关系，其值随着s的增加而增加。

设铁芯不饱和，则L与i的大小有关，电路中开关K合闸后，由图3.45得

$$u=iR+\frac{\mathrm{d}\psi}{\mathrm{d}t} \tag{3.16}$$

式中　ψ——线圈的磁链，$\psi=Li$。

于是，式（3.16）可变为

$$u=iR+\frac{\mathrm{d}(Li)}{\mathrm{d}t}=iR+L\frac{\mathrm{d}i}{\mathrm{d}t}+i\frac{\mathrm{d}L}{\mathrm{d}s}\frac{\mathrm{d}s}{\mathrm{d}t} \tag{3.17}$$

$$u=iR+L\frac{\mathrm{d}i}{\mathrm{d}t}+i\frac{\mathrm{d}L}{\mathrm{d}s}v \tag{3.18}$$

断路器操作时，线圈中的典型电流波形如图3.45所示。铁芯运动过程电流波形可分

为以下阶段：

（1）铁芯启动阶段。在 $t=t_0\sim t_1$ 的时间段，t_0 为断路器分（合）命令到达时刻，是断路器分、合时间计时起点；t_1 为线圈中电流、磁通上升到足以驱动铁芯运动的时刻，即铁芯开始运动的时刻。在这一阶段铁芯运动速度 $v=0$，$L=L_0$ 为常数，则式（3.18）可改为

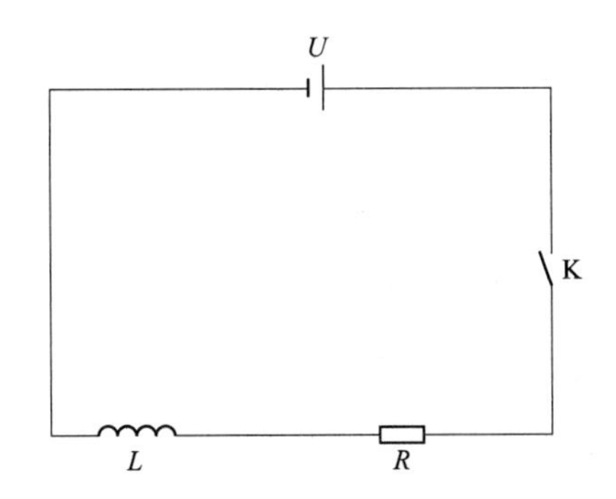

图 3.44　断路器分、合闸线圈电路图

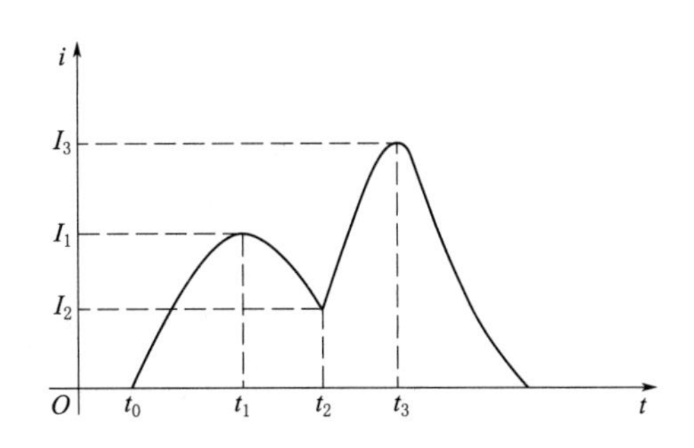

图 3.45　线圈中典型电流波形

$$U=iR+L_0\frac{\mathrm{d}i}{\mathrm{d}t} \tag{3.19}$$

代入起始条件，$t=t_0$ 时 $i=0$，可得

$$i=\frac{U}{R}(1-\mathrm{e}^{-\frac{R}{L_0}t}) \tag{3.20}$$

这是指数上升曲线，对应图 3.44 中 $t=t_0\sim t_1$ 的电流波形起始部分。

（2）铁芯运动阶段。在 $t=t_1\sim t_2$ 时间段，铁芯在电磁力的作用下，克服了重力、弹簧力等阻力，开始加速运动，直到铁芯上端面碰撞到支持部分停止运动为止。此时 $v>0$，L 也不再是常数，i 将按照式（3.18）变化。通常 $v>0$，$\frac{\mathrm{d}L}{\mathrm{d}s}>0$，$L\frac{\mathrm{d}i}{\mathrm{d}t}$ 表现为随时间不断增大的反电动势，通常大于 U，故为负值，即 i 在铁芯运动后迅速下降，直到铁芯停止运动，v 重新为零为止。根据这一阶段的电流波形，可诊断铁芯的运动状态，例如铁芯运动有无卡涩以及脱扣、释能机械负载变动的情况。

（3）触头分、合闸阶段。在 $t=t_2\sim t_3$ 时间段，铁芯已停止运动，$v=0$，i 的变化类似于式（3.19），但 $L=L_{\mathrm{m}}$（$s=s_{\mathrm{m}}$ 时的电感）时有

$$i=\frac{U}{R}(1-\mathrm{e}^{\frac{R}{L_{\mathrm{m}}}t}) \tag{3.21}$$

因 $L_{\mathrm{m}}>L_0$，故电流比第一阶段上升得慢。这一阶段是通过传动系统带动断路器触头分、合闸的过程。t_2 为铁芯停止运动的时刻，而触头则在 t_2 前后开始运动，t_3 为断路器辅助触头切除时刻，$t_3\sim t_0$ 或 $t_3\sim t_2$ 可以反映操动传动系统运动的情况。

（4）电流切断阶段。$t=t_3$ 时，辅助触头切断后，开关 K 随之断开，触头间产生电弧并被拉长，电弧电流 i 随之减小至零直至熄灭。

综合以上几个阶段情况，通过分析 i 的波形和 t_1、t_2、t_3、I_1、I_2、I_3 等特征值可以

分析出铁芯启动时间、运动时间、线圈通电时间等参数，从而得到铁芯运动和所控制的启动阀，铁闩以及辅助开关转换的工作状态，即可以监测出操动机构的工作状态，从而预告故障的前兆。例如 I_1、I_2、I_3 分别反映电源电压、线圈电阻以及电磁铁动铁芯运动的速度信息，可作为分析动作的参考。图 3.46 所示为国产 CY－1 型液压操动机构电流波形，其他操动机构与此类似。

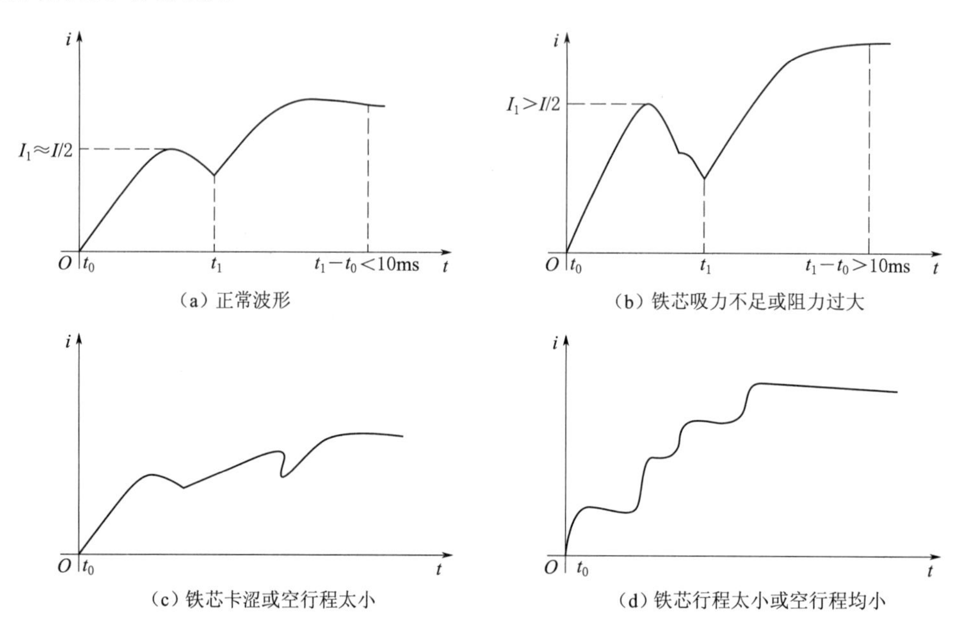

图 3.46　国产 CY－1 型液压操动机构电流波形

2. 断路器操动机构行程及速度的监测

通过对监测断路器触头运动的曲线进行分析，可判断是否出现机械故障。例如，监测分、合闸线圈的电压特性，可采用一种性能优异的隔离器——基于霍尔效应的霍尔器件，并根据磁场平衡原理制造的 LEM 电压变换器，直接把分、合闸线圈的直流 220V 电源电压转换为微机系统能接收的电平信号。LEM 电压变换器具有抗电磁干扰能力强、准确度高、线性度高的特点。

对断路器进行操动机构行程及速度的监测时，采用光电轴角编码器监测断路器主轴的分、合闸速度特性。由于断路器的动触头在分、合闸过程中的运动行程与主轴的转角之间的关系曲线近似为直线，所以测得断路器主轴的分、合闸速度特性，也可得到其动触头的速度特性。光电轴角编码器是一种数字式传感器，它采用圆光栅，通过测量分、合闸过程中光电轴角编码器输出的各个电脉冲信号的脉宽，即可得到断路器的分、合闸速度特性。

图 3.47 所示为某变电站一台断路器的分闸电压 u（已经软件换算为实际的电压值）和分闸速度 v（已经软件处理换算为动触头速度特性）与行程 s（用光电编码器输出的脉冲顺序数 N 代替表示）的实测数据经工业控制计算机处理打印输出的特性曲线。

由断路器的分闸电压特性曲线和分闸速度特性曲线可知断路器的操作电源系统和机械操动机构的运行情况；对断路器的历次动作特性曲线加以纵向比较分析，可对断路器的运行状态进行正确的判断分析，为实现断路器从预防维修到状态检修的转变提供了必要的依据。

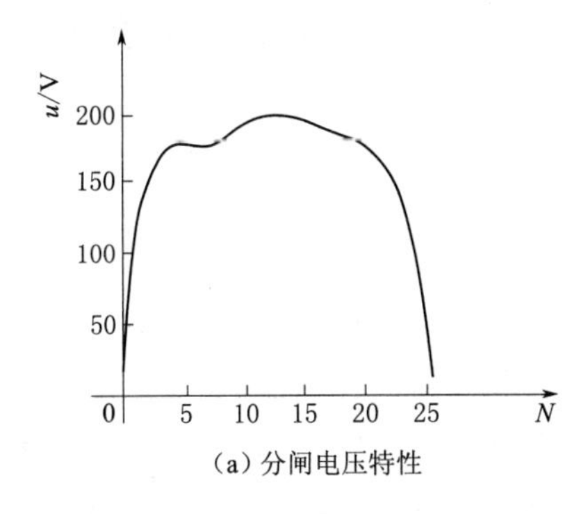

(a) 分闸电压特性

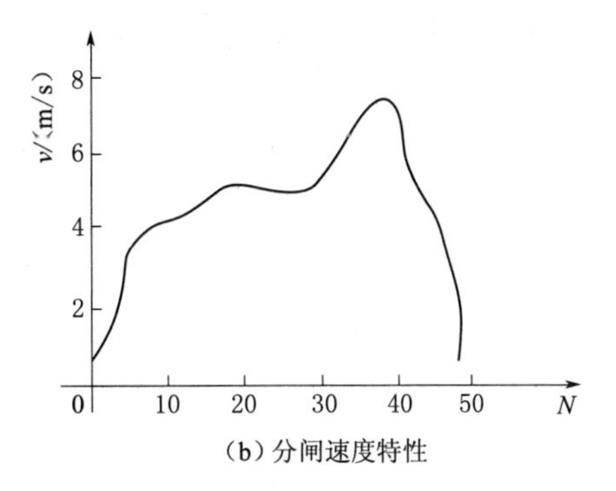

(b) 分闸速度特性

图 3.47 断路器机械特性试验曲线

断路器行程的监测可选用光栅行程传感器、电阻行程传感器等，若装在做直线运动机构上，可选用直线式行程传感器，若安装在操动机构的转动轴上则应选用旋转式传感器。传感器输出的脉冲信号经光电隔离、整形、逻辑处理、数据采集后可得到断路器操作过程中的行程—时间特性曲线，根据该特性曲线可计算出平均速度和分后、合前 10ms 内的平均速度。在线监测的困难在于行程传感器不能安装在动触头上，因此不能直接测得触头行程。

目前测量高压断路器的行程—时间特性多采用光电式位移传感器与相应的测量电路配合进行，常用的有增量式旋转光电编码器或直线光电编码器。旋转光电编码器安装在断路器操动机构的主轴上，通过传感器测量分（合）闸操作时动触头的运动信号波形，而直线光电编码器安装在断路器直线运动部件上。

旋转光电编码器是输入轴角位移传感器，采用圆光栅，通过光电转换，将轴旋转角位移转换成电脉冲信号。当输入轴转动时，编码器输出 A 相、B 相两路相位差 90°的正交脉冲串，正转时 B 脉冲超前 A 脉冲 90°，反转时 A 脉冲超前 B 脉冲 90°，如图 3.48 所示。

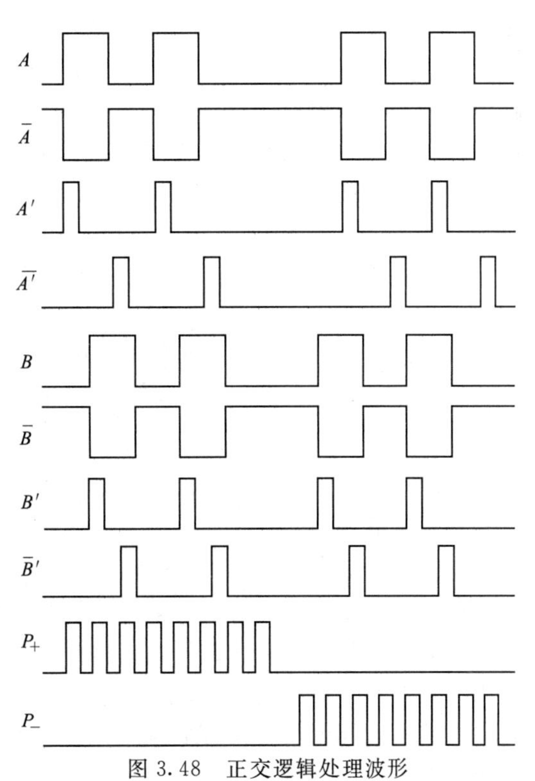

图 3.48 正交逻辑处理波形

采集 A 相、B 相两路脉冲，再对两相脉冲整形得到 A、$\overline{A}$、B、$\overline{B}$ 四路方波信号，这四路方波信号经过处理得到上升沿窄脉冲信号 A'、$\overline{A}'$、B'、$\overline{B}'$，再对窄脉冲信号进行运算处理，输出两路加减脉冲 P_+ 和 P_- 信号（P_+ 表示正转时的脉冲数，P_- 表示反转时的脉冲数），可得到 P_+ 和 P_- 的计算公式为

$$P_{+}=A'\overline{B}+\overline{A}'B+B'A+\overline{B}'\overline{A} \tag{3.22}$$

$$P_{-}=A'B+\overline{A}'\overline{B}+B'\overline{A}'+\overline{B}'A \tag{3.23}$$

两路加减脉冲信号经加减计数器计数，输出12位二进制编码，其值与断路器操作过程中动触头的运动过程相对应。

由于断路器种类繁多，脉冲数与行程的关系也很复杂，有的是线性关系，而有的又是非线性关系，这要根据具体断路器具体分析。

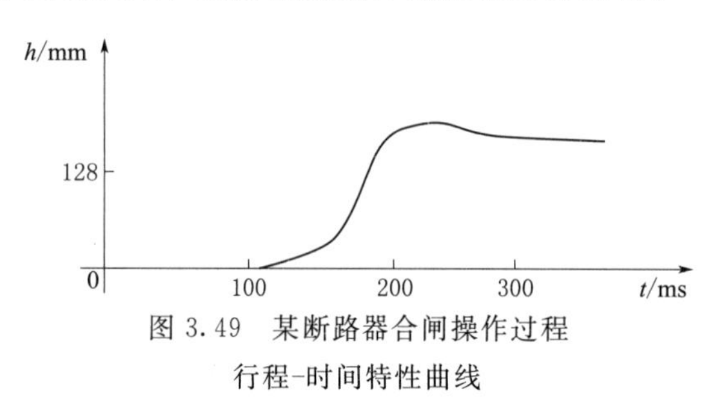

图3.49　某断路器合闸操作过程行程-时间特性曲线

如图3.49所示，利用分、合闸操作过程中动触头的行程-时间波形，可算出动触头分、合闸操作的运动时间、动触头行程、动触头运动的平均速度和最大速度、时间-速度曲线等参数，并且通过对两相信号的计数，能得到转轴转动的角位移的正负，从而可以测得断路器触头运动的反弹情况。

断路器在合闸过程中，动触头刚开始的行程是0，随着时间的增加，P_+（正向脉冲数）也相应增加，根据脉冲个数与行程的对应关系，则知断路器触头的行程也在增加，在某个时间只取得最大值。时间继续增加，P_-开始出现，说明触头出现了反弹。这样，P_+和P_-交替出现，这表示合闸快结束时触头出现了反弹。时间继续增加，P_+和P_-不再变化，说明合闸过程结束。所以，从P_+开始出现，到P_4和P_-都不再变化这段时间，是合闸时间。

把两个相邻的时间值相减，则得到采样间隔，再根据脉冲数与行程的关系，则得到采样间隔所对应的行程，用这段行程除以采样间隔，则得到该段行程对应的触头运动速度。当反弹开始出现时，计算方法与没有反弹出现时的情况一样。计算完所有采样间隔对应的触头运动速度，则得到触头运动的时间-速度曲线；取出最大值，则得到触头合闸过程中运动的最大速度。

用同样的方法，可以得到分闸过程触头运动的时间-速度特性曲线、分闸时间等参数。

3. 断路器振动信号的监测

监测断路器操作时发出的机械振动信号，也可用来诊断高压断路器机械系统的工作状态。因为高压断路器是一种瞬动式机械，在动作时具有高冲击度、速度运动快的特点。其动作的驱动力可达到数万牛以上，在几毫秒的时间内，动触头系统能从静止状态加速到每秒几米，加速到100倍于重力加速度的数量级。而在缓冲、制动的过程中，撞击更为强烈。这样强烈的冲击振动提供了更为敏感的信息，易于实现监测。

机械振动总是由冲击受力、运动形态的改变引起的。在断路器结构上，动作一般由操动机构的驱动器经过连杆机构传动，推动动触头系统。在一次操作过程中，有一系列的运动构件的启动、制动、撞击出现，这些状态的改变都在其结构构架上引起一个个冲击振动。振动经过结构部件传递、衰减，在传感器测量部位测到的是一系列衰减的冲击加速度波形。这些振动都可以找到与结构件的运动状态变化相应的关系，这就为在线监测与故障诊断提供了可能。

基于机械振动信号的断路器在线监测与诊断，作为一种间接的、不拆卸的诊断方法，已经成为国内外的研究热点。对于高压断路器，在通断操作过程中，内部主要机构部件的运动、撞击和摩擦都会引起表面的振动。振动是内部多种现象激发的响应，这些激发包括机械操作、电动力或静电力作用、局部放电以及 SF_6 气体中的微粒运动等。振动信号中包含丰富的机械状态信息，甚至机械系统结构上某些细微变化也可以从振动信号上发现。因此，以外部振动信号为特征信号，可以对高压断路器的机械状态进行监测。具体做法是在断路器适当部位，如具有较大的振动强度、较大的信噪比的部位，安装振动传感器（如加速度传感器）。当断路器进行通断操作时，采集振动信号经处理后作为诊断的根据。

监测振动信号的突出优点是振动信号的采集不涉及电气测量，振动信号受电磁干扰小，传感器安装于外部，对断路器无任何影响。同时，振动传感器尺寸小，工作可靠，价格低廉，灵敏度高，抗干扰好，特别适用于动作频繁的高压断路器的在线监测及不拆卸检修。

根据相似性原则，对于同一高压断路器，同种状态下的重复操作过程中，外部振动信号在一定范围内是稳定的，即采集的振动信号波形是相似的。将当前采集的振动信号与已知状态的振动信号进行比较，分析它们的相似程度，据此可做出相应的判断。

高压断路器是一种瞬时动作电器，平常处于静止状态，只是在执行分、合闸命令时才快速动作，从而产生强烈的振动，其振动信号有以下特点：

（1）振动信号是瞬时非平稳信号，不具有周期性。有效信号出现的时间非常短，通常在数十到数百毫秒。

（2）振动是由操动机构内部各构件的受力冲击和运动形态的改变引起的，在断路器的一次操作中，有一系列的构件按照一定的逻辑顺序启动、运动、制动，形成一个个振动波，沿着一定的路径传播，最终到达传感器的是一系列衰减振动波的叠加，不同的结构和不同的运动特性将产生不同的叠加波形。

（3）断路器的机构对振动信号的传递过程是复杂的，冲击（振源）位置与测量位置的变更都会显著地改变实测信号的特性。

4. 控制电流通过时间测量

监测断开、投入时的控制电流并测量通电时间，可监测断路器的特性，这就是控制电流通过时间测量，其原理如图 3.50 所示。

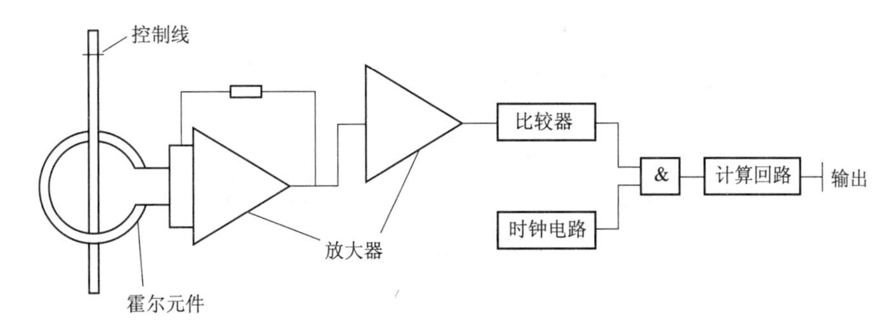

图 3.50　控制电流通过时间测量原理

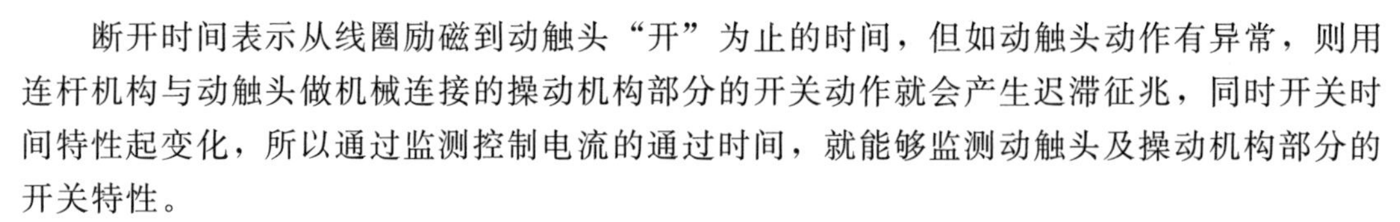

断开时间表示从线圈励磁到动触头“开”为止的时间，但如动触头动作有异常，则用连杆机构与动触头做机械连接的操动机构部分的开关动作就会产生迟滞征兆，同时开关时间特性起变化，所以通过监测控制电流的通过时间，就能够监测动触头及操动机构部分的开关特性。

3.3.3.5　温度特性在线监测

温度特性在线监测用于监测触头和外壳的异常温升。目前用于断路器触头温度在线测量的方法主要分为接触式测量和非接触式测量两种。

接触式测量所用到的传感器价格低廉、结构简单，但是需要与断路器触头附近的带电部分接触，会给测量装置引入高电压绝缘问题。而非接触式测量可以实现远距离测量，不需要与测量点接触。

非接触式温度测量的传感器主要有光纤温度传感器和红外温度传感器两种。光纤温度传感器由光纤和感温元件构成，它的原理是利用感温元件对光的吸收性随温度变化而变化的特性，将待测物体温度的变化转化为光信号的变化，再通过光监测电路及滤波电路输出模拟电压量。采用光纤温度传感器需要在测温点引出光纤电缆，而且光纤温度传感器的价格目前还是比较高，相对而言性价比较低。红外温度传感器原理是通过接收测量物体的电磁辐射，将辐射波长的变化转化成模拟电信号输出，其体积小、结构简单。综合比较，采用红外温度传感器能够实现远距离测量，对断路器本体结构不产生影响，在断路器触头温度测量中可行性高。外壳温度监测常采用的方法是比较两个以上测量点温度以监测异常过热，即外壳温度测量法，其原理如图 3.51 所示。

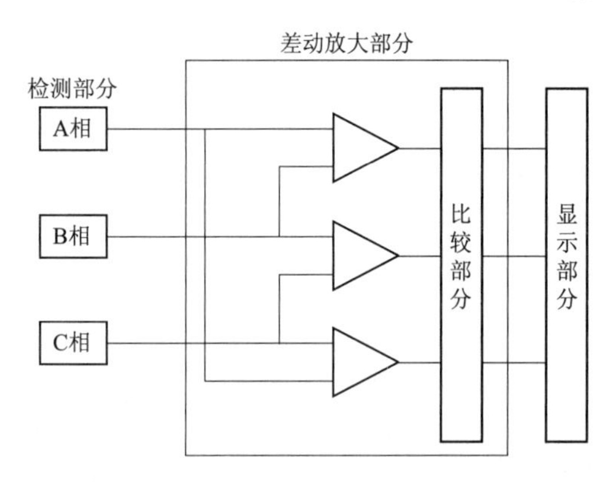

图 3.51　外壳温度测量法原理

温度传感器依次装在各相相同位置的测量点上，测量点位置如图 3.52 所示。测量的

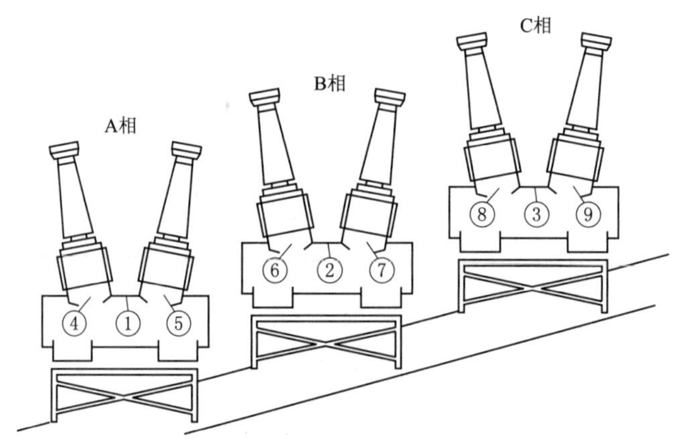

图 3.52　外壳温度测量点的位置

（注：圈内数字表示测量点的编号）

温度信号通过温度变换器输入数字运算部分，从而输出测量温度及同相的导体连接部分外壳温度差。传感器是和安装用磁铁成为一体的热电偶传感器，容易在箱体外壳上装拆。

除了内部导体温升引起发热外，外壳温度还取决于直射阳光引起的温升和风吹引起的冷却，所以要对测量位置予以注意，以使三相的条件相同，通过监测温度差，使其影响保持在最小限度。

3.3.3.6　真空断路器真空度在线监测

真空灭弧室的真空度因某种原因降低时，内部压力和闪络电压发生如图 3.53 所示的变化，这个现象称为巴申定律，当真空度为 13.3～133Pa 时，呈最低闪络值。巴申定律的范围是辉光放电领域，真空度监测基本上利用了这个现象。

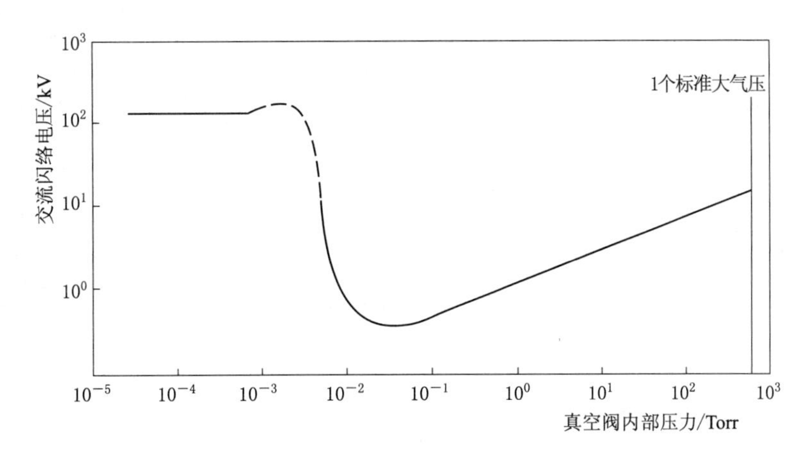

图 3.53　真空灭弧室内部压力和闪络电压

（注：1Torr＝133.322Pa）

真空度监测方法如下：

（1）耐压法，如图 3.54（a）所示。在真空灭弧室的断口间及对地绝缘施加试验交直流高压电，根据有无闪络现象（放电电流的大小）来判断真空度好坏。

（2）放电电流监测法，如图 3.54（b）所示。在真空度降低的状态下使真空断路器断开，因为真空灭弧室内部由于线路电压而呈导通状态，所以按照真空断路器负载侧的回路条件，将有放电电流流过。如果真空断路器的负载侧接有避雷器等电阻元件，就能够监测流过电阻元件的电流从而发出警报。用作电涌保护的 C－R 吸收器同样可用于监测放电电流。

（3）放电干扰监测法，如图 3.54（c）所示。该方法和放电电流监测法的原理相同，实际上是间接测量放电电流流过时发生的放电干扰。

（4）中间电位变化监测法，如图 3.54（d）所示。真空灭弧室多数具有中间保护屏（浮式屏）。当真空度降低时，真空灭弧室的中间保护屏电位会起变化，所以直接将电容器等接在中间保护屏上，就可以监测通过该电容的放电电压，并利用电压变化监测中间保护屏电位的变化（电场变化）。

（5）直接监测法，如图 3.54（e）所示。该方法是在真空灭弧室的某一处直接安装真空度监测传感器。直接测量真空度的传感器有离子泵元件、磁控管等单元等。监测放电的元件有放电间隙，监测尺寸变化的元件有膜片膜盒。

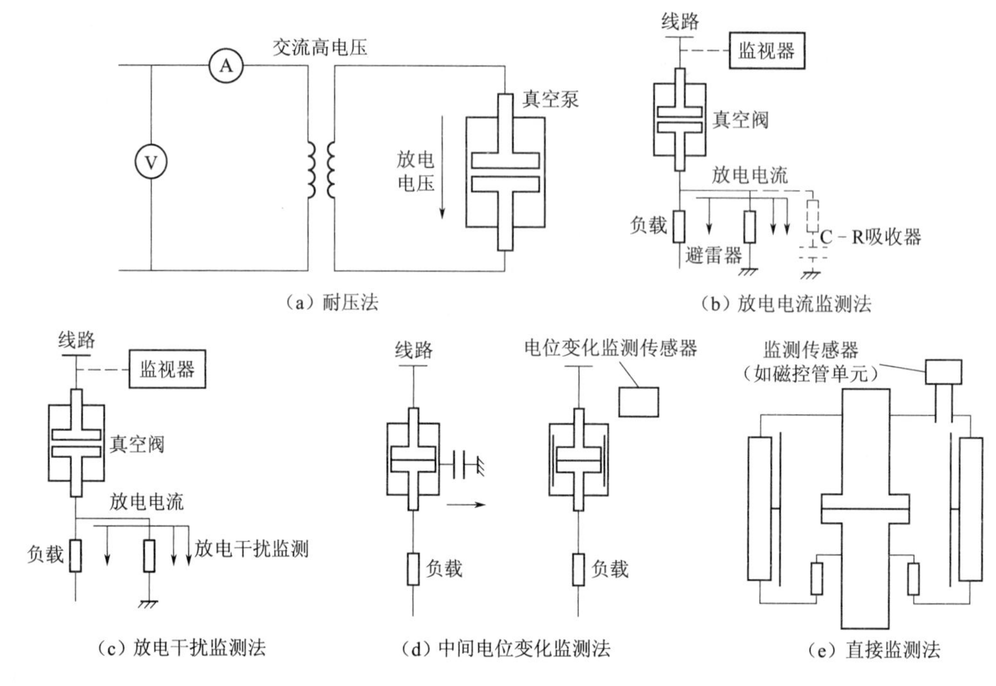

图 3.54　真空度检测方法

3.3.3.7　SF_6灭弧介质在线监测和触头电寿命诊断

1. SF_6灭弧介质的在线监测

绝缘性能、灭弧能力、密封性和 SF_6气体的微水含量是判断 SF_6断路器是否合格的主要指标。而 SF_6气体的密度值大小可以反映其灭弧能力和绝缘性。SF_6气体的微水含量对断路器的灭弧能力和绝缘性能有着重要的影响，当微水含量超标时，在断路器发生故障的情况下，SF_6气体会发生化学反应，分解出新的分解物，不仅会对断路器产生腐蚀，还会对人身安全带来威胁。因此，通过对 SF_6密度值、湿度值以及气体分解物的体积分数进行监测，可以实现对 SF_6断路器绝缘性能、气体泄漏等断路器内部故障情况的诊断。

(1) 气体压力监测。在常温条件下，通过气体压力值的大小的监测来监测密度值大小，进而间接反映出断路器的绝缘性能和开断能力。通过压力值大小的监测，还可对气体是否发生大量泄漏故障进行判断。当气体密度一定时，压力值随温度的变化而发生变化，因此，在进行压力值的在线监测时，必须对压力进行折算，将实测值转化到常温 20℃条件时的值，以避免因温度变化带来压力值变化的情况，产生误判断。值得注意的是，实测的压力值为被测断路器内气体的相对压力值，该值为被测气体的绝对压力值与所处环境压力值之差，因此，在环境压力值不为一个标准大气压的地区，还必须考虑不同环境压力值对所测压力值的影响。

(2) SF_6气体湿度监测。当一定水分混入 SF_6断路器时，在一定条件下会对 SF_6断路器的绝缘性能和灭弧能力带来严重影响，甚至威胁到人身安全。严格来讲，当气体相对湿度为30%时，运行中的SF_6断路器绝缘器件表面覆盖有SF_6电弧分解物。在SF_6气体所含水分较多时，受潮的固体分解物呈半导体特性，使绝缘子表面绝缘电阻下降，绝缘性能变差，甚至可能导致高压绝缘击穿；同时，水分的存在对电弧分解物的复合和断口间介质强度的恢复产生阻碍作用。随着条件的改变，SF_6气体中的水分会在高温下使SF_6气体发生分解，产生具有强酸性质的HF气体，腐蚀金属件或绝缘件。

(3) SF_6分解产物的在线监测。纯净的SF_6气体无色、无味、无毒，不会燃烧，化学性能稳定，常温下与其他材料不会发生化学反应。但随着条件的改变，SF_6气体将不再呈惰性。在高温放电作用下，会发生化学反应，产生低氟化合物，而该化合物会进一步与电极材料、水分等发生反应，生成有毒化合物。因此，对SF_6气体分解物的监测是必要的。在整个SF_6气体分解过程中，SF_6气体分解物的成分和体积分数受到以下主要因素的影响：电弧产生的能量大小、触头的电极材料、SF_6气体的微水含量、SF_6气体中O_2的含量以及断路器所采用的绝缘材料。其中，电弧产生的能量越大，SF_6气体分解物越多。触头的电极材料的金属蒸发量决定了气体分解产生的成分和体积分数，水分含量的多少对电弧分解物组成的含量有绝对的影响，这是因为水分的存在会在电弧放电过程中使SF_6气体发生大量的分解。对SF_6气体而言，O_2的含量对其影响较大。而之所以与绝缘材料也有关系，是因为断路器在运行过程中，绝缘材料会产生H_2O和O_2，进而与SF_6气体反应，产生微量的有毒分解物。

SF_6气体在放电环境下发生的化学反应过程较复杂，分解物中主要的气体为SO_2、H_2S和SF_6。根据主要气体分解物的体积分数，采用红外光谱原理的在线监测，可以判断出气体中水分的含量，并且对断路器内部故障做出故障诊断。由于断路器内部故障时局部故障严重性和过热程度的不同，SF_6气体发生分解的机理和分解物含量也不尽相同。

红外光谱监测的原理：光辐射在气体中传播时，由于气体分子对辐射的吸收、散射而衰减，因此可以利用气体对某一特定波段的吸收来实现对该气体的监测。光波入射到被监测区域的物体上，并在物体表面上反射，反射光沿着原来的光路，重新返回到监测设备处。由于被测气体与背景有不同的吸收率（反射率），被反射回探测器的光子数有不同的吸收率（反射率），被反射回探测器的光子数量不同，返回的数据被处理后，通过显示设备成像。

2. SF_6断路器触头电寿命诊断

我国SF_6断路器检修工艺对灭弧室解体检修的规定，都是以年限或某种等级的开断电流次数等作为依据的。也就是说，检修周期或临修次数与累计开断电流的大小有关。但是，单纯以累计开断电流作为判定触头健康状态的依据是不准确的。因为对于同一台断路器，虽然累计开断电流相同，但若单次开断的电流大小相差悬殊，则触头的电磨损程度会相差很大。因为对于一台断路器来说，其开断电流是随机的，不可能只开断一个或某几个等级的电流，累计电流和检修工艺中的定性规定都不能有效反映触头的烧损情况。

针对这一问题，采用触头累积电磨损量作为判断其电寿命的依据。利用任意开断电流下的等效电磨损曲线，将每次断路器的允许电磨损总量由其额定短路开断电流及允许开断满容量次数标定。

对于国产SF_6断路器，利用试验得到的断路器$N-I_b$曲线（即等效电磨损曲线）如图

3.55 所示，任意电流下的等效磨损次数与相对磨损量的换算关系，见表 3.9。表 3.9 中，N 为额定开断电流下的允许次数，I_N 为额定开断电流，I_b 为实际开断电流，括号内数的意义是：对应 I_b/I_N 百分比下的触头可开断次数。其余各任意开断电流下的相对磨损量可根据表 3.9 进行线性插值获得（小于 3%的额定电流，其磨损量按 3%额定电流的磨损量计算）。

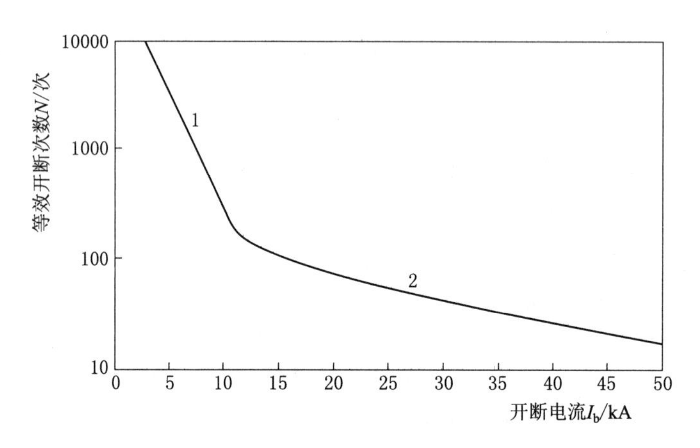

图 3.55　SF_6 断路器 $N-I_b$ 的曲线

1—$N=(49.5/I_b)^{3.46}$　($I_b<11$kA)；

2—$N=(223.5/I_b)^{1.76}$　($L\geqslant 11$kA)

表 3.9　　SF_6 断路器相对磨损量的换算关系

I_b/I_N/%	100	75	50	35	25	10	3
等效开断次数与额定开断次数比	1.00 (14)	1.65 (23)	3.30 (47)	6.30 (88)	11.40 (160)	199.00 (2786)	477.00 (6680)
相对磨损量	$1/N$	$606/1000N$	$303/1000N$	$159/1000N$	$88/1000N$	$5/1000N$	$2/1000N$

不同灭弧介质的断路器有不同的等效电磨损曲线，对 SF_6 断路器实施触头电寿命诊断建立在累计效应和统计平均的基础上。由于燃弧时间及其他随机因素的影响，对每一次任意开断来说，上述所算得的电磨损可能是不准确的。但大量的试验及运行经验证明，当开断次数达到一定值后，其平均燃弧时间是趋近的，即随机因素对燃弧时间分散性的影响从累计的角度考虑是可以忽略不计的。因而对断路器使用寿命期间的成百上千次开断而言，只需考虑每次所开断的电流量。

需要指出的是，按灭弧介质将电磨损曲线分类显然是粗略的，因为即使是同一个厂家生产的断路器，其电压等级和生产时期不同，灭弧过程的磨损规律也会有某些差异。即使这样，与仅考虑累计电流的方法相比已进了一步。更细致、更精确的分类与诊断判据还有待今后运行过程中不断积累。

3.4 电力电缆在线监测

3.4.1 概述

电力电缆常用于城市地下电网、发电站的引出线路，工矿企业的内部供电以及过江、过海的水下输电线。在电力线路中，电缆所占的比重正逐渐增加。通常的电力电缆是由导电线芯、绝缘、护套、屏蔽层、铠装等部分组成。导电线芯常用铜或铝；绝缘和护套常用有机绝缘材料，如黏性油纸、橡胶、塑料、交联聚乙烯等，对于更高电压等级的电缆，可以采用充油或充气绝缘；屏蔽层常用半导体材料，在电缆中起到均匀电场的作用；铠装是为了保护电缆的绝缘免受外力的损伤，常用钢带、钢丝、铅套、铝套等作为铠装层。

电缆按导电线芯的数量和形状可分为单芯电缆、三相圆芯电缆、三相扇形电缆、四芯扇形电缆等，如图 3.56 所示。

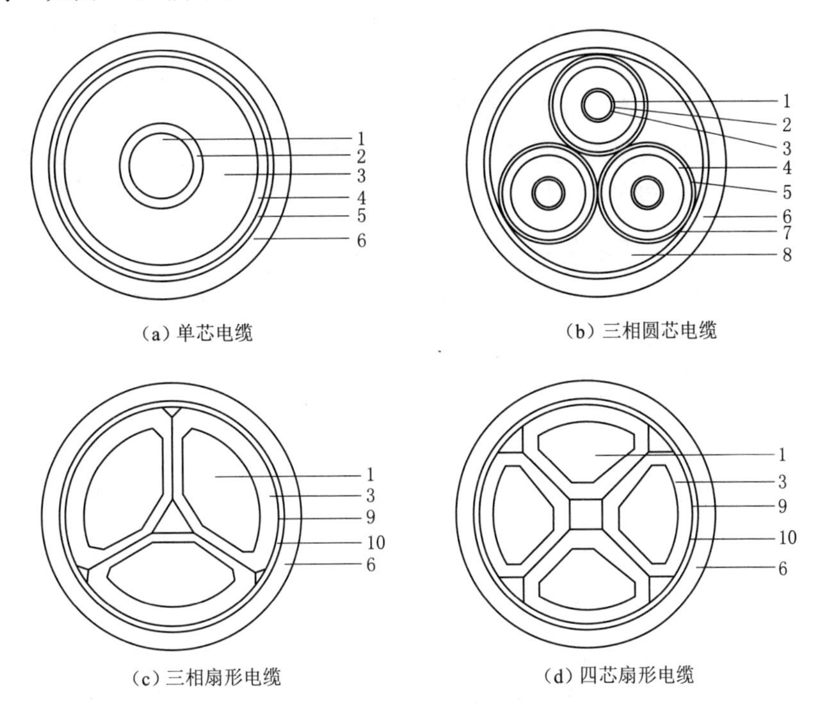

图 3.56 典型电缆结构示意图

1—导线；2—内屏蔽；3—绝缘；4—外屏蔽；5—金属屏蔽；6—护套；7—包带；8—填充；9—分色带；10—统包绝缘

在电力系统中常将电缆按绝缘材料分为油纸绝缘电缆、橡塑绝缘电缆、充油电缆、充气电缆等。随着绝缘材料和制造工艺的发展和技术的进步，油纸绝缘电缆已经逐步退出运行，橡塑绝缘电缆的使用量逐年增加，特别是交联聚乙烯电缆近年来已经成为中高压交直流输电系统中的主要品种。交联聚乙烯电缆由于其电气性能和耐热性能都很好，传输容量较大，结构轻便，易于弯曲，附件接头简单，安装敷设方便，不受高度落差的限制，特别是没有漏油和引起火灾的危险，因此得到广泛应用。

3.4.2 电力电缆的运行特性及绝缘老化

电力电缆在长期运行过程中，易受到电场、热效应、机械应力、化学腐蚀以及环境条件等因素的影响，其绝缘品质将逐渐劣化。同时由于电力电缆敷设于地下，一旦出现故障，定位将十分困难并需要花费大量的人力、物力和时间，甚至会造成较大的停电损失。为提高供电的可靠性，减少经济损失，对电力电缆应采用准确的故障监测技术和必要的在线监测技术，及时发现并解决问题。

引起电缆绝缘故障的原因是多方面的，如果电缆的制造质量好（包括线芯绝缘、护层绝缘所用的材料及制造工艺、附件接头制造工艺）、运行条件合适（包括负荷、过电压、温度及周围环境等），而且不受外力等因素的破坏，则电缆绝缘的寿命相当长。国内外的运行经验表明，制造、敷设良好的电缆，运行中的事故大多是由于外力破坏（如开掘、挤压而损伤）或地下污水的腐蚀等所引起的。由于电缆材料本身和电缆制造、敷设工程中不可避免地存在缺陷，受运行中的电、热、化学、环境等因素的影响，电缆的绝缘会发生不同程度的老化，不同的老化因素引起的老化过程及形态也不同。交联聚乙烯电缆绝缘老化的原因和表现形态见表3.10，其中树枝老化是交联聚乙烯电缆所特有的。所谓水树枝和电树枝是指在局部高电场的作用下，绝缘层中水分、杂质等缺陷呈现树枝生长，最终导致绝缘击穿；所谓化学树枝是指绝缘层中的硫化物与铜导体产生化学反应，生成 CuS 和 CuO 等物质，这些生成物在绝缘层中呈树枝状生长。

表3.10　交联聚乙烯电缆绝缘老化的原因及表现形态

老化原因		老化形态
电效应	运行电压，过电压，过负荷，直流分量	局部放电老化，电树枝老化，水树枝老化
热效应	温度异常，冷热循环	热老化，热—机械老化
化学效应	化学腐蚀，油浸泡	化学腐蚀，化学树枝
机械效应	机械冲击，挤压，外伤	机械损伤、变形，电—机械复合老化
生物效应	动物啃咬，微生物腐蚀	成孔，短路

电缆的故障不是一下发展起来的，而是长期绝缘老化的结果，最终导致绝缘击穿。水树枝老化被认为是造成交联聚乙烯电缆在运行中被击穿的主要原因。在电缆设计制造阶段可能存在缺陷、微孔和水分，由于缺陷或微孔处的电场畸变，会导致在较低的电压下引发水树枝，这便是交联聚乙烯电缆绝缘中水树枝的引发原因及生长特征。水树枝的生长相对较慢，但伴随水树枝生长，水树枝尖端的电场将愈加集中，局部高电场强度最终会导致水树枝尖端产生电树枝。电树枝一旦形成，即可能造成电缆绝缘层在短期内被击穿。研究发现，许多交联聚乙烯电缆在电力线路遭到雷击后较短时间即发生击穿停电事故，对这些电缆绝缘解剖分析发现，在水树枝尖端有不同程度的电树枝出现。分析表明，当水树枝长到一定程度时，如电力线路遭到雷击，大气过电压会在水树枝尖端形成较大瞬态电流，该电流在树枝中的损耗会造成水树枝微孔内水分温度的急剧上升甚至汽化，产生较大压力，会使水树枝尖端处的交联聚乙烯分子链断裂从而引发电树枝。雷电流导致含水树枝交联聚乙烯电缆绝缘层在短时间内有被工频运行电压击穿的可能。

3.4.3 直流成分在线监测

3.4.3.1 直流分量法

由于交联聚乙烯电缆中存在着树枝老化（水树枝、电树枝、化学树枝）绝缘缺陷，它们在交流正、负半周表现出不同的电荷注入和中和特性，在长时间交流工作电压的反复作用下，水树枝的前端积聚了大量的负电荷，树枝前端所积聚的负电荷逐渐向对方漂移，这种现象称为整流效应。由于整流效应的作用，流过电缆接地线的交流电流便含有微弱的直流成分，监测出这种直流成分即可进行劣化诊断。用图 3.57 所示的在线监测回路可在交联聚乙烯电缆系统中监测到电缆线芯与屏蔽层的电流中极小的直流分量。

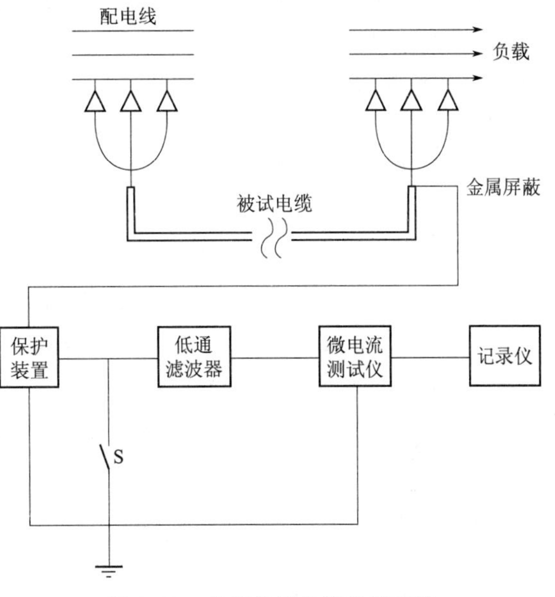

图 3.57 直流分量在线监测回路

研究表明，水树枝发展得越长，直流分量也就越大，而且交联聚乙烯电缆的直流分量 I_{dc} 与直流泄漏电流及交流击穿电压间往往具有较好的相关性，如图 3.58 和图 3.59 所示。在线监测出 I_{dc} 增大时，水树枝发展，直流泄漏电流增大，这样的绝缘劣化过程会导致交流击穿电压的下降。

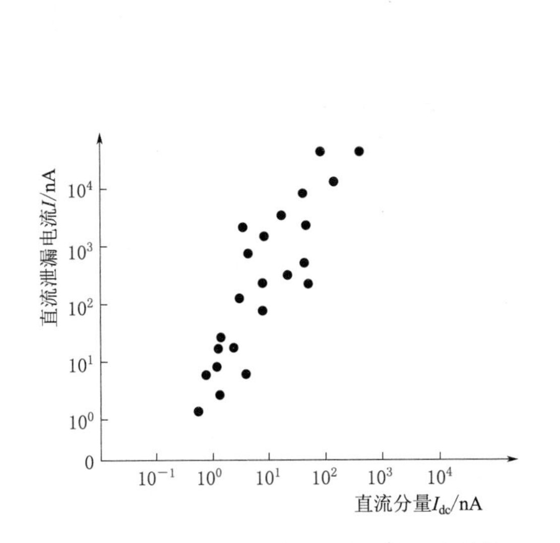

图 3.58 直流分量与直流泄漏电流的相关性

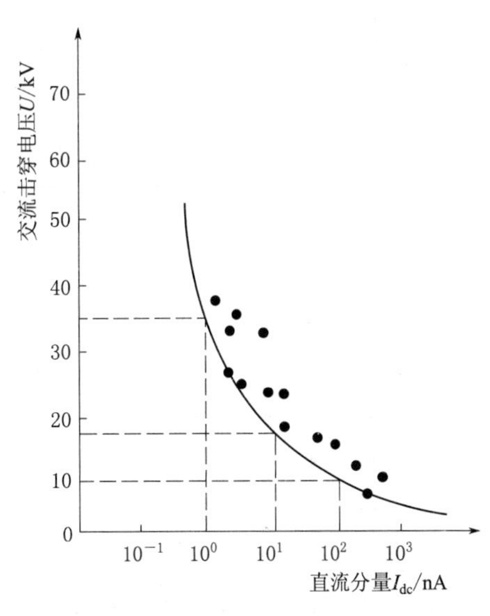

图 3.59 直流分量与交流击穿电压的相关性

直流分量法测得的电流极微弱，有时也不太稳定，微小的干扰电流就会引起很大误差。研究表明，这些干扰主要来自被测电缆的屏蔽层与大地之间的杂散电流，因杂散电流及真实的由水树枝引起的电流均经过直流分量装置，以致造成很大误差。可以考虑采取旁路杂散电流或在杂散电流回路中串入电容将其阻断等方法。

目前国外将用直流分量法测得的值分为大于 100nA、1～100nA、小于 1nA 三档，分别表明绝缘不良、绝缘有问题需要注意、绝缘良好。

3.4.3.2　直流叠加法

在接地电压互感器的中性点处加进低压直流电源（通常为 50V），使该直流电压与施加在电缆绝缘上的交流电压叠加，从而测量通过电缆绝缘层的微弱的纳安级直流电流或其绝缘电阻。直流叠加法测量原理如图 3.60 所示。

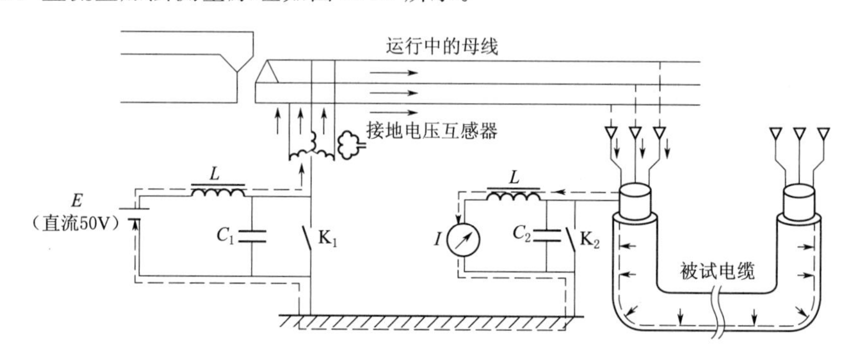

图 3.60　直流叠加法测量原理图

由于直流叠加法是在交流高压上再叠以低值的直流电压，这样在带电情况下测得的绝缘电阻与停电后加直流高压时的测试结果很相近。但绝缘电阻与电缆绝缘剩余寿命的相关性并不很好，分散性相当大。绝缘电阻与许多因素有关，即使同一条电缆，也难以仅靠测量其绝缘电阻值来预测其寿命。

国外对直流叠加法在线监测的研究中已经积累了大量的数据。表 3.11 为日本目前通用的直流叠加法测量绝缘电阻的判断标准。

表 3.11　日本目前通用的直流叠加法测量绝缘电阻的判断标准

测定对象	测量数据/MΩ	评　价	处理建议
电缆主绝缘电阻	>1000	良好	继续使用
	100～1000	轻度注意	继续使用
	10～100	中度注意	密切关注下使用
	<10	高度注意	更换电缆
电缆护套绝缘电阻	>1000	良好	继续使用
	<1000	不良	继续使用，局部修补

对于中性点固定接地的三相系统，也可采用在三相电抗器中性点加进低压直流电源的直流叠加法对电缆绝缘性能进行在线监测。

3.4.4　电缆介质损耗角正切值在线监测

对电缆绝缘层介质损耗的正切值 $\tan\delta$ 的在线监测方法，与电容型试品的在线监测 $\tan\delta$ 方法很相似。对多路电缆进行 $\tan\delta$ 巡回监测时，仍常由电压互感器处获取电源电压的相位来进行比较，原理图如图 3.61 所示。

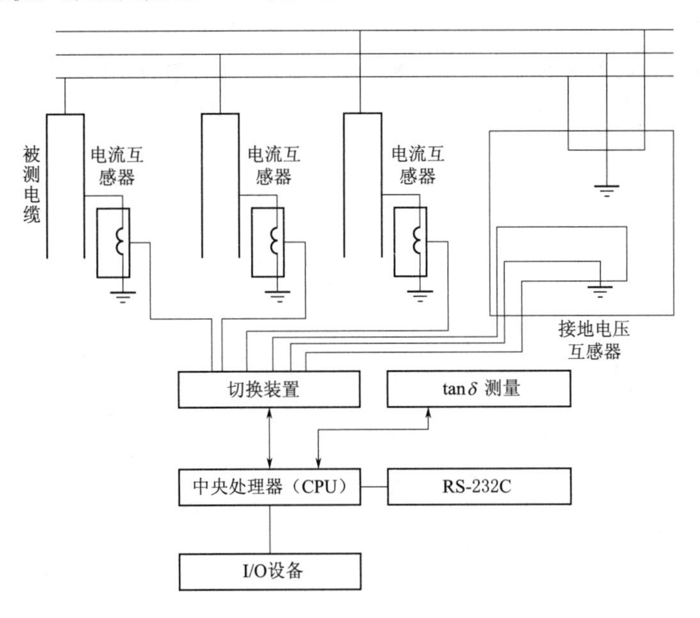

图 3.61 多路巡回监测 tanδ 监测原理图

通常认为，发现集中性的缺陷采用直流分量法较好，因为 tanδ 值往往反映的是普遍性的缺陷，个别较集中的缺陷不会引起整根长电缆所测到的 tanδ 值的显著变化。由图 3.62 可见，电缆绝缘中水树枝的增长会引起 tanδ 值的增大，但分散性较大。同样，在线测出 tanδ 值的上升可反映绝缘受潮、劣化等缺陷，交流长时间击穿电压会降低，其间的关系如图 3.63 所示，同样具有一定的分散性。

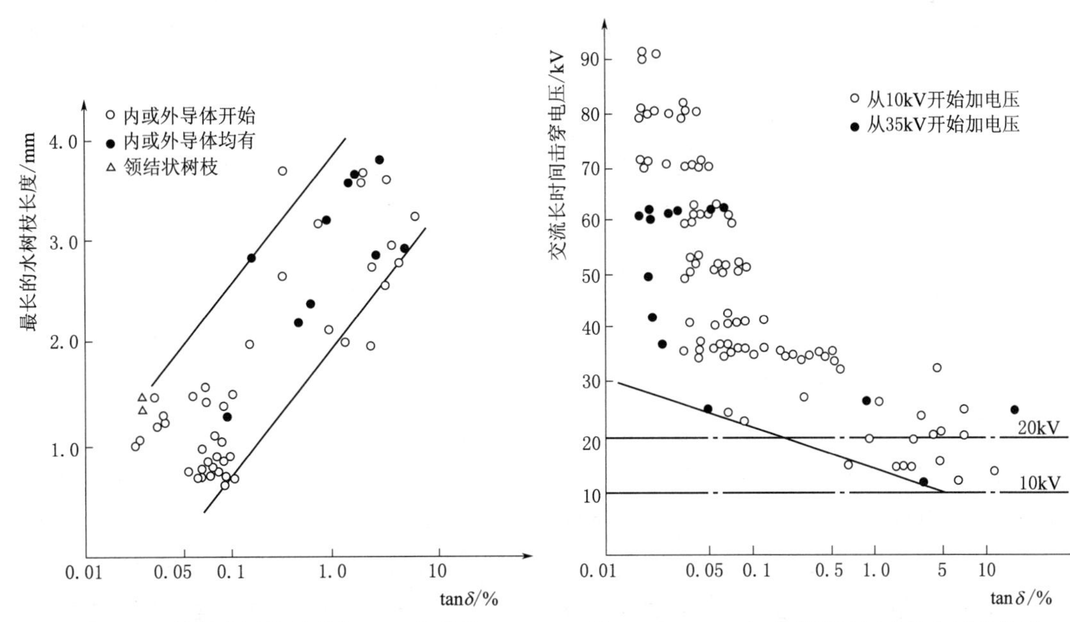

图 3.62 最长水树枝长度与 tanδ 的关系

图 3.63 tanδ 与交流长时间击穿电压的关系

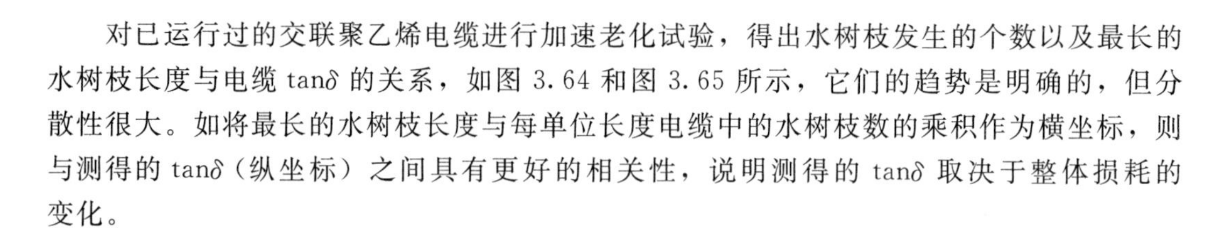

对已运行过的交联聚乙烯电缆进行加速老化试验，得出水树枝发生的个数以及最长的水树枝长度与电缆 tanδ 的关系，如图 3.64 和图 3.65 所示，它们的趋势是明确的，但分散性很大。如将最长的水树枝长度与每单位长度电缆中的水树枝数的乘积作为横坐标，则与测得的 tanδ（纵坐标）之间具有更好的相关性，说明测得的 tanδ 取决于整体损耗的变化。

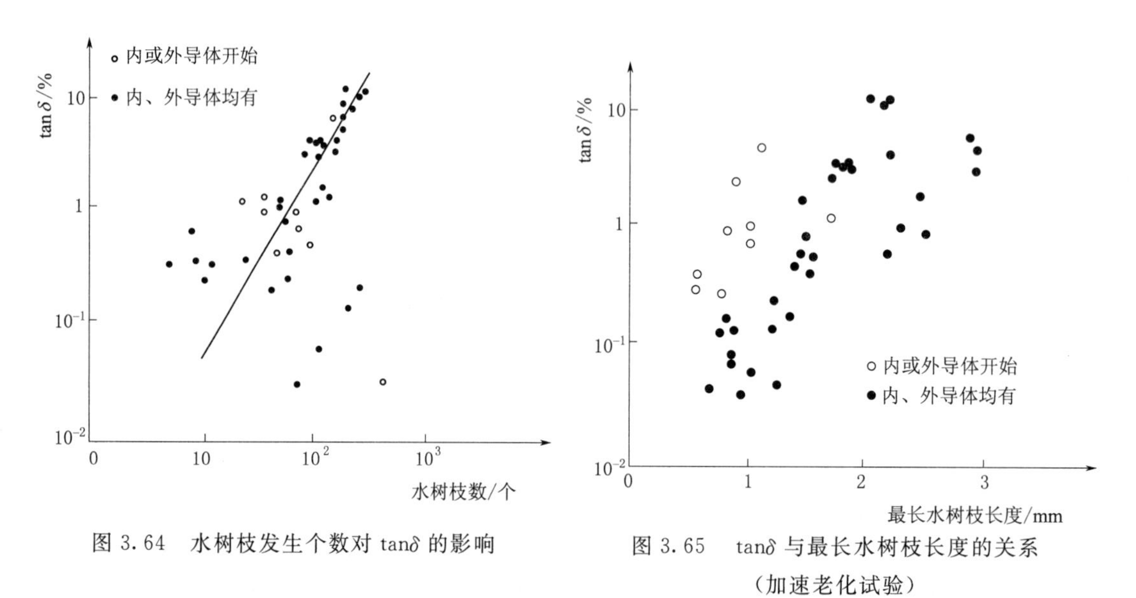

图 3.64　水树枝发生个数对 tanδ 的影响

图 3.65　tanδ 与最长水树枝长度的关系（加速老化试验）

由于交联聚乙烯电缆绝缘电阻很小，测量 tanδ 易受影响，而 tanδ、击穿电压和电容增量之间有较好的相关性，可改为测量流过接地线的电容电流增量的方法。该方法简便易行，只要在接地线上套以电流传感器即可实现，但这时另一端电缆终端接地线在测量时需要临时断开。

3.4.5　低频电流在线监测

由于水树枝的存在，除了直流成分外，在电缆的充电电流中还含有低频成分，其频率在 10Hz 以下，特别是在 3Hz 以下的幅值较大，因此可以考虑在电缆接地线中接入监测装置，由测得的低频电流进行诊断。该低频电流一般是纳安数量级，对监测装置的要求很高。

低频叠加法是在电缆导体上施加一个低频交流电压（7.5Hz、20V），从接地端检出的低频电流中分离出与电压同相位的有功电流分量，从而求得绝缘电阻。试验证明，对未贯穿的水树枝造成的绝缘性能下降，采用这种方法可以进行监测。

该方法之所以要采用 7.5Hz 的低频交流电压，其原因和测量 tanδ 时降低测试电压频率相同，即电源频率 ω 减小，电容性电流分量 $I_{\mathrm{c}}=U_{\mathrm{w}}C$ 也随之减小，而电阻性电流大小没有变化，从而使得从总电流中分离有功电流分量更加容易，测量结果的相对误差也会较小。同时，采用 20V 的电压幅值，也是在保证有足够的电流响应值的基础上尽量不对电网和负载造成太大影响。

低频叠加法原理如图 3.66 所示。低频叠加法对于监测因水树枝引起的绝缘老化是一种较好的方法，从原理上来说所监测到的交流损失电流是随着劣化的发展而变大的。但在使用中应认真确认电缆端部的工作状态，例如为调整端部电场分布而装有应力环时，即使电缆绝缘良好，交流损失电流也较大，那么仅根据在线监测的信号，就可能做出绝缘不良的误判断。

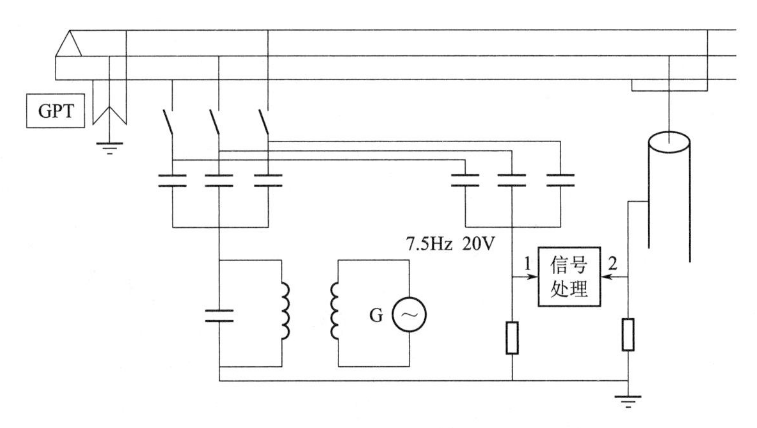

图 3.66 低频叠加法原理图

1—基准信号；2—监测信号；GPT—接地电压互感器

3.4.6 电缆局部放电在线监测

电缆局部放电在线监测的主要问题有三方面：一是传感器很难接触到带电导体甚至不易接触到金属护套；二是传感点分布在长电缆上，因此监测的信号的传输过程易受干扰；三是干扰信号的存在。除以上问题外，由于电缆本体带有外屏蔽层，如何取得局部放电信号也是一个现实的问题，一般电缆局部放电所用传感器只能布放于接头位置。常用的电缆局部放电在线监测手段有电容耦合法和电感耦合法。

3.4.6.1 电容耦合法

电容耦合法也是电测法的一种，其具体的方法是从距离接头比较近的地方取一段电缆，把电缆的外护套绝缘层去掉，电极是在外半导电层的表面裹上一导电体，这样就构成了容性电极，在发生放电时就可以通过耦合测量脉冲电流信号。电容耦合法如图 3.67 所示，两个阻抗（同轴电缆和绝缘层）是并联在一起的，这种测量方法的最大优点就是不会损坏外半导电层和电缆绝缘层，而且对电缆信号传输几乎没有干扰。传感器的信号噪声比与剥去护套的长度、金属箔和护套之间的长度以及金属箔长度这三者之间是有关联的，通过调整可以得到理想的信噪比。

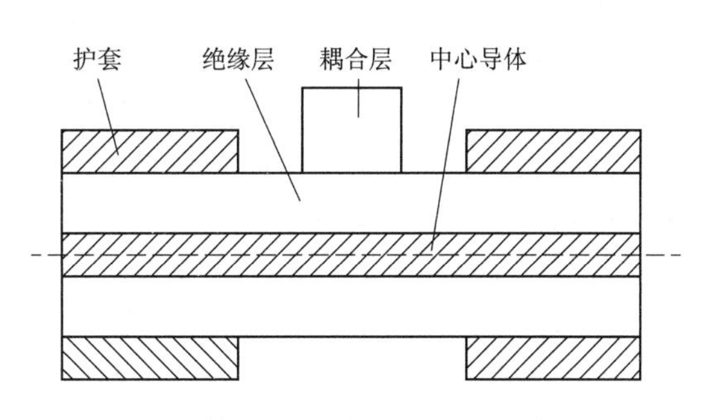

图 3.67 电容耦合法示意图

常用的电容耦合传感器有内置式和外置式。与内置式相比较，外置式更有优势，外置

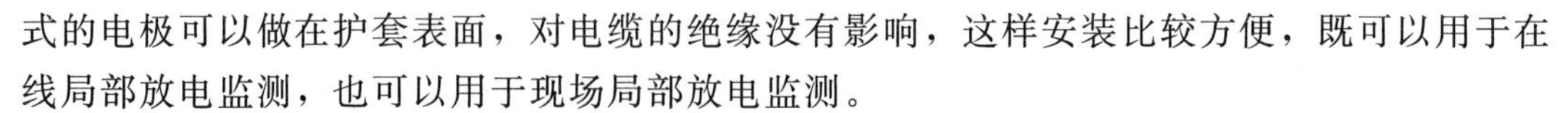

式的电极可以做在护套表面，对电缆的绝缘没有影响，这样安装比较方便，既可以用于在线局部放电监测，也可以用于现场局部放电监测。

3.4.6.2　电感耦合法

罗戈夫斯基线圈（Rogowski coil，简称罗氏线圈）又称空心线圈、磁位计，广泛用于脉冲和暂态大电流的测量。

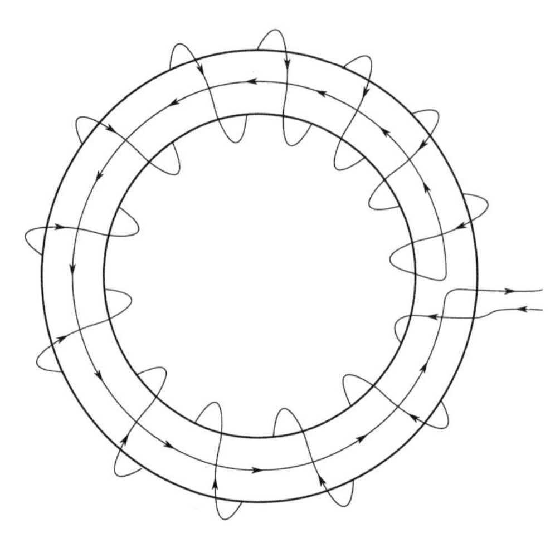

图3.68　罗氏线圈传感头回绕方法示意图点

罗氏线圈是均匀缠绕在非磁性骨架上的线圈，围绕在导体外，用来测量流过导体的电流，最简单的就是空心圆环。罗氏线圈电流传感器主要由罗氏线圈传感头和后续信号处理电路两部分组成。其中传感头是测量元件的信号感应环节，通过空间中电磁场的捕获，与被测电流建立耦合关系。它的基本结构是将导线均匀缠绕在非磁性骨架芯上，并在线圈两端接上终端电阻，经后续处理还原电路后，就可以测量脉冲大电流。在加工罗氏线圈传感头时，要求必须回绕一周，即沿着任意闭合曲面环绕线圈，当绕到终点后再回绕到起点，如图3.68所示。

罗氏线圈的结构特征是回绕结构。所谓回绕结构，是为了抵消掉垂直于罗氏线圈平面的干扰磁场在绕组中产生的感应电压而设置的。如果罗氏线圈没有回绕结构，由于小线匝彼此顺串，沿着绕制线圈的循环方向便形成一匝大线匝，这是不希望的额外线匝。绕制一圈与大线匝相反的回线，根据电磁感应定律可知，便可基本抵消掉垂直干扰磁场的影响。因此，回线的绕制要求穿过骨架中心，才可以认为基本抵消掉垂直干扰磁场的影响。如何获得耦合关系更稳定、信号强度更高的传感头及提高制作工艺是目前研究的重点。除回绕结构以外，罗氏线圈传感头的绕线要均匀、对称，实现对被测电流磁场的稳定耦合关系。

罗氏线圈测量电流的理论依据是电磁感应定律和安培环路定律，将导线缠绕于一个非磁性的具有相同截面积的环形闭合骨架上，当被测载流导体从骨架中心穿过时，由电磁感应定律可知线圈的两端会感生出与电流变化率成比例的电压，表达式为

$$e(t)=-N\frac{\mathrm{d}\phi(t)}{\mathrm{d}t} \tag{3.24}$$

根据安培环路定律，有$\oint H(t)\mathrm{d}l=i(t)$和$\phi=BA=HA$，可得

$$e(t)=-\mu_0 NA\frac{\mathrm{d}i(t)}{\mathrm{d}t}=-M\frac{\mathrm{d}i(t)}{\mathrm{d}t} \tag{3.25}$$

式中　M——线圈与被测电流的互感；

　　N——线圈匝数；

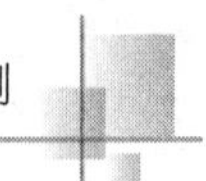

A——骨架截面积；

μ_0——真空中的磁导率；

$e(t)$——感应电压；

$i(t)$——被测电流；

B——磁感应强度。

式（3.22）表明：被测电流与线圈感应电压之间是微分关系，线圈实质上相当于一个微分环节。为了准确地再现电流波形，必须建立传感头的精确等效电路模型，如图3.69所示。针对传感头等效电路，对感应电压 $e(t)$ 进行精确积分还原。

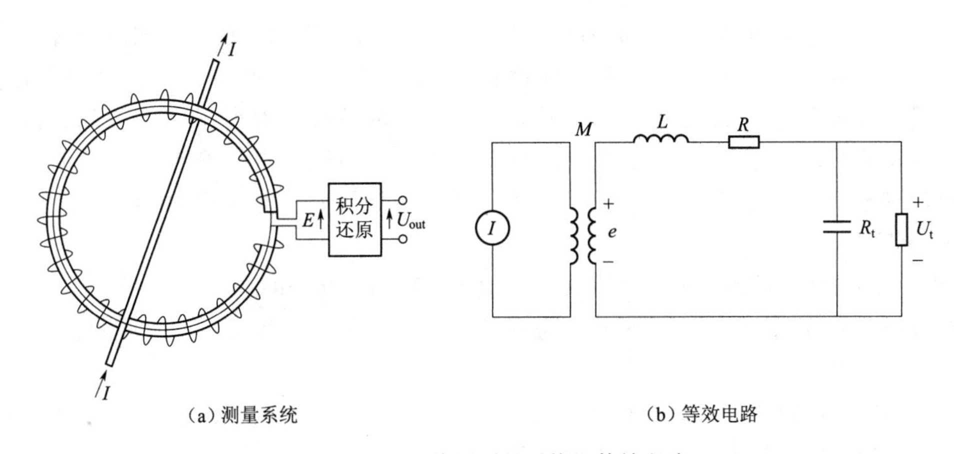

(a) 测量系统　　(b) 等效电路

图3.69　罗氏线圈测量系统和等效电路

根据罗氏线圈原理生产的电磁耦合传感器也分为内置式和外置式。外置式和内置式的不同主要体现在大小有所差异、安装位置不同两方面。外置式的传感器尺寸比内置式大，抗干扰性也不如内置式；但在灵敏度方面，内置式低于外置式。外置式传感器安装比较复杂，所以大多设计成开口，方便携带。同时开口式的设计在一定程度上降低了安装难度，直接打开口，套在电缆本体外部，这样就可以通过传感器监测到通过电缆的电流信号。

3.4.7　电缆的故障定位

3.4.7.1　电缆故障的类型

当电缆发生故障时，初步确定电缆故障位置起决定作用的参数为特征阻抗和波速度。电缆的特性阻抗 Z 表示导线某一点上特性电压与特性电流之比，它不受位置和时间的限制，只与电缆结构、绝缘材料和导体材料有关。脉冲电压波从电缆一端传到另一端需要一定时间，波速度 v 是电缆长度与传播时间之比。

如果在运行和测试状态下电缆特性参数均无变化，即可认为这条电缆无故障，但只要电缆某个位置存在特性阻抗发生变化的情况，电缆的均匀性就会受到影响，由此可判断电缆出现故障。

由于电缆的绝缘材料、运行方式、工作电压等不同，导致了大量的各种电缆故障。电缆故障按故障电阻值分为高阻故障和低阻故障，传统上把电缆故障点的直流电阻大于电缆特性阻抗称为高阻故障，反之则称为低阻故障；按故障性质主要分为接地故障、短路故障、开路故障、闪络故障和综合故障。

（1）接地故障。电缆一线芯或多线芯接地而发生的故障称接地故障。当电缆绝缘由于各种原因被击穿后就会发生接地故障，按脉冲反射仪测试波形划分，一般接地电阻在 1kΩ 以下为低阻接地故障，1kΩ 以上为高阻接地故障。

（2）短路故障。电缆线芯之间绝缘完全破损形成短路而发生的故障，称为短路故障。一般线芯之间电阻 $R_F<10\Omega$。

（3）开路故障。电缆一线芯或多线芯断开而发生的故障，称为开路故障。开路故障通常是由于电缆线芯被短路电流烧断或外力破坏引起。

（4）闪络故障。电缆进行试验时绝缘间隙放电，造成绝缘击穿，为击穿故障；在某种情况下，绝缘击穿后又恢复正常，即使提高试验电压也不再击穿，为封闭性故障。此时电缆存在故障，但该故障点没有形成通道，这两种故障都属于闪络故障。该故障大多数情况发生在电缆接头或终端内，主要表现为：当试验电压升到某一值时，电缆泄漏电流突然升高，并且测量表针呈规律性摆动，降低电压时该现象消失，测量绝缘电阻值仍很高。

（5）综合故障。同时具有上述两种以上故障的称为综合故障。

在进行电缆故障探测时，先要进行电缆故障性质判断，通常是将电缆脱离供电系统，并按下列步骤测试：

（1）用绝缘电阻表测量每相对地绝缘电阻，如绝缘电阻为零，可用万用表或双臂电桥进行测量，以判断是高阻接地还是低阻接地。

（2）测量两相之间的绝缘电阻，以判断是否是相间故障。

（3）将另一端三相短路，测量其线芯直流电阻，以判断是否有开路故障。

3.4.7.2　电缆故障定位

1. 电缆故障探测方法

早期的电缆故障探测方法有电桥法、脉冲法、驻波法等，这些方法只能用于测试低阻接地故障。后来发展了一些专用的自动、半自动化的电缆故障探测仪，采用的方法主要为低压脉冲法、高压闪络法和脉冲电流法。低压脉冲法可测试电缆中出现的开路故障、相间或相对地的低阻接地故障；高压闪络法和脉冲电流法可用于测试高阻接地故障。

（1）低压脉冲法。低压脉冲法是依据均匀传输线中波传播与反射的原理，将被测电缆看作是一均匀传输线，它每一点的特性阻抗是相等的，当从电缆一端发射一低压脉冲波时，由于故障点的特性阻抗发生了变化，电磁波传播到该点处就发生折反射现象，反射电压 U_e 与入射电压 U_i 满足关系式

$$U_e=\frac{Z-Z_c}{Z+Z_c}U_i=\beta U_i \tag{3.26}$$

式中　Z_c——电缆的特性阻抗；

　　Z——电缆故障点的等效波阻抗。

对于低阻接地故障，若故障点对地电阻为 R，则该点的等效波阻抗 $Z=R\ /\!/\ Z_c$；对

于开路故障，若故障电阻为 R，则该点的等效阻抗 $Z=R+Z_c$。

由此可见，当 $-1<\beta<0$ 时，说明低阻抗点存在反射波，且反射波与入射波反极性。R 越小，$|\beta|$ 越大，$|U_e|$ 越大，当 $R=0$，即为短路故障时，$\beta=-1$，$U=-U_i$，即电压波在短路故障点产生全反射。当 $0<\beta<1$ 时，说明开路故障点也存在反射波，且反射波与入射波同极性。R 越大，$|\beta|$ 越大，$|U_e|$ 越大，当 $R=\infty$，即为断线故障时，$\beta=1$，$U=U_i$，电压波在断线故障点产生开路全反射。

实际用仪器测试低阻接地故障、开路故障时，可由仪器内产生周期为 0.1～2μs、幅值大于 120V 的低压脉冲，在 t_0时刻加到电缆故障相一端。此时脉冲以速度 v 向电缆故障点传播，经时间 Δt 后达到故障点，并产生反射脉冲，反射脉冲波又以同样的速度向测量端传播，并经过同样的时间 Δt 于 t_1时刻到达测量端。若设故障点到测量端的距离为 L，则有

$$L=v\Delta t=\frac{1}{2}v(t_1-t_0) \tag{3.27}$$

所以只要记录 t_0和 t_1时刻，就可以得出测量端到故障点的距离。当对电缆全长进行校准时，往往使电缆终端开路。因此，电缆全长的校准相当于电缆开路故障的测试情况。电缆存在中间接头时，由于接头处的电缆形状及绝缘介质等的变化，引起该点的特性阻抗的变化。根据电磁波传输理论，该点也存在一定的反射。

(2) 高压闪络法。对于高阻接地故障，由于故障点电阻较大，此点的反射系数 β 很小或几乎等于零，采用低压脉冲法时，故障点的反射脉冲幅度很小或不存在发射，因而仪器分辨不出来，这时需要用高压闪络法（又称脉冲电压法或闪测法）进行故障探测。高压闪络法是由直流高压发生器产生负的直流高压，加到电缆故障相，当电压高到一定数值后，电缆故障点产生闪络放电，瞬间被电弧短路，故障点便产生跳变电压波在故障点与测量端之间来回传输，这时只要测量电压波两次经过某一端的时间差即可求出故障点的距离。

用于击穿高阻接地故障点的电源也可以是冲击高压。在用冲击放电进行高阻接地故障探测时，应特别注意电缆的耐压等级，所选用的冲击电压的幅值应不超过正常运行电压的 3.5 倍。该方法的优点是不必把高阻接地故障或闪络性故障永久性烧穿，利用故障击穿产生的瞬间脉冲信号进行测试，具有测试速度快、误差小、操作简单等优点。

(3) 脉冲电流法。高阻接地故障也可采用脉冲电流法测试。脉冲电流法采用线性电流耦合器采集电缆中的电流行波信号，将电缆故障点用高电压击穿，使用仪器采集并记录下故障点击穿产生的电流行波信号，通过分析判断电流行波信号在测量端与故障点往返一次所需时间来计算故障距离。该方法的优点是测量准确度高。其缺点是：所用仪器较多；由于故障点电阻要降到很小的数值，如果故障点受潮严重，故障点击穿过程较长，测试时间相应增加；故障点维持低阻状态的时间不确定，施加二次脉冲的控制有难度。

2. *故障准确定位方法*

在采用以上办法进行电缆故障定位后，若需进一步在现场进行准确故障定位，则一般

是依据声学或声磁原理进行。一般做法是给故障电缆线芯加上一个足够高的冲击电压和冲击能量，此时故障点会击穿并发生闪络放电，在故障点就会发出相当大的“啪啪”的放电声，这种声音可传到地面，一般闪络放电间隔为 6～15s。此时，采用以下方法进行故障点准确定位：

(1) 声测定位法。如图 3.70 所示，当电缆故障预定位给出故障距离后，在故障电缆测试端给故障线芯加上冲击高电压，使故障点闪络放电，同时用定点仪（含探头、接收机、耳机）在预定故障点附近的地面来听测故障点的放电声，听测出最响点，即为故障点的准确位置。

(2) 声磁同步定位法，如图 3.71 所示，当采用冲击放电时，在故障点除产生放电声外，还会产生高频电磁波向地面传播。在地面用声磁探头可同时接收声信号和磁信号，电磁波起辅助作用，用来确定所听到的声音是否是故障点的放电声。由于声波与电磁波的传播速度不同，在地面每一点可利用声磁同步定点仪测出声信号和磁信号的时间差，时间差最小点即为故障点的准确位置。

当电缆故障点处于相间短路或相地短路（死接地）时（此时线芯之间电阻 $R_F<10\Omega$），用冲击放电器冲击，故障点不放电，不产生放电声，所以不能用声测法确定故障点。此时应采用音频感应法来探测定位故障点。该方法需要相当的故障测试经验和对电缆各方面的情况（如接头位置、埋设深度等）有详细的了解，才能取得较好的效果。

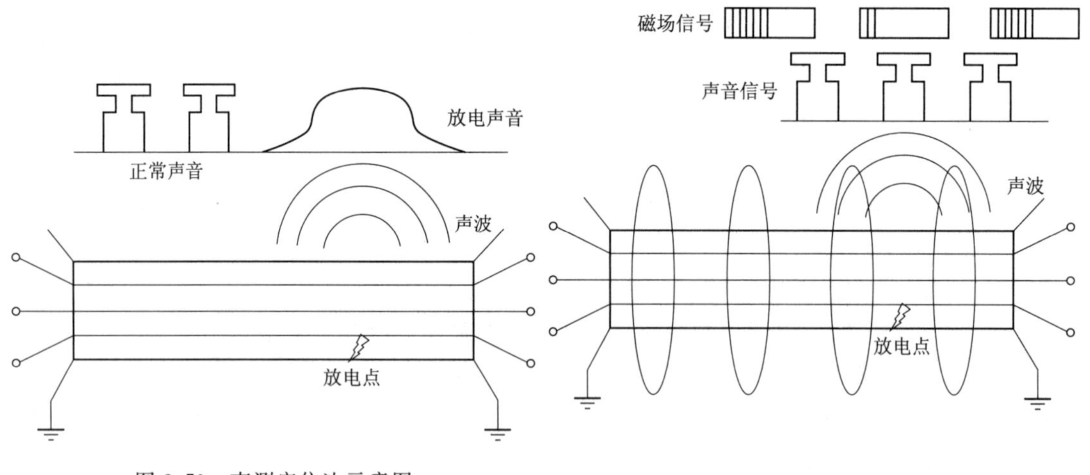

图 3.70　声测定位法示意图

图 3.71　声磁同步定位法示意图

(3) 音频感应定位法。如图 3.72 所示，该方法采用多芯电缆扭绞结构，当音频信号传输到电缆故障线芯时，在故障点前会产生有规则升降的电磁信号，到故障点时电磁信号突然增大，过故障点后电磁信号下降并保持均匀。

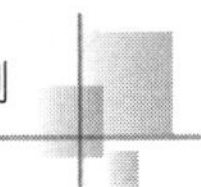

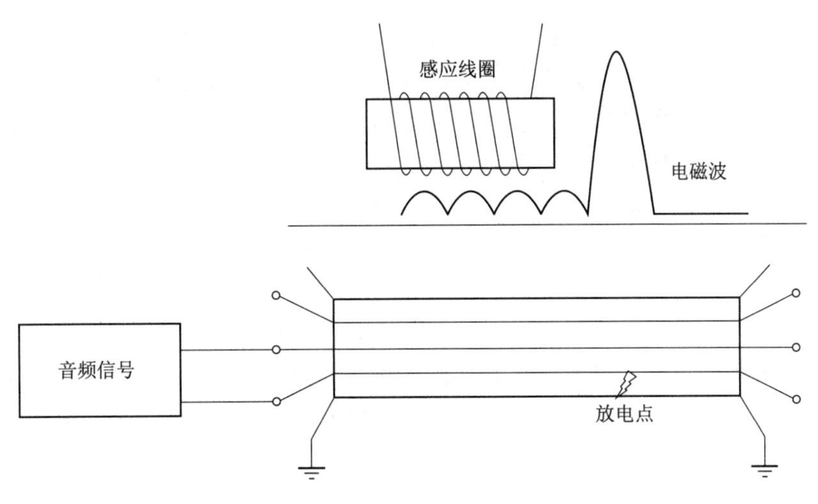

图 3.72 音频感应定位法示意图

3.5 高压绝缘子在线监测

高压绝缘子的基本作用是在电力系统或电气设备中将不同电位的导电体在机械上固定或连接，实现电气隔离和机械连接或支撑。架空线路的导线、变电站的母线和各种电气设备的带电体，都需要用绝缘子的支持，以保证安全可靠地输送电能。

在运行中，绝缘子承受着工作电压和各种过电压，同时也承受着绝缘子自重、导线重量、覆冰重量、风力、振动力以及运行中的电磁力、机械力，其工作条件通常是非常恶劣的。良好的绝缘子应该具有热稳定、耐放电、耐污秽、抗拉、抗弯、抗扭、耐振动、耐电弧、耐泄漏、耐腐蚀等性能。绝缘子在电力系统中使用数量巨大，一条超高压输电线路上所使用的绝缘子可能达到上百万个。高压线路绝缘子包括针式绝缘子、盘形悬式绝缘子、棒形悬式绝缘子、横担绝缘子、电气化铁道用绝缘子、蝴蝶形绝缘子和拉紧绝缘子等。高压线路中广泛应用盘形悬式绝缘子，针式绝缘子常用于 35kV 以及下电压等级的线路上，横担绝缘子用于 110kV 及以下电压等级的线路。

传统的用于制造绝缘子的材料是高压电瓷，它具有绝缘性能和化学性能稳定的特点，并具有较高的热稳定和机械强度。后来发展了钢化玻璃、浇注环氧树脂作为绝缘子的绝缘材料。有机合成绝缘子（简称合成绝缘子）近二十年得到了快速发展，已经大量用于高压输电线路中。

3.5.1 高压绝缘子的运行特性

雷击故障次数与雷电活动次数成正比，主要发生在雷电活动频繁的地区。与瓷绝缘子、玻璃绝缘子相比较，合成绝缘子的耐雷性能较差，特别是在 110kV 及以下电压等级的输电线路中显得较为突出。根据运行经验，在发生雷电闪络后，有机合成绝缘子两端均配置有均压环的，绝缘子表面仍保持完好，仅有局部伞裙发白；而只在导线端安装了均压环的，有的伞裙烧损严重，塔侧的金具也被烧蚀；而两端均没装均压环的，则两端金具及伞裙均有烧蚀现象。遭雷击闪络但无烧损的绝缘子仍保持较好的憎水性，但有明显烧蚀痕迹的绝缘子的憎水性能则大大降低，意味着其耐污闪能力也将大大降低。因此，综合考虑耐雷水平和绝缘子的保护两个方面，不应该仅为不降低耐雷水平而取消均压环，而应该适当增加绝缘子高度，特别是在雷电活动密集区和雷电易击点，所使用的合成绝缘子更应适当加长，使装配均压环后的空气间隙及放电距离不减小。装设均压环的另一个好处是使绝缘子串的电场分布更趋均匀，不仅可减缓在长期工作电压下因局部高场强引发局部放电而造成绝缘子的老化或劣化，而且可在同一放电距离下使电场均匀而提高放电电压，从而提高雷击闪络电压。

合成绝缘子具有污闪电压高的优点，在同样的爬距及污秽条件下，其污闪电压明显高于瓷绝缘子和玻璃绝缘子。因为硅橡胶伞裙表面为低能面，具有良好的憎水性，而且硅橡胶材料的憎水性还具有迁移性。通过迁移，污秽层表面也具有了憎水性，污秽层表面的水分以小水珠的形式出现，难以形成连续的水膜，在持续电压的作用下不会像瓷绝缘子、玻璃绝缘子那样形成集中而强烈的电弧，表面不易形成集中的放电通道，因而具有较高的污闪电压。另外，合成绝缘子杆径小，在同样的污秽条件下，其表面电阻比瓷绝缘子、玻璃绝缘子要大，表面电阻越大，污闪电压也越高。此外，与瓷绝缘子、玻璃绝缘子下表面伞棱式结构不同，合成绝缘子伞裙的结构和形状也不利于污秽的吸附及积累，同时合成绝缘子不需要清扫积污，有利于线路的运行维护。因此，与瓷绝缘子、玻璃绝缘子相比，合成绝缘子由污闪造成的故障次数要明显低得多。

玻璃绝缘子的自爆率不同于瓷绝缘子的劣化率和合成绝缘子的老化率。玻璃绝缘子的自爆率属早期暴露，随着运行时间的延长，自爆率呈逐年下降趋势；瓷绝缘子的劣化率属后期暴露，随着时间延长，在机械应力和高电压的联合作用下，其劣化率会逐渐增加；合成绝缘子由于有机材料本身的老化特性，其老化率及劣化率会随着时间而增大。

3.5.2　绝缘子串电压分布规律

每一个绝缘子都相当于一个电容器，因此一个绝缘子串就相当于由许多电容器组成的链形回路。如果不考虑其他因素影响，由于每个绝缘子的电容量相等，因而在绝缘子串中，每一片绝缘子分担的电压是相同的。但由于每个绝缘子的金属部分与杆塔（地）间、导线间均存在杂散电容（寄生电容），绝缘子串中每个绝缘子实际所分担的电压并不相同。

绝缘子在搬运和施工过程中，可能会因碰撞而留下伤痕；在运行过程中，可能由于雷击而破碎或损伤，也可能由于机械负荷和高电压的长期联合作用而逐渐劣化，这都将使其击穿电压不断下降。当绝缘子击穿电压下降至小于沿面干闪电压时，就称为低值绝缘子；当低值绝缘子的内部击穿电压为零时，就称为零值绝缘子。当绝缘子串存在低值或零值绝缘子时，在污秽环境中，在过电压甚至在工作电压下就易发生闪络事故。因此，及时监测出运行中存在的不良绝缘子，排除隐患，对减少电力系统事故、提高供电可靠性非常重要。

绝缘子串的等效电路如图 3.73 所示。图 3.73（a）中，C 为绝缘子本身的电容，C_2 为其金属部分对杆塔的电容。当有电位差时，就有一个电流经 C_2 流入接地支路。流经 C_2 的电流都分别要流经电容 C，因此，越靠近导线的电容 C，所流经的电流就越大。由于各绝缘子电容大致相等，则它们的容抗也大致相等；又由于靠近导线的绝缘子的电容电流较大，所以此处每片绝缘子上的电压降也就较大。仅考虑 C_2 的作用时，绝缘子串的电压分布如图 3.74 中的曲线 1 所示。

在图 3.73（b）中，C 为绝缘子本身的电容，C_a 为其金属部分对导线的电容。由于每个电容 C_a 两端均有电位差，因此就有电容电流流过，而且都必须经电容 C 到地构成回路，因此，离导线越远的绝缘子，所流过的电流越多，电压降也越大。仅考虑 C_a 的作用时，绝缘子串的电压分布如图 3.74 的曲线 2 所示。

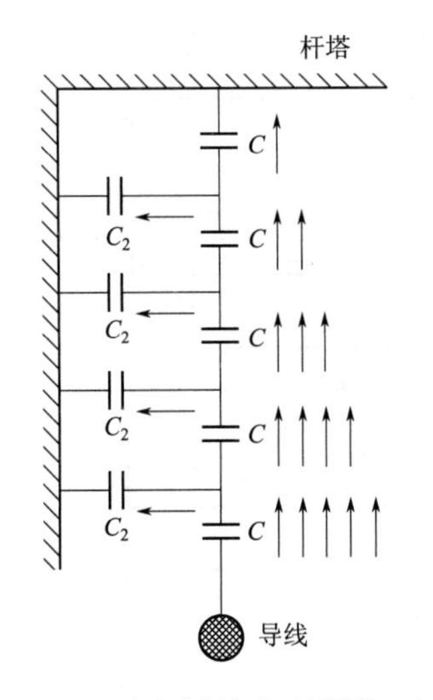

(a) 仅考虑金属部分对杆塔的电容

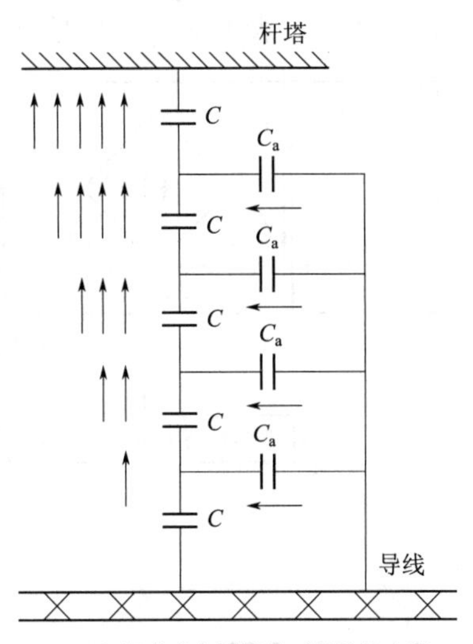

(b) 仅考虑金属部分对导线的电容

图 3.73 绝缘子串的等效电路

由于绝缘子金属部分对导线的电容 C_a 比其对地电容 C_2 小，因而流过的电流也小，所以产生的压降就相对地较小。实际的绝缘子串各个绝缘子上的电压分布应考虑两种电容的同时作用，即沿绝缘子串的电压分布应该由分别考虑 C_2 与 C_a 所得到的电压分布相叠加，如图 3.74 中的曲线 3 所示。由图 3.74 可见，沿绝缘子串的电压分布是极不均匀的：靠近导线的绝缘子电压降最大，离导线越远的绝缘子两端压降越小，当绝缘子靠近杆塔横担时，绝缘子电压降又升高。绝缘子串越长，电压分布越不均匀，越容易导致某些部位的绝缘损坏。

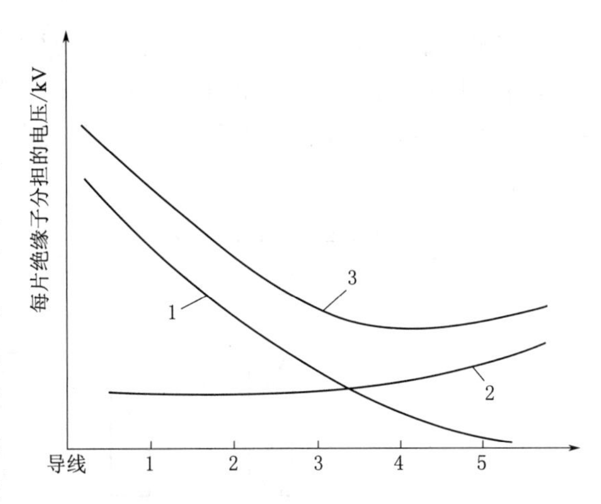

图 3.74 绝缘子串的电压分布曲线

1—仅考虑 C_2 作用；2—仅考虑 C_a 作用；3—考虑 C_2、C_a 两者同时作用

3.5.3　高压绝缘子在线监测

3.5.3.1　劣化绝缘子的光电监测技术

光纤技术的发展使得监测绝缘子电压分布大为简便，如将绝缘子两端的电位差转变为光信号（一般是采用变频的方案），然后由绝缘杆内的光纤传输到低压端，再转换成电信号。由于探头间电容很小，对原有电位分布的影响几可忽略，而且用数字显示，读取方便。图 3.75（a）为取样及变频部分的原理图，利用放电管（NT）将被测电压值转变为闪光频率 f。图 3.75（b）为其显示部分的框图，由光纤传输来的闪光信号 f 经光电转化变为电信号 e，再经放大、整形成方波信号 v，由秒门控制其计数的时间。

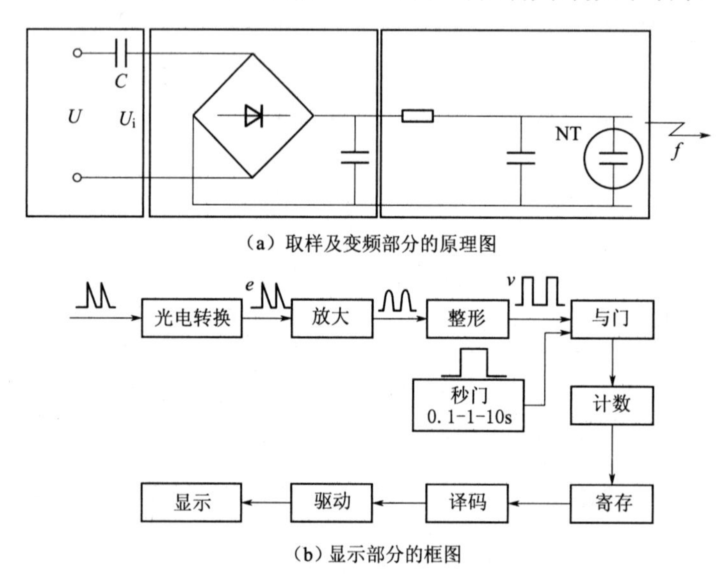

（a）取样及变频部分的原理图

（b）显示部分的框图

图 3.75　光电监测原理图

为将测得的电位差直接用语言报出，可采用智能语言式绝缘子监测技术，其原理框图如图 3.76 所示。绝缘子两端的电位差经分压后送到 A/D 转换采样回路，直接将交流信号转换成数字信号，经识别、计算后送入微处理器；而自动编排好的语音信号经放大后将直接报出有多少千伏。

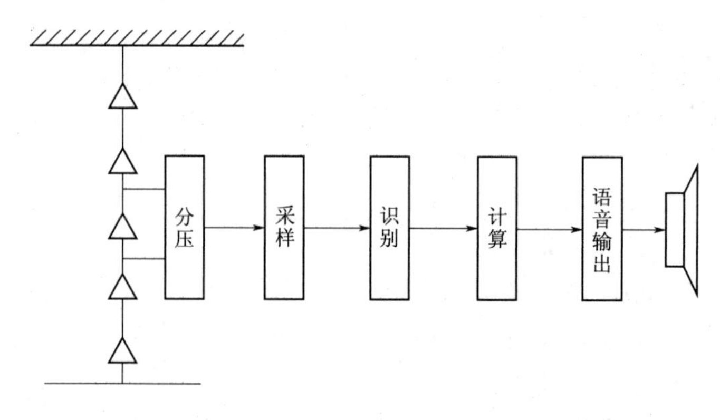

图 3.76　智能语言式绝缘子监测原理框图

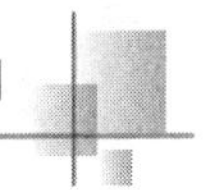

如前所述，正常绝缘子串的电压分布呈不完全马鞍形，即在每串绝缘子中靠近导线侧的绝缘子承受电压最高，为靠近接地端绝缘子承受电压的 1.7～3.0 倍，而以中间部分承受电压最低，但两相邻绝缘子之间承受电压之比为 1.1～1.3。因此，用相邻比较法能较好地判断出劣值绝缘子。一般以相邻绝缘子电压比低于 50％作为低值绝缘子的判断标准，或采用纵向比较法，即与该绝缘子串上次所测电压分布相比较的方法判别低值绝缘子。

3.5.3.2 自爬式不良绝缘子监测技术

自爬式不良绝缘子监测器的监测系统主要由自爬驱动机构和绝缘电阻监测装置组成。监测时用电容器将被测绝缘子的交流电压分量旁路，并在带电状态下监测绝缘子的绝缘电阻，根据直流绝缘电阻的大小判断绝缘子是否良好。当绝缘子的绝缘电阻值低于规定的电阻值时，可通过监听扩音器确定出不良绝缘子，同时还可以从盒式自动记录装置再现的波形图中明显地看出不良绝缘子部位。当监测 V 形串和悬垂串时，可借助于自重沿绝缘子下移，不需特殊的驱动机构。自爬式不良绝缘子监测系统原理框图如图 3.77 所示。

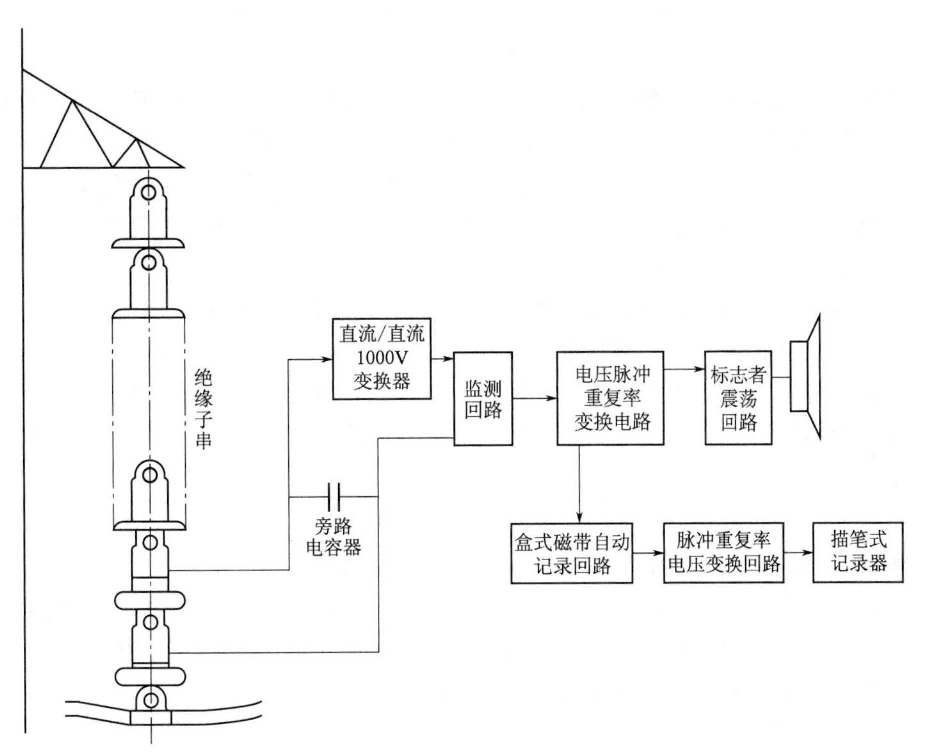

图 3.77 自爬式不良绝缘子监测系统原理框图

3.5.3.3 电晕脉冲式监测技术

在输电线路运行中，绝缘子串的连接金具处会产生电晕，并形成电晕脉冲电流，通过铁塔流入地中。电晕电流与各相电压相对应，只发生在一定的相位范围内。若把正负极性的电流分开，则同极性各相的脉冲电流相位范围的宽度比各相电压间的相位差还小，采用适当的相位选择方法便可以分别观测各相脉冲电流。利用该原理开发出一种专门在地面上使用的电晕脉冲式监测仪，如图 3.78 所示。监测系统由四部分组成：电晕脉冲信号监测回路、同期信号发生回路、各相电晕脉冲计数回路和显示回路、测量控制回路。这种监测仪具有质量轻、体积小、不用登杆、监测效率较高等特点。

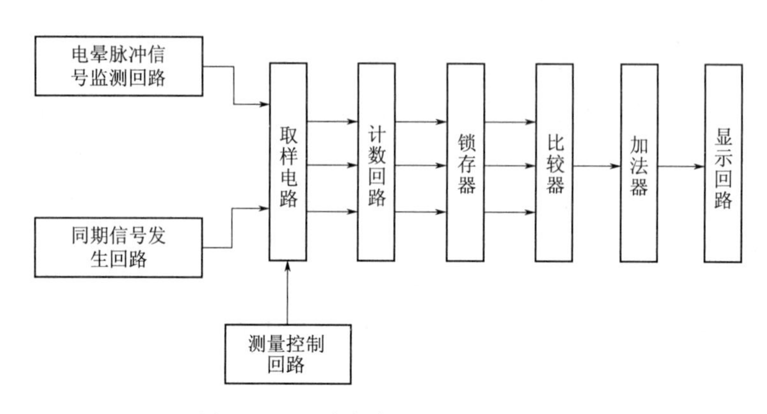

图 3.78　电晕脉冲式监测仪原理框图

测量时对各相电晕脉冲分别进行计数，并选出最大、最小的计数值，取两者的比值（最大/最小），即不同指数，作为判别依据。当同一杆塔的三相绝缘子串无不良绝缘子时，各相电晕脉冲处于平衡状态，此时比值接近于 1；当有不良绝缘子时，则各相电晕脉冲处于不平衡状态，该比值将与 1 有较大偏差。测量时先以铁塔为单元开展粗测，判定该铁塔有不良绝缘子，再对逐个绝缘子进行测量。

该技术存在的主要问题在于传感器的选择、信号的提取及辨识、现场干扰的排除等。由于电晕脉冲电流在绝缘子正常时也可能产生，而电晕脉冲电流随着输电线路电压的波动变化，如何消除这些因素的影响、建立绝缘子劣化判断标准，也是该法能否成功的关键。可通过滤波电路抑制工频电磁场干扰，再采取适当的数据处理手段（即建立数学模型提取信号特征量）实现对绝缘子劣化状况的辨识。

从传感器获得的信号包含了三相输电线中各相电晕电流的总和，必须对其进行分解，才能准确地监测出各相绝缘子的绝缘情况。根据三相泄漏电流的相差情况，给电晕脉冲式监测仪配以电子开关，依传输线交流电压的三相互差 120°电角度的关系，用电子开关每隔 120°依次记录下瞬间内的电晕脉冲信号，从而在低压端分别采集到相应于 A、B、C 三相的正峰值（或负峰值）脉冲的波形及幅值，并分别加以分析。

3.5.3.4　绝缘子红外监测技术

正常运行中，不良绝缘子由于电压低于正常绝缘子，导致该不良绝缘子的表面温度低于正常绝缘子，利用红外热像仪可以测量出这种温度的差异。这种技术对于涂有半导体釉的防污绝缘子的遥测比较有效，因为这种绝缘子表面电流较大，温升较高，一出现零值绝缘子，该片的温度将比其他正常绝缘子低几摄氏度，易于用红外热像仪识别；而对于玻璃绝缘子或普通釉的瓷绝缘子，正常时温升就很小，当出现不良绝缘子时，其温度比其他正常者只低 1℃左右，可通过红外热像图中绝缘子表面温度分布，来判断不良绝缘子的位置。

红外热成像技术就是对被检物体的温度分布进行成像处理，使其热的二维分布成为二维可视图像，可以根据温度场分布的变化对被检设备性能好坏进行诊断。对输电线路绝缘子串来讲，它的热分布是与电压分布相对应的，而绝缘子串的电压分布在正常情况下与绝缘子串的电容量成反比。各电压等级下的绝缘子串中，绝缘子的发热由三部分组成：①电介质在工频电压作用下极化效应发热；②内部穿透性泄漏电流发热；③表面爬电泄漏电流发热。

红外热成像是通过物体表面温度辐射成像的，在接收被测目标红外辐射的同时还会受到大量非监测对象辐射信息的干扰，如环境温度、大气辐射、灰尘等，因而不可避免地存在图像对比度不高、边缘模糊等现象。通过图像预处理可以抑制噪声，提高图像的对比度，得到清晰的图像；通过边缘监测，可以看出图像温度分布的具体部位，尤其对图像中温度最高点位置的判断，从而提高设备故障诊断的准确性，便于检修人员判断。

传统图像处理中的阈值法是一种最简单而广泛使用的图像分割方法，在医学影像、人脸识别、微型图像定位还有交通控制系统等方面都有实际的应用。选取合适的阈值是阈值法的关键，阈值是用于区分目标和背景的灰度门限。如果图像只有目标和背景两大类，那么只需选取一个阈值，这种方法称为单阈值分割。单阈值分割是将图像中每个像素的灰度值与阈值相比较，灰度值大于阈值的像素为一类，灰度值小于阈值的像素为另一类。如果图像中有多个目标，就需要选取多个阈值将各个目标及背景分开，这种方法称为多阈值分割。

传统阈值处理流程如图 3.79 所示。程序获得故障图片后，需要将其转换成易于计算机处理的灰度图片，然后绘出该图片的直方图。在计算机图像学领域中，常用一种灰度直方图。灰度直方图是灰度级的函数，描述的是图像中具有该灰度级的像素的个数。横坐标是灰度级，纵坐标是该灰度出现的频率（像素个数）。相对于其他的图像分割算法来说，基于直方图的方法是一种效率非常高的方法。因为通常来说，该方法只需要对整幅图片扫描一遍即可，这样就能清晰看出各个像素个数峰值和谷值所在。通过观察可以发现当灰度值到达某一值之后灰度将会减少直至趋于 0 为止，若把灰度值急速下降且趋于零的位置设定为阈值，这时对应图片中表示为此处为故障与图片信息分界点像素。根据算法原理，当灰度大于该处阈值时，像素将保留并将此处置为 1，当灰度小于该处阈值时，将舍弃此处像素并置为 0，这样就获得一个二值图像，1 在图片上显示为白色，而 0 在图片上显示为黑色。

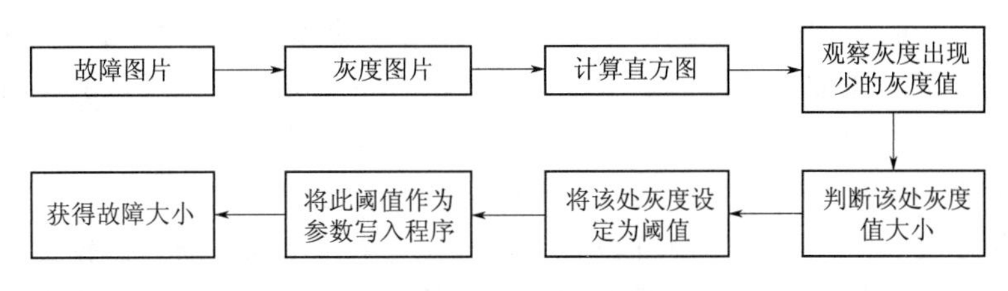

图 3.79　传统阈值处理流程图

阈值法是根据直方图中的灰度分布，选择合适的阈值对图像进行处理。图像经过处理后变成灰度图，图像大小没有变化，但是原来一个位置由三个数值决定的像素 R（red）、G（green）、B（blue）变为由一个数值确定，将这个数值定义为灰度值，其大小为 0～

255。其中 0 为白色，从 0 到 255 逐渐从黑到灰，最后变成白。通过直方图统计出 0～255 中各个灰度值出现的次数。通过直方图可以很直观地看到图像中灰度的分布，利用灰度的分布判断故障与背景的区分灰度值，称为阈值。阈值法用数学关系表示为

$$H(u, v)=\begin{cases}0, & D(u, v) \leqslant D_0 \\ 1, & D(u, v) > D_0\end{cases} \tag{3.28}$$

式中　$H(u, v)$——处理后二值图像中点（u，v）的灰度值；

$D(u, v)$——处理前（u，v）的灰度值；

D_0——选择的阈值。

传统阈值处理方法耗时耗力，现在已发展为无须人工干预的自动阈值算法，通过分析绝缘子故障图片，一般故障具有信息小而背景信息量大的特点，结合阈值法的原理实现由算法自主选择阈值，就能做到不用人工设定阈值也能得出直观且利于存储的故障信息图片。基于图像处理的绝缘子红外监测故障诊断流程如图 3.80 所示。

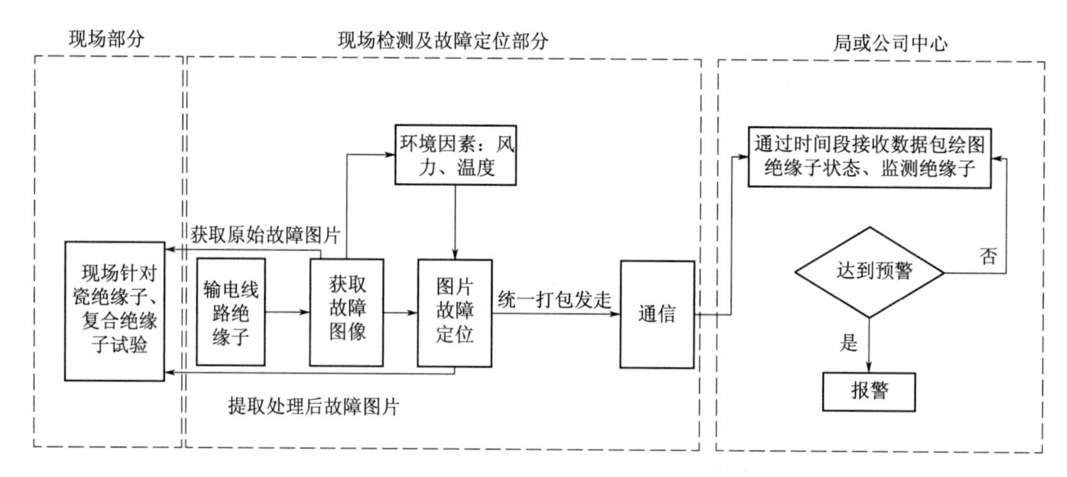

图 3.80　基于图像处理的绝缘子红外监测故障诊断流程

3.5.3.5　绝缘子紫外监测技术

高压设备电离放电时，由于电场强度的不同，会产生电晕、电弧或闪络。电离过程中，空气中的电子不断获得和释放能量。当电子释放能量（即放电）时，会辐射出光波和声波，还有臭氧、微量的硝酸等。电晕放电的光谱包括近紫外光、可见光、红外光 3 个谱段，光谱由连续谱、谱带和分离谱线组成，紫外区、可见光区、红外区的辐射具有不同的特征。随着外加电压的增加，电晕放电光谱的紫外区辐射增加，当气隙变长时，紫外光辐射减弱。红外光谱则相反，外加电压低、气隙较长时，红外光谱较强。可见光区域对外加电压和气隙长度较不敏感。高压设备表面气体的放电电压较高，通过比较紫外区、可见光区、红外区的辐射特征可以发现，对于高压绝缘子的在线监测，紫外光作为监测信号比可见光和红外光有其独特优势。

高压设备放电产生的紫外光大部分波长在 280～400nm 区域内，也有小部分波长小于 280nm。太阳光中也含有紫外光，但波长小于 300nm 的紫外光几乎全部被大气层中的臭氧所吸收，通过大气层的只有波长为 300～400nm 的紫外光，波长低于 300nm 的紫外光

称为日盲区。因此，利用工作波长为185～260nm的紫外传感器，接收绝缘子放电时产生的日盲区紫外脉冲，可去除可见光的干扰，反映绝缘子的真实放电情况。

紫外脉冲污秽监测方法的实质是监测绝缘子表面空气中日盲区紫外放电脉冲的变化。污秽绝缘子在湿润状态下放电强度会明显增加，且放电强度受积污程度、污秽性质和污层湿润情况影响。绝缘子表面污秽的积累是一个渐变的过程，且同一杆塔不同相之间，绝缘子串的污秽情况相似。污秽积累引起的紫外放电强度的增加与环境温度和湿度相关。在大雾和毛毛雨的天气情况下，绝缘子表面污层湿润后，其表面电导率增加，泄漏电流增大，紫外放电强度增强。但天气晴朗时，由于绝缘子表面污层电阻增大，泄漏电流减小，紫外放电强度又回归到较弱的水平。当绝缘子串中存在劣质绝缘子时，绝缘子串的电压分布不均匀，也会出现紫外放电脉冲，但此时的紫外放电强度将始终保持在较高的水平。通过分析紫外放电脉冲与气象条件的关系，比较不同相绝缘子串之间紫外放电脉冲的差异，可辨别污秽绝缘子和劣质绝缘子。

基于紫外脉冲的绝缘子污秽状态评估，是通过采集规定时间内的日盲区紫外脉冲数、温度、湿度，结合环境条件、污区类型等反映绝缘子污秽发展状态的参数，利用综合评判或者模糊诊断方法建立评估模型，通过计算获得绝缘子的污秽状态。图3.81描述了紫外监测仪工作原理，利用电气设备电晕放电时产生紫外光，经过处理后成像并与物体的可见光图像合成，从而能够直观、方便地在架空线上及导体外露式变电站内监测到电晕及火花。该装置有一组日盲滤光片，它完全阻止所有盲区（240～280nm）波段，这样就排除在此波段以外的紫外光、可见光及到达地球的近红外光带来的影响，在此波段内监测到的信号必定是来自“非阳光”的紫外光源，如火焰及放电火花等。

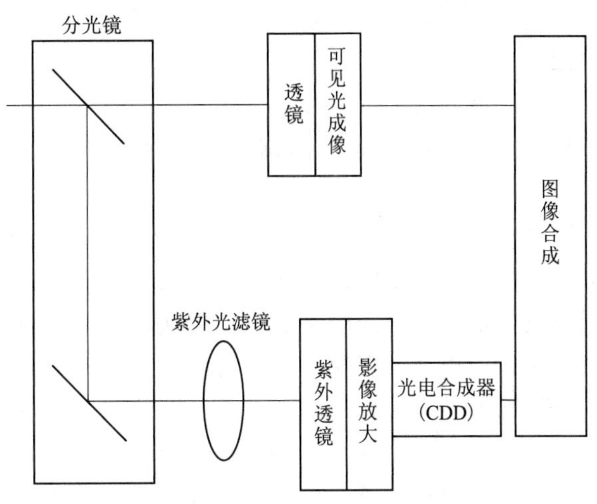

图3.81　紫外监测仪原理示意图

3.5.3.6　绝缘子激光振动监测技术

近十几年来，国外已开始将激光技术用于对已开裂绝缘子的遥测，如英国CERL研究过用激光多普勒振动仪的方法来监测绝缘子表面的微小振动；日本研究者研制出一种用超声源引起绝缘子的振动，然后再用激光来监测的方法。

因为从振动的频谱来看，已开裂的绝缘子的中心频率与正常时不同。如将超声波发生器所产生的超声波用抛物形反射镜对准被测绝缘子，激起绝缘子的微小振动，然后运用激光探测反射回来的振动信号进行频谱分析，即可判定该绝缘子是否已开裂。目前已有可能在现场用此法对50m以内的绝缘子实现遥测。

3.6　电容型设备在线监测

3.6.1　电容型设备及其绝缘特性

电容型设备的老化和故障大多源于绝缘材料的老化、性能劣化或者损坏。绝缘材料处于交流电场中时，绝缘的损耗反映了交变电场下有功能量损失，损耗包括漏导引起的电导损耗、电介质极化引起的松弛损耗和局部放电引起的损耗三部分。良好的绝缘介质在交变电场作用下，电导损耗和局部放电产生的损耗分量都很小，因电介质极化的滞后现象所导致的极化损耗是介质损耗的主要成分。$\tan\delta$ 反映了绝缘材料中的介质损耗，且几乎和绝缘结构的尺寸无关，能够准确表征材料的绝缘特性。

介质温度上升和受潮时损耗会增加，不同的绝缘材料及绝缘结构，介质损耗和温度的关系是不同的。对于绝缘劣化的电容型设备，随着温度升高，介质损耗变化加剧，容易判断是否受潮。而对于变压器，由于高温下变压器油的电导增大，固体绝缘的缺陷可能被掩盖。

绝缘受潮型缺陷占电容型设备缺陷的比例很高，这是由于电容型结构是通过电容分布强制均压的，其绝缘利用系数较高，一旦绝缘受潮，往往会引起绝缘介质损耗增加，导致击穿。

通过对介电特性（$\tan\delta$、电容值 C、电流值 I 等参数）的监测，可以发现电容型设备早期发展阶段的缺陷。在缺陷发展的起始阶段，测量电流增加率和测量 $\tan\delta$ 变化所得结果一致，都具有很高的灵敏度；在缺陷发展的后期阶段，测量电流增加现象和电容变化的情况一致，更容易发现缺陷的发展情况。例如，一个具有 70 层电容层相串联的电容式套管，如其中一层出现缺陷，$\tan\delta$ 逐渐增大，此时整个套管介质损耗变化 $\Delta\tan\delta$、电容值变化率 $\Delta C/C$、电流增加率 $\Delta I/I$ 情况如图 3.82 所示。所以，通过在线监测电容型设备介质损耗值和电容量值，能够有效地监测设备绝缘的状态，保证设备安全运行。

交流电场作用下，绝缘介质的等效电路及向量图如图 3.83 所示。流过介质的电流由两部分组成：I_{Cx}为电容电流分量，I_{Rx}为有功电流分量，通常 $I_{Cx} \gg I_{Rx}$。介质中的功率损耗 $\tan\delta$ 为介质损耗角的正切值，一般均比较小。介质上消耗的功率为

$$P = UI_{Rx} = UI_{Cx}\tan\delta = U^2\omega C_x\tan\delta \tag{3.29}$$

通过测量 $\tan\delta$，可以反映出绝缘的一系列缺陷，例如绝缘受潮，油或浸渍物脏污或劣化变质，绝缘中有气隙发生放电等。这时，流过绝缘的电流中有功电流分量 I_{Rx} 增大了，$\tan\delta$ 也增大。需要指出的是：绝缘中存在气隙这种缺陷，最好通过做 $\tan\delta$ 与外加电压的关系曲线 $\tan\delta = f(U)$ 来发现。例如对于发电机线棒，如果绝缘老化，气隙较多，则 $\tan\delta = f(U)$ 将呈现明显的转折，如图 3.84 所示。U_C代表气隙开始放电时的外加电压，从 $\tan\delta$ 增加的陡度可反映出老化的程度。但对于变电设备来说，由于电桥电压（2500～10000V）常远低于设备的工作电压，因此 $\tan\delta$ 测量虽可反映出绝缘受潮、油或浸渍物脏污、劣化变质等缺陷，但难以反映出绝缘内部的工作电压下局部放电性缺陷。

由于 $\tan\delta$ 是一项表示绝缘内功率损耗大小的参数，对于均匀介质，它实际上反映着单位体积介质内的介质损耗，与绝缘的体积大小没有关系。在一定的绝缘工作场强下，可

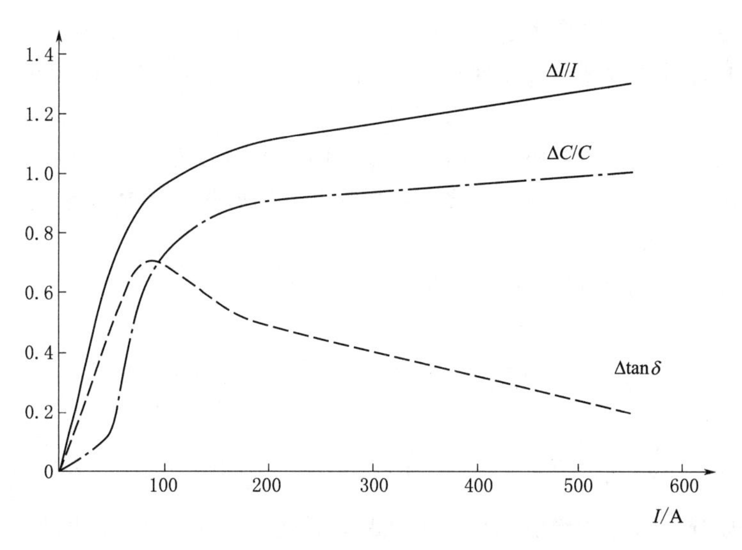

图 3.82 多层绝缘介质损耗、电容和电流的变化（率）

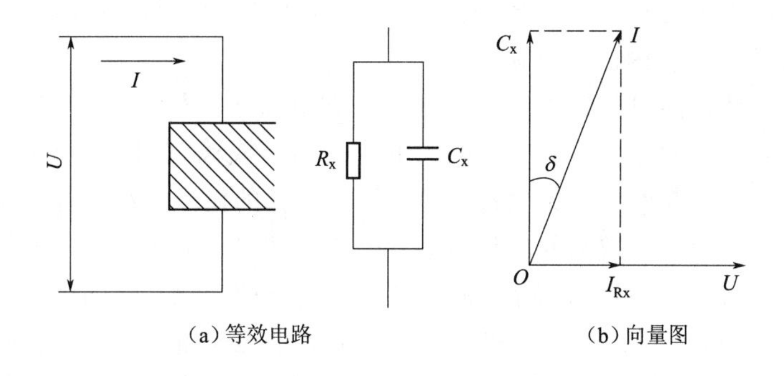

图 3.83 绝缘介质的等效电路和向量图

以近似地认为，绝缘上所承受电压 U 正比于绝缘厚度。当绝缘厚度一定时，绝缘面积越大，其容量越大，I_{Cx}也越大，故 I_{Cx}正比于绝缘面积，因此近似地认为绝缘体积正比于 UI_{Cx}，由式（3.27)进一步可知，$\tan\delta$ 反映单位体积中的介质损耗。

如果绝缘的缺陷不是分布性而是集中性的，则 $\tan\delta$ 有时反映就不灵敏。被试绝缘的体积越大，或集中性缺陷所占的体积越小，那么集中性缺陷处的介质损耗占被试绝缘全部介质损耗中的比重就越小，而 I_{Cx}一般几乎是不变的，由式（3.27）可知，$\tan\delta$ 增加得也越少，这样，测 $\tan\delta$ 试验就越不灵敏。对于电机、电缆这类电气设备，由于运行中故障多为集中性缺陷发展所致，而且被试绝缘的体积较大，$\tan\delta$ 试验效果就差了。因此，通常对运行中的电机、电缆等设备进行预防性试验时，便不做这项试验。相

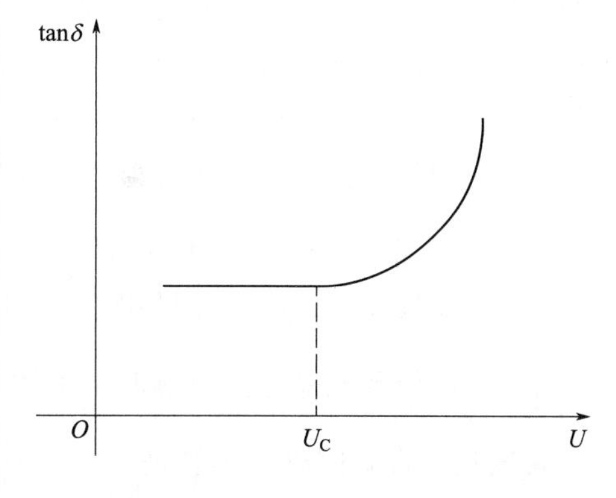

图 3.84 $\tan\delta-U$ 关系曲线

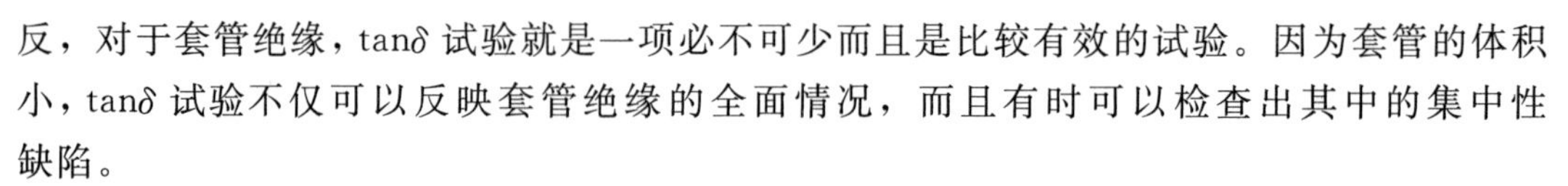

反，对于套管绝缘，tanδ 试验就是一项必不可少而且是比较有效的试验。因为套管的体积小，tanδ 试验不仅可以反映套管绝缘的全面情况，而且有时可以检查出其中的集中性缺陷。

当被试品绝缘由不同的介质组成时，例如由两种不同的绝缘并联组成，则被试品总的介质损耗为其两个组成部分介质损耗之和，而且被试品所受电压即为各组成部分所受的电压，由式（3.29）可得

$$U^2\omega C_x\tan\delta=U^2\omega C_1\tan\delta_1+U^2\omega C_2\tan\delta_2$$

从而

$$\tan\delta=\frac{C_1\tan\delta_1+C_2\tan\delta_2}{C_x}=\frac{C_1\tan\delta_1+C_2\tan\delta_2}{C_1+C_2}\tag{3.30}$$

由式（3.30）可知，$\frac{C_2}{C_x}$ 越小，则 C_2 中缺陷（ tanδ_2 增大）在测整体的 tanδ 时越难发现。故对于可以分解为各个绝缘部分的被试品，常用分解进行 tanδ 测量的办法，以更有效地发现缺陷。例如测变压器 tanδ 时，对套管的 tanδ 单独进行测量，可以有效地发现套管的缺陷，不然，由于套管的电容比绕组的电容小得多，在测量变压器绕组连同套管的 tanδ 时，就不易反映套管内的绝缘缺陷。

实际测量中，往往同时监测上述三个参数，即电流 I、电容值 C 和 tanδ。为了提高灵敏度，还可监测三相的三个同类型设备的电流之和（或称三相不平衡电流），来发现某相设备的绝缘缺陷，因为所有三相设备的绝缘同时劣化的概率很小。若三相设备在原始状态下的绝缘特性差异很小，监测的三相不平衡电流总和应接近于零。当某相设备绝缘劣化时，该相流过电流增大，三相总电流会有改变，监测它的变化，有助于辨别故障相。

早期普遍采用的带电测量 tanδ 和电容的西林电桥法，沿用了传统停电预试中测量 tanδ 的 QS－1 型高压西林电桥的测量原理，需要配备更高耐压的高压标准电容器。现在使用较多的是电容型设备绝缘在线监测数字化技术，更多地基于硬件测试和软件信号处理分析相结合，可抑制各种对测量不利的影响因素，监测准确度已有所提高。

3.6.2　三相不平衡电流的在线监测

由三个电容型设备组成星形连接，如果三相电源电压对称，且这三个设备的电容量及 tanδ 也分别为同一数值，则中性点处无电流。当有一设备出现缺陷时，即有三相不平衡电流出现于中性点处。但三相电压及三相试品不可能完全对称、平衡，此外还有杂散电流的影响，会影响到测量中性点电流变化规律的灵敏程度。

目前采用较多的是改进的三相不平衡法，采用穿芯式电流互感器取样，使用高速采样、A/D 转换等技术，对采集得到的 $\dot{I}_a$、$\dot{I}_b$、$\dot{I}_c$ 及 $\dot{I}_0$ 的幅值及相位来分析每相试品的 C 及 tanδ 值，测量时的原理框图如图 3.85 所示。

当三相电源及试品完全对称时，中性点电流 $\dot{I}_0$ 为零，设 $\dot{U}_a$ 为 A 相电源电压，可见仅 A 相试品出现缺陷时，不管是其 C 变化、tanδ 变化还是同时变化，$\dot{I}_0$ 的变化总是出现在该相量图中的 $\dot{U}_a$ 及其超前 90°的区域之内，因而就有可能按此新出现的 $\dot{I}_0$ 的幅值及相位

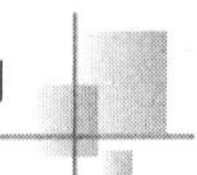

来分析 A 相的 C 及 $\tan\delta$ 值的变化情况，在分析诊断软件中加入算法便可判断出实际的中性点电流。

3.6.3 在线电桥法进行 tanδ 监测

在停电试验中用电桥法测量 $\tan\delta$ 是一种比较有效的测量方法，如能在运行的高电压下进行监测，则有效性更高。但首先遇到的问题是：需有耐压等级比运行电压更高的标准电容器；且用反接法测量时，调节 R_3、C_4 的绝缘杆的耐压水平也将远远不够；即使用正接法（图 3.86），也要注意到由于外施电压的提高，可能出现 U_4 比 U_3 高得多，且难以平衡的情况；也可能因流经 C_x 的电流 I_x 过大而使 R_3 过热等情况，这时常并以另外的标准电阻来解决。

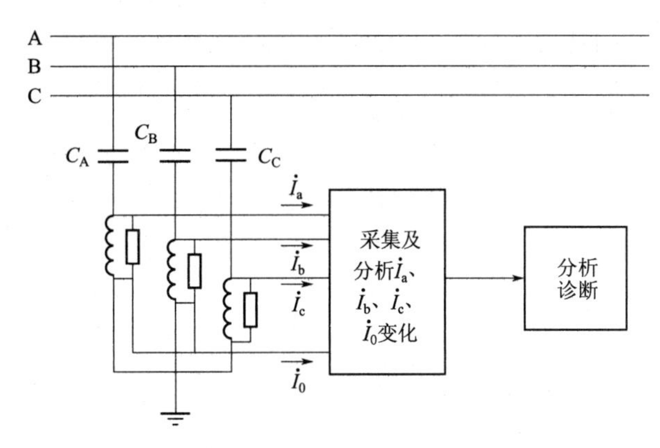

图 3.85 改进的三相不平衡法原理框图

为解决现场没有很高电压的标准电容器的困难，不少单位采用挂在同相线路上各电容型试品相互做对比的方法，测得各电容型试品的 $\tan\delta$ 的差值，如果此差值与过去有显著变化，往往反映出某一试品有问题。应用较多的是选定某几台 $\tan\delta$ 较小且随电压、温度变化较稳定的电容型试品相串联当作标准电容器使用。这时宜事先在试验室里对比标准电容器进行全面试验，观察标准电容器的电容及 $\tan\delta_N$ 是否随电压、温度的上升有显著变化。如在所使用的环境下其 $\tan\delta_N$ 值无明显改变，则在用它代替标准电容器进行测量后，可将此 $\tan\delta_N$ 补充到所测数据中。

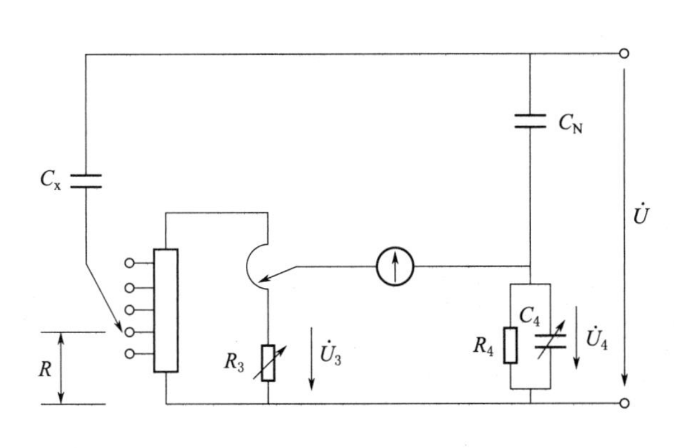

图 3.86 采用高压标准电容器 C、以正接法测量

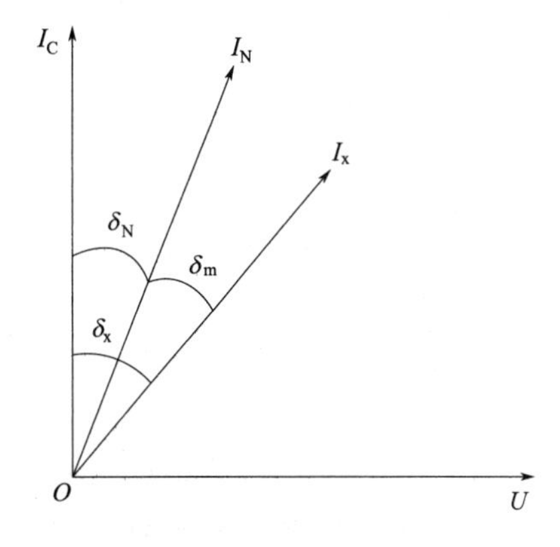

图 3.87 存在 $\tan\delta_N$ 时测量 $\tan\delta$ 的相量图

I_C—真正标准电容器的电流；

I_N—有损耗 $\tan\delta_N$ 的“标准”电容器的电流；

I_x—实际试品的电容电流

在图3.86所示的电桥原理图中，当以有损耗 $\tan\delta_N$ 的标准电容器当作 C_N 时，试品 C_x 的损耗为 $\tan\delta_x$；当调节到电桥平衡后，测值为 $\tan\delta_m$。相量图如图3.87所示，则可得

$$\tan\delta_m = \omega C_4 R_4 = \tan(\delta_x - \delta_N)$$

也可表示为

$$\tan\delta_m = \frac{\tan\delta_x - \tan\delta_N}{1 + \tan\delta_x \tan\delta_N} \tag{3.31}$$

一般来说 $\tan\delta_N \ll 1$，$\tan\delta_x \ll 1$，因此

$$\tan\delta_m \approx \tan\delta_x - \tan\delta_N$$

或

$$\tan\delta_m \approx \tan\delta_x + \tan\delta_N \tag{3.32}$$

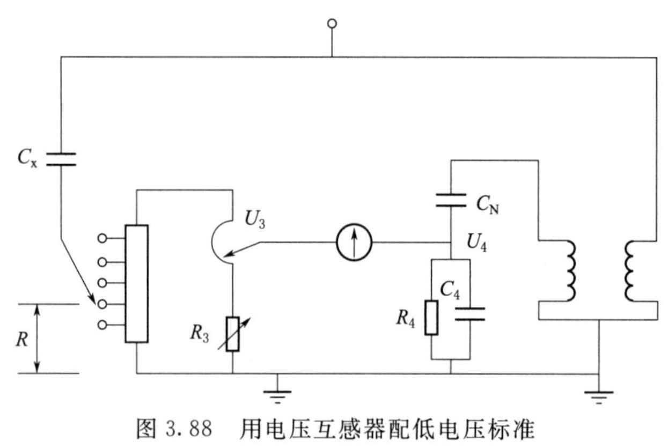

图3.88 用电压互感器配低电压标准电容器 C_N 而组成的电桥法

为解决在现场只有低电压标准电容器而无高电压标准电容器的困难，可采用电压互感器配以低电压标准电容器 C_N 的方案，其原理如图3.88所示。这时对该电压互感器的角差大小及其线性度等须予以重视，因为被测的试品 C_x 的 $\tan\delta$ 常是很小的数值。

假如仍采用QS-1型电桥配套的50pF标准电容器 C_N，而电压互感器二次侧电压又常取100V，流经 C_N 桥臂的电流 I_N 将很小，以致 $\dot{U}_4 \ll \dot{U}_3$，电桥难以平衡。为此，宜增大 C_N 值，这时只需耐压100V以上的标准电容器。实测时，一般选 C_x 为1000～3000pF。而试品真实的 $\tan\delta_x$ 与电桥上读数 $\tan\delta_m$ 的关系为

$$\tan\delta_x = \tan\delta_m + \omega C_N R_4 + \tan\delta_N + \tan\delta_C \tag{3.33}$$

式中 $\tan\delta_x$ ——所采用的标准电容器的介质损耗角正切值；

$\tan\delta_C$ ——电压互感器角差的正切值，一般 $|\delta_C| < 10'$，即 $|\tan\delta_C| < 0.3\%$，它对油纸绝缘设备现场的预防性试验一般并不会带来很大误差。

3.6.4 过零点相位在线监测法

过零点相位监测法就是通过电压互感器和电流互感器获取试品上的电流信号和电压信号，比较反映被试品电流的信号波形和作为标准电压的信号波形之间的过零点相位，将从传感器获得的两信号波形通过过零转换变成幅值相同的两个方波，再将电压信号移相90°后和电流信号相与，得到的方波宽度便反映了介质损耗角 δ 的大小，继而可以得到

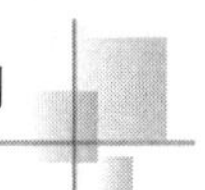

$tan\delta$。

国内外应用较为广泛的是用传感器、移相器及自动平衡装置来测量 C 及 $\tan\delta$，原理框图如图 3.89 所示。由被试品 C_x 接地侧处的传感器获得 $\dot{U}_i$，它反映了流经试品的电流 $\dot{I}_x$；而由分压器或电压互感器处获得 $\dot{U}_u$，它反映了加在试品上的电压 $\dot{U}_x$。如果先忽略传感器及分压器的角差，则 $\dot{U}_u$ 应滞后 $\dot{U}_i$ 一个角度（$90°-\delta$）。再将 $\dot{U}_u$ 经移相器前移 90°而成 $\dot{U}'_u$，则 $\dot{U}'_u$ 与 $\dot{U}_i$ 间的角差即为介质损耗角 δ，其相量图如图 3.90 所示。

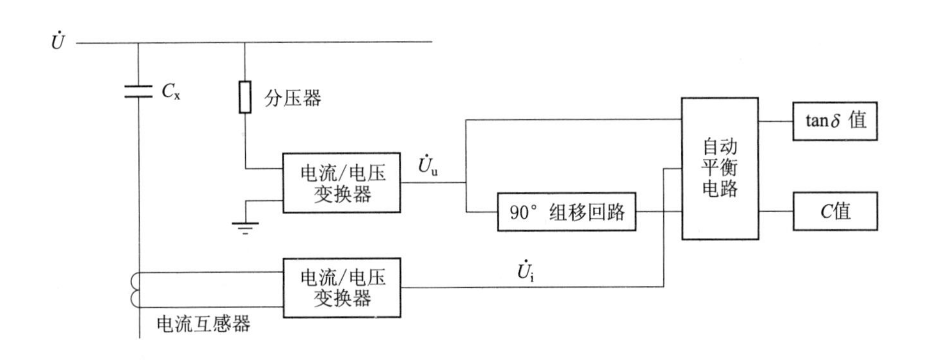

图 3.89　在线监测仪的原理框图

为了能准确地读出此很小的角差 δ，可采用单片机或计算机里的时钟脉冲来计数，其示意图如图 3.91 所示。由图 3.89 中从传感器所获得的信号 $\dot{U}_i$ 及 $\dot{U}_u$ 分别经过过零转换，换成相同幅值的方波 $\dot{I}$ 及 $\dot{U}$。为便于相与，将移相 90°后的电压信号反相而成 $\dot{U}^*$，再将 $\dot{I}$ 与 $\dot{U}^*$ 相与，所得的方波宽度（ΔT）即反映了此 δ 角的大小。

过零点相位差法计算简单，易于应用，但由于诸多误差因素，最主要的是现场的相间干扰和电压互感器的角差的影响，会影响监测数据的重复性。

在电压或电流信号过零的瞬间，如稍有干扰，将直接影响到过零转换时测得的零点，亦即转换后该方波的零点，以致严重影响到介质损耗角的准确测量。被测设备的容性电流往往是主要的，而阻性电流只占很小的部分。虽然由相间的电容耦合形成的干扰电流本身不大，但是它和容性电流不同相，这样干扰电流就会影响到阻性电流的大小，进而影响到介质损耗角的大小。

此外，还有电压和电流互感器的角差的影响，互感器的低压侧和高压侧之间本身存在一个相角误差，这个误差会随着运行电压及二次侧负载等的变化而变化，并且波动范围有可能会超过被测设备介质损耗角本身的大小，导致由低压侧获取的电压信号并不能完全真实地反映高压侧的相位，从而引起介质损耗角的测量偏差。

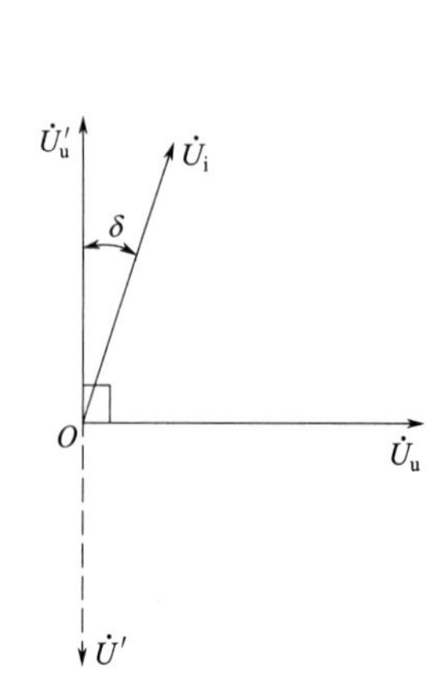

图 3.90　测 $\tan\delta$ 的相量图

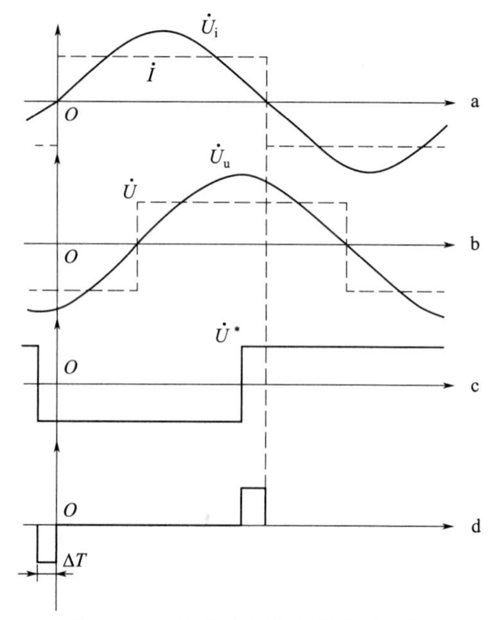

图 3.91　过零时差法的原理示意图

a—$\dot{U}_i$ 及其方波 $\dot{I}$；b—$\dot{U}_u$ 及其方波 $\dot{U}$；

c—$\dot{U}$ 前移 90°再反相成 $\dot{U}^*$；d—$\dot{U}^*$ 与 $\dot{I}$ 两方波相加

为提高测量的准确性，可加进图 3.92 所示的预处理电路，这是为了进入比较器以前先设法消除信号中的直流成分和高频信号，仅留下 50Hz 的交流信号。开关 K 的作用是在每次测量前，自动将 K 打到 2 上，以同一信号 $\dot{U}_i$ 经过两个互相平行的回路。如二者输出信号间有相角差，可自行调整；也可记下后，在以后读出 δ 时除去此零读数。然后 K 自动回到 1 上，$\dot{U}_i$、$\dot{U}_u$ 分别由两回路进行处理。

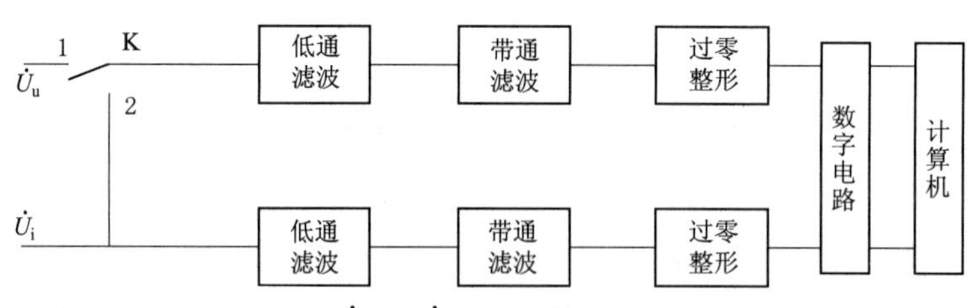

图 3.92　对 $\dot{U}_u$ 和 $\dot{U}_i$ 信号的预处理及校正回路

另外，也可采用相对值测量法，可以有效地减少现场测量误差。在测试现场，同相设备的运行状态和工作环境相似，特别是同类型、同相别的设备（如同为套管、同为电流互感器等），则受到的干扰情况更为相似。因此将同相设备互为基准，两个被测设备的电流中的随机噪声干扰、测试过程中的系统干扰及外界环境因素的影响，还会有一定的相互抵消作用。

对某变电站内同一母线下的两台电流互感器 TA_1、TA_2 的 $\tan\delta$ 进行线监测，结果如图 3.92 所示。可见，在连续十几天里，每台电流互感器的 $\tan\delta$ 测值（$\tan\delta_{TA1}$、

$\tan\delta_{TA2}$）均有波动，有的达 2.5‰（左侧的纵坐标）；但其相对测值 Δ tanδ（最上面的曲线）波动极小，为 0.5‰～0.6‰（右侧的纵坐标），而且每 24h 内的波动规律几乎相似，这是由于环境温、湿度的昼夜循环所引起的。因此这时如有缺陷或故障，还可从 Δ tanδ 曲线出现显著变动、原规律性的改变中灵敏地分辨出来，当发现确有缺陷出现时，再用图 3.93 所示的方法在线监测每台电流互感器的 tanδ 值。

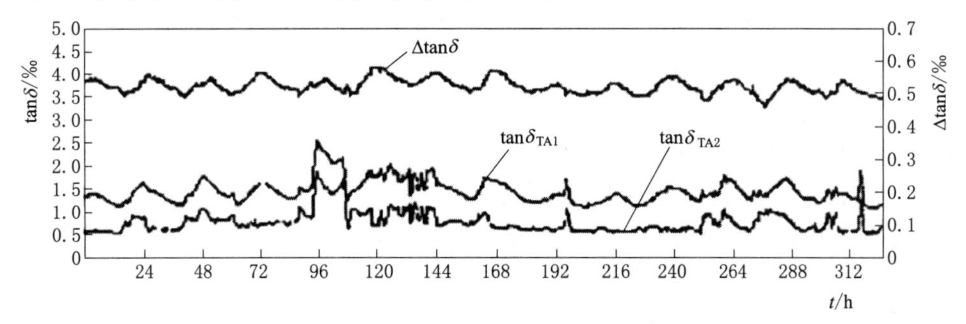

图 3.93　同一母线下两台电流互感器的 tanδ 及 Δ tanδ 测值

因此在对电容型试品进行诊断时，不能认为测 tanδ 较灵敏，就仅仅依据 tanδ 值来进行诊断，还应综合考虑各参数，如 tanδ 相对值（同相、同母线下两设备间的比较）、相对电容量（同相、同母线下的两相似设备间的比较）等参数。采用 tanδ 值的相对比较法，是为了排除从电压互感器抽取基准电压所带来的误差，并可减小由于外界干扰等所引起的误差。

当同一母线上被试的两台设备出现几乎相同的缺陷时，相对值比较法可能监测不到缺陷，现实中该种情况发生的概率较低。

3.7　氧化锌避雷器在线监测

3.7.1　概述

电力系统常用的避雷器有阀型避雷器和氧化锌避雷器。

阀型避雷器由多组火花间隙与多组非线性电阻阀片相串联而成。普通阀型避雷器的阀片是由碳化硅（SiC，亦称金刚砂）加结合剂（如水玻璃等）在 300～500℃的低温下烧结而成的圆饼形电阻片。阀片的非线性特征使得其在幅值高的过电压下电流很大，而电阻很小；在幅值低的工作电压下电流很小，而电阻很大。阀片的非线性伏安特性较陡，保护特性不够好。

新型的氧化锌避雷器出现于 20 世纪 70 年代，其性能比碳化硅避雷器更好，其阀片是由氧化锌为主要原料，并添加微量的氧化钴、氧化锰、氧化锑等金属氧化物烧结而成，所以也称为金属氧化物避雷器（MOA）。图 3.94 所示为氧化锌阀片的伏安特性，它在 10^{-4}～10^{-3}A 的宽广电流范围内呈现出优良的平坦的伏安特性。氧化锌阀片的伏安特性可分为低电场区（Ⅰ）、中电场区（Ⅱ）以及高电场区（Ⅲ）3 个区，在中电场区具有优良的保护特性。

与碳化硅避雷器相比，氧化锌避雷器的主要优点在于：无串联间隙，无续流，通流容量大。前两条优点主要来源于氧化锌阀片优良的非线性特点，工作电压下流过阀片的电流极小，为微安级，故不需要间隙来隔离，也不存在工频续流；在雷击或操作过电压作用下，只需吸收过电压能量，而不需吸收续流能量。无串联间隙的特点还使氧化锌避雷器省去了间隙的放电时延，具有优越的陡波响应特性。氧化锌电阻片单位面积的通流能力为碳化硅电阻片的 4～5 倍，通流容量大，因此氧化锌避雷器完全可以用来限制操作过电压，也可以耐受一定持续时间的暂时过电压。氧化锌避雷器因其保护特性好、通流容量大、结构简单可靠，在电力系统中基本取代了碳化硅避雷器，已经获得了广泛的应用。

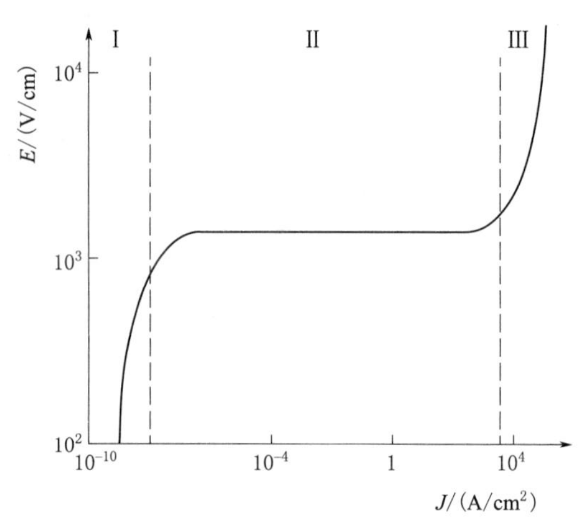

图 3.94　氧化锌阀片的伏安特性

在交流电压作用下，氧化锌避雷器的总泄漏电流（全电流）包含阻性电流（有功分量）和容性电流（无功分量）。在正常运行情况下，流过避雷器的主要电流为容性电流，阻性电流只占很小一部分，为 10%～20%。但当阀片老化、避雷器受潮、内部绝缘部件受损以及表面严重污秽时，容性电流变化不多，而阻性电流却大大增加，目前电力系统对氧化锌避雷器主要进行总泄漏电流和阻性电流的在线监测。

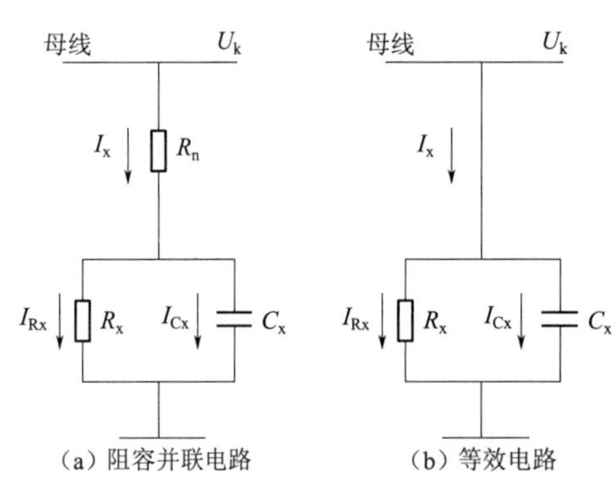

图 3.95　氧化锌避雷器阀片柱的等效电路

因氧化锌避雷器无串联间隙，在持续运行电压作用下，由氧化锌阀片组成的阀片柱就要长期通过工作电流，即总泄漏电流。严格来说，总泄漏电流是指流过氧化锌避雷器内部阀片柱的泄漏电流，但测得的总泄漏电流包括瓷套泄漏电流、绝缘杆泄漏电流及阀片柱泄漏电流三部分。一般而言，阀片柱泄漏电流不会发生突变，而由污秽或内部受潮引起的瓷套泄漏电流或绝缘杆泄漏电流比流过阀片柱的泄漏电流小得多。因此，在天气好的条件下，测得的总泄漏电流一般都视为流过阀片柱的泄漏电流。阀片柱由若干非线性的阀片串联而成，总泄漏电流是非正弦的，因此不能用线性电路原理来测取总泄漏电流。一般常用阻容并联电路来近似等效模拟氧化锌避雷器非线性阀片元件，如图 3.95 所示。图中 R_n是 ZnO 晶体本体的固有电阻，电阻率为 1～10Ω·cm；R_x是晶体介质层电阻，电阻率为 1010～1013Ω·cm，它是非线性的，随外施电压大小而变化；C_x是 ZnO 晶体介质电容，相对介电系数为 1000～2000。由于 $R_x \gg R_n$，可略去 R_a的影响，故又常将图 3.95（a）简化为图 3.95（b）所示的等效电路。流过氧化锌避雷器的总泄漏电流 I 可分为阻性电流 I_{Rx}与容性电流 I_{Cx}两部分。导致阀片发热的有功损耗是阻性电流分量。因 R_x为非线性电阻，流过的阻性电流不但有基波，

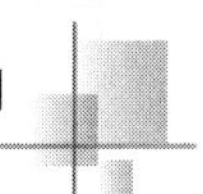

而且还含有3、5次及更高次谐波。只有阻性电流的基波才产生功率损耗。虽然总泄漏电流以容性电流为主，阻性电流仅占其总泄漏电流的10%～20%，但对氧化锌避雷器泄漏电流的监测还应以阻性电流为主。

3.7.2 氧化锌避雷器在线监测

3.7.2.1 总泄漏电流在线监测

总泄漏电流监测（或称全电流监测）是基于氧化锌避雷器泄漏电流的容性分量基本不变，可以简单地认为，总泄漏电流的增加能在一定程度上反映阻性分量电流的增长情况。基本方法是在避雷器放电计数器两端并接低电阻的微安表，以此测量总泄漏电流的变化。

目前国内许多运行单位使用MF-20型万用表（或数字式万用表）并接在动作计数器上测量总泄漏电流，这是一种简便可行的方法。目前广泛应用的总泄漏电流监测仪工作原理如图3.96所示。

测量时，可采用交流毫安表PA1，也可用经桥式整流器连接的直流毫安表PA2。

当电流增大2～3倍时，往往认为已达到危险界限。现场测量经验表明，这一标准可以有效地监测氧化锌避雷器在运行中的劣化。

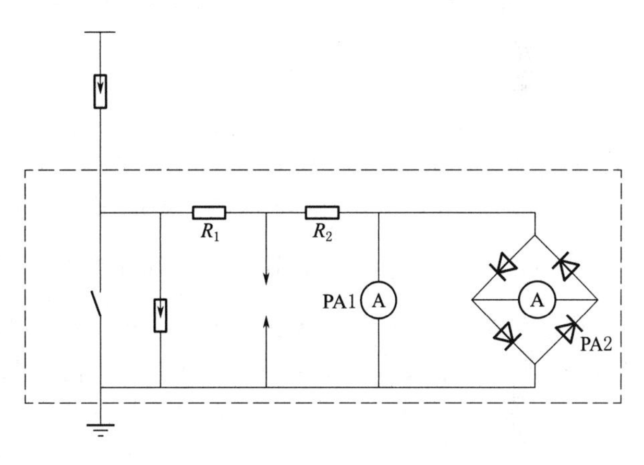

图3.96 总泄漏电流监测仪工作原理图

由于氧化锌避雷器的非线性特性，即使外施电压是正弦的，总泄漏电流也非正弦，它包含有高次谐波。使用氧化锌避雷器电流测试仪测量氧化锌避雷器中的3次谐波电流，来推出阻性电流。3次谐波法就是从避雷器地线上取出总电流，接入3次谐波带通滤波器，可测到3次谐波电流。使用这种方法测量较为方便，但当电力系统中谐波分量较大时常会遇到困难，难以做出正确的判断。

测量三相氧化锌避雷器的零序电流，是3次谐波法的特殊形式。当3台避雷器均为同一类型且均正常时，测得的三相基波之相量和接近于零。但避雷器阀片为非线性元件，因而即使三相电源电压正弦且平衡，仍有三相3次谐波电流之和可以测出。只要三相避雷器不是同步老化的话，就可以采用此法来发现缺陷。

3.7.2.2 阻性电流在线监测

阻性电流在线监测就是监测流经氧化锌避雷器的阻性电流分量来发现氧化锌避雷器的早期老化现象，其基本原理如图3.97所示。它是先用钳形电流互感器（传感器）从氧化锌避雷器的引下线处取得电路信号$\dot{I}_0$，再从分压器或电压互感器侧取得电压信号$\dot{U}_s$。后者经移相器前移90°相位后得$\dot{U}_{s0}$（以便与$\dot{I}_0$中的电容电流分量$\dot{I}_C$同相），再经放大后与$\dot{I}_0$一起送入差分放大器。在放大器中，将$G\dot{U}_{s0}$与$\dot{I}_0$相减；并由乘法器等组成的自动反馈跟踪，以控制放大器的增益 G，使同相的 $\dot{I}_C - G\dot{U}_{s0}$ 的差值降为零，即 $\dot{I}_0$ 中的容性分量全部被补偿掉，剩下的仅为阻性分量 $\dot{I}_R$，再根据 $\dot{U}_s$ 及 $\dot{I}_R$ 即可获得氧化锌避雷器的功率损耗 P 了。

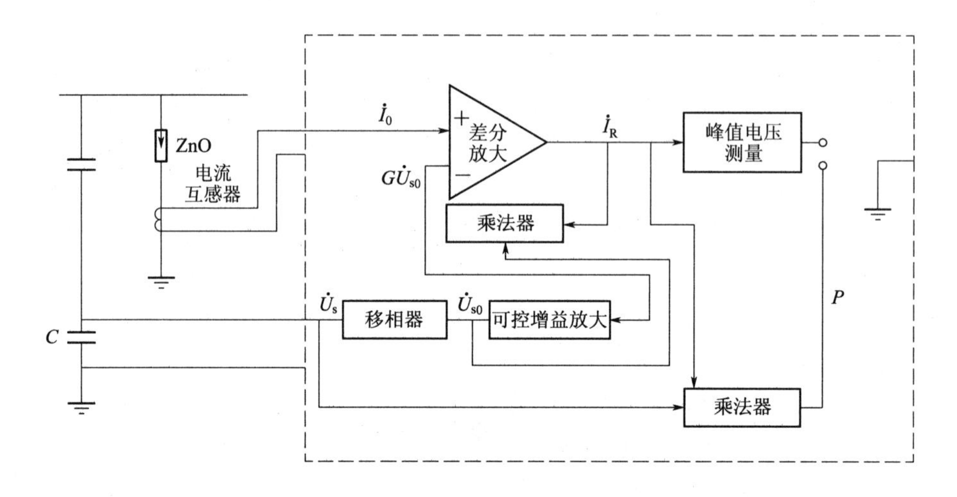

图 3.97　阻性电流监测仪基本原理

采用这种类型的阻性电流监测仪比较方便实用，因为它是以钳形电流互感器取样，不必断开原有接线，而且不需要人工调节，自动补偿到能直接读取 $\dot{I}_R$ 及 P。钳形电流互感器的磁芯质量很重要，要保证不因各次钳合时由于电流互感器铁芯励磁电流变化而引起比差，特别是角差的改变，并需要采用良好的屏蔽结构以尽量减小在变电站里实测时外来干扰的影响。

图 3.97 为阻性电流测试仪的原理图示意，图中差动放大器的两个输入端分别输入总电流 GU_{s0}，亦即 $G\mathrm{d}u/\mathrm{d}t$，并依靠自动调节电路达到平衡条件，即

$$\int_0^{2\pi} u_{s0}(I_0 - Gu_{s0})\mathrm{d}\omega t = 0 \tag{3.34}$$

此时即可得到阻性电流。

设电网电压 $u = U\sin\omega t$，则阻性电流为

$$i_R = I_R\sin(\omega t + \theta) \tag{3.35}$$

电容 C 上的容性电流为

$$i_C = C\frac{\mathrm{d}u}{\mathrm{d}t} = C_\omega U\cos\omega t \tag{3.36}$$

根据阻性电流测试仪的自动平衡条件，有

$$\int_0^{2\pi}\frac{\mathrm{d}u}{\mathrm{d}t}\left(I_0-G\frac{\mathrm{d}u}{\mathrm{d}t}\right)\mathrm{d}\omega t=\int_0^{2\pi}i_C\frac{\mathrm{d}u}{\mathrm{d}t}\mathrm{d}\omega t+\int_0^{2\pi}\frac{\mathrm{d}u}{\mathrm{d}t}i_R\mathrm{d}\omega t+\int_0^{2\pi}G\left(\frac{\mathrm{d}u}{\mathrm{d}t}\right)^2\mathrm{d}\omega t$$

$$=\int_0^{2\pi}(C-G)\left(\frac{\mathrm{d}u}{\mathrm{d}t}\right)^2\mathrm{d}\omega t+\int_0^{2\pi}\frac{\mathrm{d}u}{\mathrm{d}t}i_R\mathrm{d}\omega t \tag{3.37}$$

$$=(C-G)\omega^2\pi U^2+\omega\pi UI_R\sin\theta$$

$$=0$$

可得到

$$C=G-\frac{I_R\sin\theta}{\omega U} \tag{3.38}$$

根据阻性电流的定义，$\theta=0$，此时差动放大器输出的电流信号即为阻性电流，即

$$i_R=I_R\sin\omega t,\ I_R=I_0+Gu_{s0}$$

阻性电流测试仪原理严谨，能对各次容性谐波电流进行补偿，可以得到阻性电流波形和峰值，并可以得到各次谐波电压产生的总功率，是功能较齐全的监测仪器。然而，电容电流补偿法在监测氧化锌避雷器阻性电流时，会出现一些问题，影响监测的正确性。

电网谐波电压加在氧化锌避雷器上，会使其总泄漏电流的谐波电流中也含有容性成分，并且与阻性泄漏电流中的谐波成分混合，给从总泄漏电流中分离阻性电流带来困难。此外，谐波电压还可以从其他方面影响氧化锌避雷器阻性电流波形。例如，当含有 3 次谐波时，通过自动平衡条件可计算得到测量出的阻性电流有误差项，误差的大小与阻抗角、谐波幅值与相位有关。

现场试验已多次发现，当三个同类的氧化锌避雷器组成三相而呈一字形排列时，如用阻性电流在线监测仪进行试验，读出这三相氧化锌避雷器各自的 I_R 及 P 往往相差很大，表 3.12 所列为一实例。

表 3.12　　某 500kV 变电站 MOA 阻性电流监测结果

安装地点		相序	U_s（有效值）/V	I_0（有效值）/mA	I_R（峰峰值）/μA	P（平均值）/W
某 500kV 变电站	主变压器侧	A	53.5	1.85	390	65.0
		B	53.9	1.80	250	28.0
		C	53.5	1.85	110	13.0
	电抗器侧	A	56.7	1.70	440	81.4
		B	55.6	1.86	280	36.4
		C	55.4	1.74	100	0.87

即使是同型号、同批生产的三台氧化锌避雷器，在线监测得到的总泄漏电流 i_x 值相差很小，而阻性分量 I_R 及功耗 P 却有显著的差别。往往是中相的数据居中，并与单相加压时相近；而两个边相中有一相偏大、另一相偏小，这些问题是由在线监测时的相间电容耦合所引起的。当三相氧化锌避雷器成一直线排列时，在测量边相 A 相底部的电流时，

主要是A相外施电压U_A经A相氧化锌避雷器所引起的容性分量I_{AC}及阻性分量I_{AR}；另外还有邻相B相与A相间的杂散电容C_{AB}所引起的容性干扰电流I_B（C相因距离A相更远，其影响可忽略）。同理，B相对C相间的电容耦合使C相氧化锌避雷器下部测得的“视在”阻性分量变小。而B相因位置居中，A、C两边相对其的电容耦合基本对称，影响也就可忽略。由此可知，由于B相的影响，使A、C相的I_0的相位将分别移后和移前3°～5°，其峰值也略有减小，I_R的读数则分别出现明显增大和减小。而B相由于同时受A、C相影响，I_0的相位和I_R值基本不变，这就是所谓三相不平衡现象。

降低相间干扰影响的具体的做法如下：先在停电条件下，用外施电压分别测量各相避雷器的I_0、I_C、I_R；而后在运行条件下再测量，这时应在电压互感器输出的电压信号后再增加一个移相器；然后将电压信号输入阻性电流监测仪；改变移相器的角度，使I_0、I_C、I_R测量值与停电条件下的测量值相同；记下移相值和I_0、I_C、I_R的值，并以此为基准，以后均在相同的移相条件下进行监测。移相器一般由可变电阻器和电容器串联组成。

3.7.2.3　谐波电流分析法

谐波电流分析法通过对总泄漏电流信号进行分析与处理，得到阻性电流或者阻性电流基波值，并以此进行氧化锌避雷器的故障诊断，目前常用的有阻性电流3次谐波法、高次谐波法和阻性电流基波法。

阻性电流3次谐波法是将总泄漏电流经带通滤波器检出3次谐波分量，根据总阻性电流与3次谐波阻性分量的一定的比例关系来得到阻性电流峰值。由于各厂生产的阀片以及同一厂生产的不同规格的阀片的特性不尽相同，导致3次谐波峰值与阻性电流峰值之间的函数关系不一样，且是随阀片的老化而变化的；氧化锌避雷器端电压（母线电压）中的谐波含量也对测量结果产生直接影响。因此，3次谐波法既不具有通用性，也不能比较客观地反映氧化锌避雷器的实际运行工况，它只能局限于同一产品在同一试验条件下的纵向比较。其优点是只需取氧化锌避雷器总泄漏电流，不需要参考电压，比较方便。但当系统电压中含谐波分量较大时，则电容电流也将含3次谐波，使测量存在较大误差，容易造成误判。

高次谐波法是对常规阻性电流测量的改进，其基本思想是：只需从氧化锌避雷器取总泄漏电流，经过单片机分析计算得到阻性电流。将取到的总泄漏电流同时送入减法单元和逻辑分析单元，逻辑分析单元对总泄漏电流信号进行分析，计算出容性电流和阻性电流的相位差，由自动信号生成单元生成容性电流信号初值，并送入减法单元与总泄漏电流做差分运算。后面的处理与常规阻性电流测量（常规补偿法）相同，最后可得到阻性电流。这种方法的优点是：测试人员可避开电压互感器的接线操作，使在线监测操作更简便，增强了电力系统在线测试的安全性；采用了单片机系统，智能化程度较高。但其准确性取决于系统电压高次谐波的含量。

阻性电流基波法认为在正弦波电压作用下，氧化锌避雷器的阻性电流中有基波，也有高次谐波，但只有基波电流能做功产生热量，谐波电流则不做功也不产热。在各种氧化锌避雷器阻性电流值相等的情况下，因不同氧化锌避雷器的阻性电流基波与谐波的比例往往不同，则其发热、功耗也就不同。同时，测量阻性电流基波还可以排除电网电压中含有谐波对阻性电流测量的影响，而不论其谐波量如何，阻性电流基波值总是一个定值。谐波分析法采用数字化测量和谐波分析技术，从总泄漏电流中分离出阻性电流基波值，整个过程可以通过单片机或微机在软件中得以实现。对于相间杂散电容的影响，可以利用谐波分析法测出两个边相泄漏电流的相移予以纠正。这种方法可信度高，硬件电路简单，便于实现在线监测，采取适当的措施可以减小干扰，提高测量准确度。

通常氧化锌避雷器性能下降的因素主要有两个：氧化锌阀片老化和受潮。氧化锌阀片老化使其非线性特性变差，主要表现为在系统正常运行电压下阻性电流高次谐波分量显著增大，而阻性电流基波分量相对增加较小。受潮主要表现为在正常运行电压下阻性电流基波分量显著增大，而阻性电流的高次谐波分量增加相对较小。这样，对氧化锌避雷器阻性电流的监测，如果只监测其阻性电流基波分量或只监测其阻性电流高次谐波分量，都不能完整、有效地反映其运行状况。因此利用数字采样分析即谐波分析法对氧化锌避雷器的电压、电流波形数据进行分析、计算，得出其阻性电流基波值和各次谐波值及变化，在消除相间干扰及外界干扰的基础上，加以纵向比较和综合判断，才能实现对氧化锌避雷器的全面监测，确保安全运行。

谐波电流分析法的主要特点是避免了由于硬件性能不良对监测带来的影响，可提高监测系统的可靠性。同时可与介质损耗测量共用一套微机及相应的软件，有利于实现多参数、多功能的统一监测系统。谐波电流分析法和常规的阻性电流测量法相比，对监测总泄漏电流、基波阻性电流的测量结果是一致的，但当电压中含有高次谐波时，谐波电流分析法更能准确、灵敏地反映阻性电流中的高次谐波分量。

3.8 变电站绝缘状态非接触式监测

3.8.1 概述

变电站主要组成部分包括馈电线（进线、出线）和母线、电力变压器、隔离开关、断路器、电力电容器、电压互感器（TV）、电流互感器（TA）、避雷器和避雷针、以及 SF_6 全封闭组合电器（GIS）。GIS 把断路器、隔离开关、母线、接地开关、互感器、出线套管或电缆终端头等分别装在各自密封间中，集中组成一个整体外壳，充以 SF_6 气体作为绝缘介质。

变电站按照其使用特征主要可分为：枢纽变电站、终端变电站、升压变电站、降压变电站。电力系统变电站的电压等级主要有 1000kV、750kV、500kV、330kV、220kV、110kV、35kV 等。

随着智能变电站可视化在线监测要求的提出，电气设备在线监测技术得到了极大发展。但由于变电站的功能不一，重要程度不同，不可能每个变电站的电气设备都安装在线监测系统，这样不但投资过大，且大多数老式变电站实现起来有一定的难度。因此，近年来，国际上提出并实现了变电站绝缘状态的非接触式监测，不是对变电站的每个设备进行监测，而是固定监测这个变电站的特高频放电和定位，或是移动地监测设备的温度、局部放电，当出现一些初步的绝缘故障后，再用便携式仪器进行在线监测，或采用离线式准确监测。例如，在变电站的边缘安装 4～8 个阵列特高频天线，监测到微弱的放电信号并定位后，再在定位区域监测有关电气设备，寻找故障放电的设备。也有的采用红外技术监测设备的过热温度，采用紫外技术监测设备的电晕放电，再确定某个设备的绝缘故障。现在已实现机器人自动巡检变电站，把特高频放电传感器、红外传感器和紫外传感器安装在自动机器人设备上，机器人则定时自动在变电站流动巡检，监测到故障信号后，通过无线信号传送到变电站主控室，声光报警，通知检修人员到现场准确监测。

3.8.2 红外热成像在线监测

在变电设备现场巡检所发现的缺陷中，与温度相关的设备隐患和缺陷占到了80%以上，因此，变电设备在线测温技术的应用是无人值班技术发展和状态检修的必然要求。变电站电气设备很多故障是由于过电流、过载、老化、接触不良、漏电、设备内部缺陷或其他异常导致的，而这些故障一般都会伴有发热异常等现象。及时发现设备发热缺陷，将发热缺陷消除在初始状态，是保证设备安全运行，降低检修成本，减少事故发生，避免被迫停电的重要措施之一。目前，变电站巡检人员采用红外测温技术进行巡检的设备主要有两类：一类是手持式红外热像仪；另一类则为远程在线式红外热像仪。

电流型致热故障往往是由于电气设备与金属部件之间的导线、线夹、接头等接触不良导致电流变化而产生。电流型致热的电气设备主要包括SF_6断路器、真空断路器、充油套管、高压开关柜、空气断路器、隔离开关等。

通过红外测温技术对电气设备进行温度测量，分析出对应电气设备是否存在潜在故障，目前主要有以下故障分析方法：

（1）绝对温度判断法。将测得的电气设备表面温度与GB/T 11022—2020《高压交流开关设备和控制设备标准的共用技术要求》相对照，从而判断设备的运行状况。

（2）相对温差判断法。相对温差δ_t定义为两个对应测点间的温差与其中较高热点的温升之比，即

$$\delta_t = \frac{\tau_1 - \tau_2}{\tau_1} \times 100\% = \frac{T_1 - T_2}{T_1 - T_0} \times 100\% \tag{3.39}$$

式中 τ_1、τ_2——发热点温度；

T_1、T_2——正常相对应点的温度；

T_0——环境参照体的温度。

相对温差判断法主要适用于发热点温升大于10K的电流型致热电气设备的故障分析，不同的δ_t值对应不同的缺陷级别，见表3.13。

表3.13 部分电流型致热电气设备的δ_t判据 %

设备类型	δ_t		
	一般缺陷	重大缺陷	紧急缺陷
SF_6断路器	≥20	≥80	≥95
真空断路器	≥20	≥80	≥95
充油套管	≥20	≥80	≥95
高压开关柜	≥35	≥80	≥95
空气断路器	≥50	≥80	≥95
隔离开关	≥35	≥80	≥95

（3）三相温差判断法。根据三相设备对应部位的温差来判断设备的运行状况。

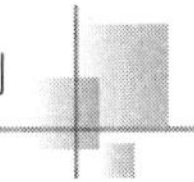

除此之外，还有热像图谱异常判断法、档案分析法等故障分析方法。不同故障分析方法各有特点，可综合考虑选用。

3.8.3 紫外成像电晕监测

电晕放电是一种局部化的放电现象，是由于绝缘系统的局部电压应力超过临界值所产生的气体电离化现象。因此，电晕放电一般是指存在于导体表面的气体放电现象，当变电站处于绝缘状态的非接触式带电体表面电位梯度超过空气的绝缘强度（约 30kV/cm）时，会使空气游离而产生电晕放电现象，特别是高压电气设备，常因设计、制造、安装及维护工作不良而产生电晕放电问题。

目前的紫外成像电晕测量仪器是针对紫外光谱进行监测，通常用来监测被测物电晕或表面放电所产生的紫外线，以发现电晕放电问题。一般在室内晚间没有太阳光的干扰下，效果显著；在白天有太阳光干扰的环境下，必须采用含特殊滤波技术的监测仪器，针对太阳盲光波段（240～280nm）进行感测，以免受到太阳辐射的干扰。另外，双频谱影像机器使用日盲紫外线滤波器技术，同时监测电晕影像及周围环境视觉影像，可应用于监测及定位高压电气设备的电晕。其中视觉通道用于定位电晕，紫外线通道用于监测电晕。

1. 紫外线带电巡检及可识别的故障类型

输供电线路和变电站等电气设备在大气环境下工作，在某些情况下随着绝缘性能的降低，出现结构缺陷或表面局部放电现象。电晕和表面局部放电过程中，电晕和放电部位将大量辐射紫外线，这样便可以利用电晕和表面局部放电的产生和增强，间接评估运行设备的绝缘状况，及时发现绝缘设备的缺陷。目前，放电过程的诊断方法中，光学方法的灵敏度、分辨率和抗干扰能力最好。采用高灵敏度的紫外线辐射接收器，记录电晕和表面放电过程中辐射的紫外线，再加以处理、分析，达到评价设备状况的目的。能够预防、减少设备发生故障造成的重大损失，具有显著的经济效益。这种利用紫外成像原理的技术在甄别设备故障或缺陷时有以下作用：

（1）监测发现劣化绝缘子（陶瓷、复合、玻璃绝缘子）的缺陷、表面放电和污染。

（2）导线架线时拖伤，运行过程中外部损伤（人为砸伤），断股、散股监测。导线表面或内部变形都可产生电晕。

（3）监测高压设备的污染程度。污染物通常表面粗糙，在一定电压条件下会产生放电，例如绝缘子表面因污染会产生电晕。导线的污染程度、绝缘子上污染物的分布情况等，都可以利用该技术有效地进行分析。

（4）运行中绝缘子的劣化监测，复合绝缘子及其护套电蚀监测。绝缘子的裂纹可能会构成气隙，绝缘子的劣化导致表面变形，在一定的条件下都会产生放电。当绝缘子表面形成导电的碳化通道或者侵蚀裂纹时，合成材料支柱式绝缘子的使用寿命大大降低。形成碳化通道或者裂纹以后，绝缘子的故障是不可避免的，而且可能会在短期内发展成绝缘子击穿事故。利用紫外成像技术在某些情况下还可以发现支撑绝缘子的内部缺陷，可在一定灵敏度、一定距离内对劣化的绝缘子、复合绝缘子和护套电蚀进行定位、定量监测，并评估其危害性。

（5）高压设备的绝缘缺陷监测。紫外成像的监测结果还可为电气设备的绝缘诊断与寿命预测提供大量信息，可以建立综合档案资料，以便更好地诊断分析。

（6）高压变电站及线路的整体维护。传统的放电异常判别方法有听声音（包括超声波故障监测）和夜间观察放电等。由于很多设备的放电并不影响其正常运行，所以听声音的方法无法排除干扰因素和主观因素，且受监测距离的限制。如果绝缘设备在夜间发出可见光，表明放电已经十分严重了。很多事故是在绝缘设备未见可见光放电的情况下突然闪络击穿引起的。

（7）寻找无线电干扰源。高压设备的放电会产生强大的无线电干扰，影响附近的通信、电视信号的接收等，使用紫外成像技术可迅速找到无线电干扰源。

（8）在高压电气设备局部放电试验中，利用紫外成像技术寻找或定位设备外部的放电部位，以及设备内部和外部放电，或消除外部干扰放电源，提高局部放电试验的有效性。

2. 双通道紫外线带电巡检

双通道紫外成像仪有紫外线和可见光两个通道。紫外线通道用于电晕成像，可见光用于拍摄环境（绝缘体、电流器、导线等）图片。两图片可以重叠生成一幅图片，用于同时观察电晕和周围环境情况，因此可以监测电晕并清楚地显示电晕源的精确位置。紫外线通道工作波段采用太阳盲区中的240～280nm波段，该波段不受太阳辐射的干扰。在太阳盲区波段臭氧吸收太阳光辐射，因此电晕信号可以在白天获取并成像。双通道紫外线监测系统原理如图3.98所示。

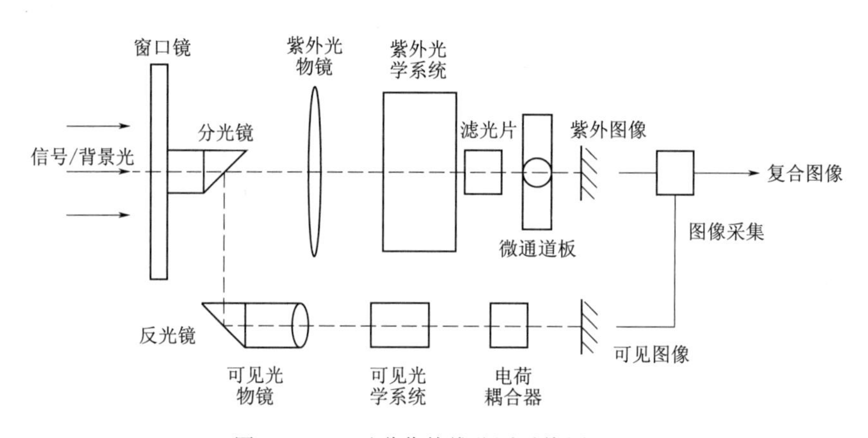

图3.98　双通道紫外线监测系统原理图

3.8.4　变电站全站局部放电特高频监测及定位

特高频法监测重要电气设备内部局部放电的研究和应用近些年发展较快，但该方法多应用于监测单台设备。近年来国内外开发了车载非接触式变电站设备局部放电监测系统，将特高频天线阵列安装于车顶，在变电站内巡逻进行故障监测（也可以固定地安装6～8个监测天线在变电站内）。其监测原理如下：变电站内的高压设备如果存在绝缘缺陷，那么在带电运行过程中，尤其当运行状态或运行环境改变的时候可能发生局部放电，局部放电伴随的陡脉冲电流（脉宽为纳秒级）若上升时间足够快，则能在设备电气附件（如套管）处激发出相应的特高频电磁波辐射到设备外的空气中。这些特高频电磁波可以被频带对应的天线在几十米甚至几百米外耦合，从而在天线导体表面激励起特高频感应电流，而天线性能和电磁波幅值则决定了天线能监测到多远距离外的特高频信号。如图3.99所示，在天线阵列感应到特高频电磁波并且通过传输线传送至采集装置后，具有高模拟频带和采样频率的采集装置可以准确采集到相应的信号数据，并以此计算出存在局部放电的电气设备所在的位置，从而达到监测整个变电站设备局部放电和早期预警的目的。

相比单台设备内部的局部放电监测，全站局部放电的天线安装完全不与被测设备发生接触，但在应用中必须考虑到变电站背景噪声的问题。变电站背景噪声可以分为固有噪声和突发噪声。固有噪声是变电站设备正常运行时产生的干扰再加上广播通信信号等外界干扰组成的，这些噪声往往比较稳定，是变电站内存在的主要电磁干扰。因此在监测前需要确定固有背景噪声幅值，以设置相应的局部放电信号触发阈值，确保监测系统具有良好的信噪比。而突发噪声很多时候是来源于变电站内开关设备操作产生的脉冲，这些脉冲幅值很大，波形和频域也同局部放电信号相似，因此在监测时要注意变电站开关设备操作的时间以避免信号误判。

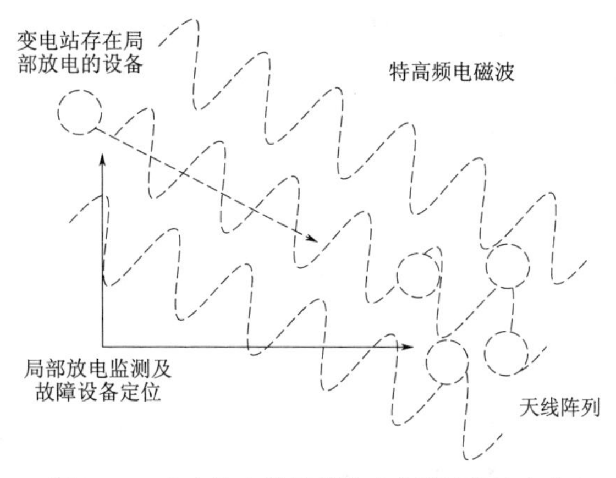

图 3.99 变电站全站局部放电监测及故障定位

用于局部放电信号监测的天线传感器要实现监测整个变电站局部放电，需要传感器能够接收到远处电气设备因局部放电辐射到空气中的特高频信号，从天线设计的角度来说，要求天线具有合适的带宽、水平面（H 面）全向性和高增益。就天线带宽而言，首先需要覆盖局部放电信号能量最强频段，在此基础上，频带越宽则天线灵敏度越高，有助于天线更好地接收局部放电信号并提取更多放电信息。各种类型放电的信号频带有明显差异，电缆接头的局部放电信号能量在 0.2G～1.5GHz 有较强分布，变压器内各种类型局部放电信号能量最强频带各不相同，但都分布在 0.2GHz 以上范围内。因此在考虑天线灵敏度和局部放电信号频带分布的基础上，用于变电站局部放电监测的天线频带应至少覆盖 0.2G～2GHz。测试时，在固定平台或移动平台上构建天线阵列（图 3.100）。每个天线都尽量远离金属物体（如探照灯），以避免由于折反射造成畸变而影响信号到达天线时间的准确读取。这样的阵列方式应该在空间限制和尽可能避开金属物体的情况下能提供最大的矩形，以便最有效提高对信号到达各天线传感器的时间差的分辨率。

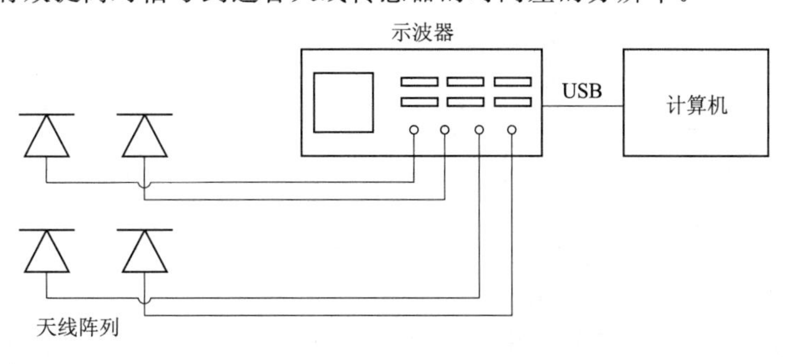

图 3.100 变电站全站局部放电监测天线阵列

放电信号到达各天线存在时间差，读取了时间差就可以计算出放电源所在的位置。不同天线采集的特高频信号的峰值的时间差，再结合标定的系统时延误差，即得到信号到达各天线的时间差，而示波器的高采样频率优势可以使信号达到时间差的读取更加精确。

在求取了信号到达各天线的时间差后，根据式（3.40）可以计算出放电源所在位置坐标（在天线阵列中以天线1位置为坐标原点），即

$$c\Delta t_{ij}=\sqrt{(x_s-x_i)^2+(y_s-y_i)^2+(z_s-z_i)^2}-\sqrt{(x_s-x_j)^2+(y_s-y_j)^2+(z_s-z_j)^2}$$
$$(i,\ j=1,\ 2,\ 3,\ 4) \tag{3.40}$$

式中 c——光速；

Δt_{ij}——信号到达天线 i 和天线 j 的时间差；

(x_s, y_s, z_s)——放电源位置坐标；

(x_i, y_i, z_i)、(x_j, y_j, z_j)——天线 i 和天线 j 的位置坐标。

变电站全站局部放电监测中，天线阵列设计、干扰抑制、局放信号的捕捉和标定是实现局部放电故障准确定位的关键。

3.8.5 变电站机器人巡检

变电站机器人巡检技术在短短十年间取得了一定进展，现在已有变电站实现机器人自动巡检。把特高频放电传感器、红外传感器和紫外传感器安装在自动机器人设备上，机器人则定时自动在变电站流动巡检，就可定时地监测电气设备的温度、电晕放电和特高频局部放电，监测到故障信号后，通过无线信号传送到变电站主控室，通过软件进行故障诊断和分析，就能判别是否出现绝缘故障。

实际上，巡检机器人只是整个变电站自动巡检系统的一部分，它还需要相应的通信基站、控制和数据处理平台等系统为其提供支持。

整个系统的工作流程大致为：通过定位系统对巡检机器人进行准确定位、导航，再通过机器人所携带的摄像机或红外传感器等对电气设备的工作状态进行采集，并即时向控制中心返回设备状态和机器人本体的工作状态，达到机器人巡检的目的。机器人巡检与人工巡检的特点见表3.14。

表3.14　机器人巡检与人工巡检的特点

项　目	机器人巡检	人工巡检
巡检设备	可同时携带多种测量设备	以手持设备为主
巡检标准	能够实现标准化测量，具有可对比性	受主观影响很大，水平参差不齐
巡检后处理	可同步实现数据处理与分析	需额外后期处理
巡检成本	一次性投入固定成本多，后期运行成本低	需持续投入成本
其他	自动化测量，具有可扩展性	能够发现、处理突发事件

1. 变电站机器人巡检系统框架

变电站巡检机器人系统结构为网络式分布结构，由基站层、通信层和终端层三层组成，如图3.101所示。

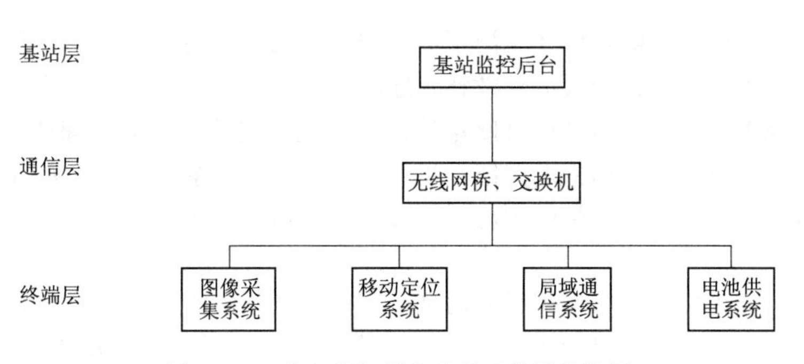

图 3.101 变电站机器人巡检系统结构框图

基站层即监控后台，主要负责机器人巡检系统中接收数据、处理数据以及展示处理结果的任务，由数据库（模型库、历史库、实时库）、模型配置、设备接口（机器人通信接口、红外热像仪接口、远程控制接口等）、数据处理（实时数据处理、事项报警服务、日志服务等）、视图展示（视频视图、电子地图、事项查看等）等模块组成。基站层通过对所采集数据的分析，判别设备的运行情况，对设备缺陷以及潜在危险进行识别并及时报警。

通信层主要由交换机和无线网桥等设备组成，为基站层与终端层之间的通信提供双向、透明的信道。

终端层主要是巡检机器人主体和充电基站。巡检机器人通过无线通信受到监控后台的控制，并将所采集的电气设备运行情况以及自己运行的情况实时反馈给监控室。充电基站中安装有自动充电设备，机器人在巡检过程中如发现自身电量不足，可自动进入充电基站充电。

2. 变电站巡检机器人构成

变电站巡检机器人由运动控制系统、导航定位系统、自动充电系统、云台及传感器系统构成。

（1）运动控制系统。目前所有已知的变电站巡检机器人都采用轮式机器人的结构，由电动机驱动左右车轮实现机器人的前进、后退和旋转。其机械结构简单，控制算法比较成熟，控制准确度高，机器人行进速度快，能够满足变电站巡检的任务需求。

由于机器人速度适中，自由度较少（至多有 3 个自由度，在图像中的位置由 x、y 坐标轴确定，为 2 个自由度，再由机器人的方向确定第 3 个自由度），控制策略普遍采用比例—积分—微分（PID）闭环控制，控制框图如图 3.102 所示。

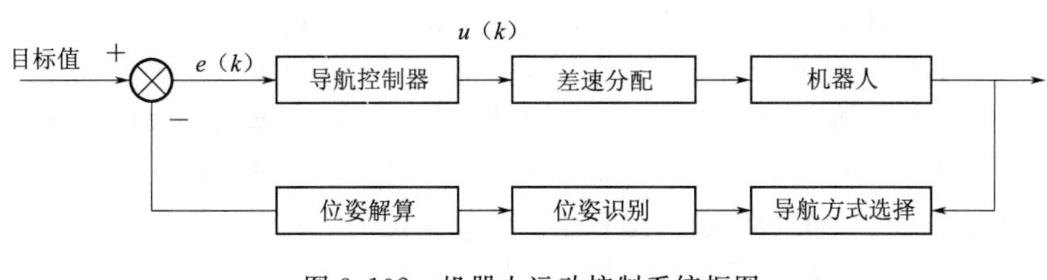

图 3.102 机器人运动控制系统框图

（2）导航定位系统。机器人在自动巡检过程中，需要对变电站内不同位置的设备进行

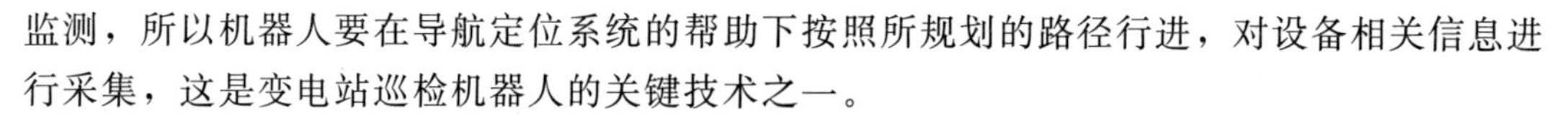

监测，所以机器人要在导航定位系统的帮助下按照所规划的路径行进，对设备相关信息进行采集，这是变电站巡检机器人的关键技术之一。

（3）自动充电系统。作为高度自动化的监测手段，巡检机器人长期值守在变电站中，一套高度自动化和可靠稳定的充电系统是不可或缺的。充电系统在机器人执行巡检任务时能够实时查询电池电量，当电量降到输出下限时，机器人返回充电系统，完成机器人电能自动补给。

充电的方式分为接触式和非接触式两种。目前主要采用的是接触式充电方法，充电速度快，原理简单。但其缺点是充电接口对接需要非常精确的控制，增加了系统的复杂程度，耗时较多。随着无线输电（即磁耦合共振技术）的发展，非接触式的充电方法已经变为现实，其优点是对巡检机器人的控制准确度要求不高，速度快，并且没有裸露的金属接口，不会出现金属腐蚀而降低充电效果甚至失效的现象，可靠性更高。

（4）云台及传感器系统。云台是巡检机器人承载各种检测设备的平台，能够灵活转动。目前在云台上搭载的传感器主要有可见光摄像仪、红外成像仪、紫外传感器和特高频传感器等。

3. 变电站机器人巡检的基本功能

（1）监测功能。通过红外成像仪监测一次设备的热缺陷，或通过紫外线监测电晕放电，或通过特高频传感器监测局部放电；通过可见光摄像仪进行一次设备的外观监测，包括破损、异物、锈蚀、松脱、漏油等；监测断路器、开关的位置；监测表计读数、油位计位置；通过音频模式识别，分析一次设备的异常声音等。

（2）导航功能。按预先规划的路线行驶，能动态调整车体姿态；差速转向，原地转弯，转弯半径小；磁导航时超声自动停障；最优路径规划和双向行走，指定观测目标后计算最佳行驶路线。

（3）分析及报警功能。能够进行设备故障或缺陷的智能分析并自动报警；自动生成红外测温、局部放电、设备巡视等报表，报表格式可由用户定制，可通过IEC 61850规约传送至信息一体化平台；具有按设备类别提供设备故障原因分析及处理方案的辅助系统，提供设备红外图像库，协助巡检人员判别设备故障。

（4）控制功能。设备巡检人员可在监控后台进行巡视；可对车体、云台、红外及可见光摄像仪进行手动控制；实现变电站设备巡检的本地及远方控制；与顺序控制系统相结合，代替人工实现断路器、隔离开关操作后位置的校核。

4. 机器人巡检双图像系统

目前变电站中电气信号基本可以得到实时监控，而一些非电量的信号及特征就可由巡检机器人完成监控任务，如变压器绝缘油压力、断路器内部绝缘气体压力（压力表读数）、是否有异物闯入等，都可由机器人所携带的可见光摄像仪或激光测距仪检测；而母线接头、变压器套管、断路器、绝缘子等设备的发热情况，可由机器人所携带的红外成像仪检测；甚至变电站中电气设备的运行声音是否正常，也可由拾音器采集声音，经由监控后台处理。目前为止，最主要的检测项目是利用红外测温技术，检测诊断设备外部发热情况以及热缺陷。红外可见光双图像系统也已用于机器人巡检。

第 4 章　通信协议与检测技术

4.1　IEC 61850 协议体系及组态配置技术

IEC 61850 标准的宗旨是“一个世界、一种技术、一种标准”（One world，One Technology，One Standard），目标是实现设备间的互操作，其作为国际统一的变电站通信标准已经获得广泛的认同与应用，DL/T 860 等同采用了该标准。本章主要描述了 IEC 61850 标准相关技术，介绍了变电站配置描述语言（Substation Configuration description Language，SCL）、制造报文规范（Manufacturing Message Specification，MMS）、抽象服务（Abstract Communication Service Interface，ACSI）、面向通用对象变电站事件（Generic Object Oriented Substation Event，GOOSE）、采样值服务（Sampled Value，SV）等，重点阐述了工程中如何对配置文件的遥信遥测报告、GOOSE、SV、控制、定值等服务进行配置及工程实施中 IEC 61850 建模规范要求。

4.2　IEC 61850 概述

近年来随着嵌入式计算机与以太网通信技术的飞跃发展，智能电子设备之间的通信能力大大加强，保护、控制、测量、数据功能逐渐趋于一体化，形成庞大的分布式电力通信交互系统，电力系统正逐步向电力信息系统方向发展。以前，几乎所有的设备生产商都具有一套自己的通信规约，通常一个传统变电站可能同时使用多个厂商的协议，电网运行的规约甚至多达上百种。而各大设备商出于商业利益，对自己的通信协议一般都是采取保密措施，进一步加大了系统集成的困难程度，客户在进行设备采购时也受限于设备生产商，系统集成成本大为提高。一个变电站需要使用不同厂家的产品，必须进行规约转换，这需要大量的信息管理，包括模型的定义、合法性验证、解释和使用等，这些都非常耗时而且代价昂贵，对电网的安全稳定运行存在不利影响。

因此，作为全球统一的变电站通信标准，IEC 61850 受到了积极的关注，其主要目标是实现设备间的互操作，实现变电站自动化系统无缝集成，是今后电力系统无缝通信体系的基础。所谓互操作（interoperability）是指一种能力，使得分布的控制系统设备间能即插即用、自动互联，实现通信双方理解相互传达与接收到的逻辑信息命令，并根据信息正确响应、触发动作、协调工作，从而完成一个共同的目标。互操作的本质是如何解决计算机异构信息系统集成问题，因此，IEC 61850 标准采用了面向对象思想建立逻辑模型、基于 XML 技术的变电站配置描述语言 SCL、ACSI 映射到 MMS 协议、基于 ASN.1 编码的以太网报文等计算机异构信息集成技术。

与传统 IEC 60870－5－103 标准相比，IEC 61850 标准不是一个单纯的通信规约，而是个面向变电站自动化系统性的标准，它指导了变电站自动化的设计、开发、工程、维护等领域。IEC 61850 标准共分为 10 个部分，其中第 1～5 部分为概论、术语、总体要求、系统项目管理、通信性能评估方面内容；第 6～9 部分为通信标准核心内容；第 10 部分为 IEC 61850 规约一致性测试内容。

国标 DL/T 860 等同采用了 IEC 61850 标准，主要内容如下：

DL/Z 860.1—2018《电力自动化通信网络和系统 第 1 部分：概论》

DL/Z 860.2—2006《变电站通信网络和系统 第 2 部分：术语》

DL/T 860.3—2004《变电站通信网络和系统 第 3 部分：总体要求》

DL/T 860.4—2018《电力自动化通信网络和系统 第 4 部分：系统和项目管理》

DL/T 860.5—2006《变电站通信网络和系统 第 5 部分：功能的通信要求和装置模型》

DL/T 860.6—2012《电力企业自动化通信网络和系统 第 6 部分：与智能电子设备有关的变电站内通信配置描述语言》

DL/T 860.71—2014《电力自动化通信网络和系统 第 7－1 部分：基本通信结构原理和模型》

DL/T 860.72—2013《电力自动化通信网络和系统 第 7－2 部分：基本信息和通信结构—抽象通信服务接口（ACSI)》

DL/T 860.73—2013《电力自动化通信网络和系统 第 7－3 部分：基本通信结构公用数据类》

DL/T 860.74—2014《电力自动化通信网络和系统 第 7－4 部分：基本通信结构 兼容逻辑节点类和数据类》

DL/T 860.81—2016《电力自动化通信网络和系统 第 8－1 部分：特定通信服务映射（SCSM）—映射到 MMS（ISO 9506－1 和 ISO 9506－2）及 ISO/IEC 8802－3》

DL/T 860.92—2016《电力自动化通信网络和系统 第 9－2 部分：特定通信服务映射（SCSM）—基于 ISO/IEC 8802－3 的采样值》

DL/T 860.10—2018《电力自动化通信网络和系统 第 10 部分：一致性测试》

由于变电站、变电站与调度中心、调度中心之间各种协议的不兼容，使得 IEC 委员会 TC57 工作组认为有必要从变电站信息源头直至调度中心采用统一的通信协议，IEC 61850 数据对象统一建模有必要与 IEC 61970 CIM 信息模型协调一致。因此，IEC 61850 标准正在不断发展与扩充中，另外 IEC 61850 标准正在向风能、水电、配电和工业控制等其他领域拓展应用，凭借良好的可扩展性和体系结构，IEC 61850 将在全世界所有电力相关行业的信息共享、功能交换以及调度协调中做出重大的、决定性影响。

4.3　IEC 61850 标准 2.0 版本

自 2004 年 IEC 61850 第一版发布后，IEC TC57 WG10 就开始了 IEC 61850 标准 2.0 版本的制定工作。IEC 61850 标准第二版保留了第一版的框架，对模糊的问题作了澄清，修正了笔误，在网络冗余、服务跟踪、电能质量、状态监测等方面做了补充，删除了 IEC

61850-9-1 部分，增加了-7-4××特定领域逻辑节点和数据对象类技术标准，制定了水电厂、分布式能源等部分，正在研究和制定-7-5××和-90-××技术报告（Technical Report）、-80-××技术规范（Technical Specification）等诸多技术文件，内容涉及变电站之间通信、变电站和控制中心通信、汽轮机和燃气轮机、同步相量传输、状态监测、变电站网络工程指南、变电站建模指南、逻辑建模等诸多方面。该标准的适用范围已拓展，超出了变电站范围，IEC 61850 第二版的名称相应更改为电力自动化通信网络和系统（Communication networks and systems for power utility automation）。

其中，IEC 61850-6 是第二版改动较大的部分，其改动主要涉及两个大的方面，一是对第一版中表述模糊的地方进行了澄清，另一方面则主要是 SCL 语法的升级，SCL 语言明确为 3.0 版本，新增了描述 IED 配置工具和系统配置工具的功能角色，新增了 IID 和 SED 文件，主要在 SCL 工程实施过程、对象模型、描述文件类型、语言和语法元素五个方面有所改动。

4.3.1 SCL Schema 3.0 语言

IEC 61850 中，明确 2.0 版本所使用的语言更新为 SCL Schema 3.0 版本，并在增加的章节中，专门描述 SCL 语言版本及其兼容性。在配置方面，有语法规则检测、配置模型变化、Name 长度变化、Enum 枚举类型、定值模型、控制模型等方面的不兼容；在服务方面，有 Mod 与 Beh 计算流程、控制服务、定值服务、BRCB 带缓存报告流程等方面不兼容。

4.3.2 对象模型的差异

在对象模型方面，主要是 IEC 61850-6 和 IEC 61850-7 的修改，影响较大的差异有：

（1）增加了 NOTE3，用于提示在 CIM 模型中不需要描述间隔的情况下，SCL 模型中如何来处理电压等级和间隔的关系。

（2）明确了物理结构的描述超出了 SCL 的范围，但可以使用 9.4.6 中的定义 PhyConn 在一定程度上对物理结构进行建模。

（3）明确了 SWITCH 作为 IED 的 type 时，保留为交换机使用。

（4）增加专门用于描述数据流的模型。

（5）增加“The meta-meta model”，提出标准中的数据属性、数据类型等是通过组合、嵌套、递归等方式形成的分层数据模型。

（6）Gen Loical Device Class 中定义包含“LDName”和“Lgical Node [1..n]”，第一版 8.1 节 LOGICAL-DEVICE class definition 中定义包含“LDName”“LDRef”和“Logical Node [3..n]”。第一版要求至少包含 3 个 LN（NO，LPHD，其他），第二版至少 1 个 LLNO，可以不含其他逻辑节点。

（7）SelectEditSG 服务与第一版不同，2.0 版增加了对 SGCB 编辑权利要求，即 SGCB 选择编辑定值服务时需要其他 SGCB 对该定值服务释放，即保证了 SGCB 对定值服务的独占性。

（8）报告控制块部分去掉了对单实例、多实例解释。

（9）Integrity 解释：完整性周期报告传输过程中出现新的内部 dchg，qchg，dataupdate 报告，需要等完整性周期报告发送完成。第一版中可优先发送。

（10）Generic substation event class model（GSE），18.2.1 GoCB definition 中 GoID 替代第一版 AppID，增加 DstAddress。

（11）修改 Direct control with normal security、SBO control with normal security 状态机、Direct control with enhanced security 状态机、SBO control with enhanced security 状态机；增加分支带 Wait For Activationg Time 和不带两种情况；选择和执行前增加 Perform Test 状态，增加 Wait For Selection，增加 Mirror Blocked Command。

（12）在 CONTROL class service definitions 控制服务中新增了 Time Actived Operate Termination。

（13）新增 Tracking of Control services，增加控制服务跟踪类 CTS。

（14）Annex B Formal definition of IEC 61850－7－2 Common Data Classes 为新增附录，给出了 7－2 中的 CDC 的正式定义，包括 CST、BTS、STS、UTS、LTS、OTS、GTS、MTS、NTS、CTS（boolCTS、Int8CTS、Int32CTS、AnalogCTS、ModCTS、BSC _ CTS）。

4.3.3　通信协议映射的重要差异

IEC 61850－8 和 IEC 61850－9－2 在 2.0 版本中的修改对通信协议的映射产生了一些差异，主要为采样同步、语义发生变化，增加时钟源的信息、可选发送内容，其中比较重要的有：

（1）支持 G 级网络通信。

（2）Object reference 扩展到 129。

（3）扩展 logging 的原因类型，新增应用触发功能。

（4）新增追踪服务的映射。

（5）在使用追踪服务或 link 时候的第二种 Object Reference 映射。

（6）扩展 Additional Cause 的扩展。

（7）支持仿真 GOOSE 的报文。

（8）GOOSE 定长编码规则。

（9）ACSI 服务与 ISO 9506 的错误原因码的改变。

（10）GOOSE 与 SMV 的 test 位被 Simulation 取代。

（11）控制块解析内容增加。

（12）IEC 61850 的 MMS 服务内容增加。

（13）采样率采用两种不同方式描述。

（14）链路层增加了可选的 HSR/PRP。

4.3.4　应用领域扩展

目前 IEC 61850 的应用领域已经突破了变电站自动化系统，IEC 61850 在智能电网的很多领域都得到了应用，主要包括发电、输电、配电、电动汽车、储能、信息安全等。

在发电领域，IEC TC57 WG10 与 IEC TC88 合作，基于 IEC 61850 制定了风电场监控系统国际标准 IEC 61400－25，与 IEC TC57 WG18 合作制定了水电厂监控的国际标准 IEC 61850－7－410，为分布式能源监控系统制定了国际标准 IEC 61850－7－420。

在输变电领域，IEC 61850在输变电领域最主要的应用是变电站自动化系统，IEC 61580 2.0版很好地满足了变电站自动化系统的应用需求。此外，IEC TCS7 WG10起草了技术报告IEC 61850-90-3，该报告就输变电一次设备状态监测诊断与分析（CMD）领域如何应用IEC 61850进行了详细说明。IEC 61850-90-3所涵盖的一次设备包括GIS、变压器、变压器有载分接开关（LTC）、地下电缆、输电线路、辅助电源系统。对于每一类一次设备，该文件以案例图方式对需要进行CMD的项目进行了详细的描述与分析。例如对于变压器，讨论了变压器CMD的油中溶解气体、局部放电、温度、固体绝缘老化、气泡温度、套管、冷却器、配件传感器监测等项目。对于每一种监测项目，以应用实例方式给出了主要实施步骤。最后给出了每种监测项目的数据建模方案。IEC 61850-7-4标准2.0版本中定义了13个S开头的逻辑节点，这类逻辑节点用于一次设备状态监测。IEC 61850-90-3对IEC 61850-7-4 2.0版所定义的逻辑节点进行了部分扩展，并新增了一些逻辑节点。

另外，在FACTS数据建模方面，IEC TC57 WG10起草了技术报告IEC 61850-90-14，并与IEC TC38合作起草互感器的最新标准IEC 61869，电子互感器的数字接口和工程配置将按照IEC 61850技术体系。

在配电领域，与变电站自动化系统和电厂应用不同，配电自动化系统点多面广，通信网络的拓扑及设备的处理能力差异很大。变电站自动化系统的大多数通信服务都是基于局域网（LAN）实现的，IEC 61850-8-1规范了抽象通信服务（ACSI）到底层通信协议MMS之间的映射。对于变电站外的应用，这种方式存在软件实现复杂、主站资源消耗大、处理负担重等缺点。IEC TC57 WG10通过技术报告IEC 61850-8-2规范了ACSI与底层通信协议WebService之间的映射。这种映射具有软件实现简单、主站资源消耗小、处理负担轻等优点，比较适合配电自动化系统等变电站外的应用场合。

在电动汽车、储能系统方面，IEC TC57 WG10通过IEC 61850-90-8和IEC 61850-90-9分别针对电动汽车和储能系统中如何应用IEC 61850技术进行了规范。

在信息安全方面，已有IEC 62351这一专门针对电力系统安全通信的标准。IEC TCS7 WG10完全采用了IEC 62351所规范的信息安全措施，包括认证、加密等措施。

4.4 IEC 61850体系关键技术

4.4.1 面向对象技术

IEC 61850标准中IED的信息模型为分层结构化类模型。信息模型的每一层都定义为抽象的类，并封装了相应的属性和服务，属性描述了这个类的所有实例的外部可视特征，而服务提供了访问（操作）类属性的方法。

IEC 61850标准中IED的分层信息模型自上而下分为SERVER（服务器）、LOGICAL DEVICE（逻辑设备）、LOGICAL NODE（逻辑节点）和DATA（数据）四个层级，如图4.71所示。上一层级的类模型由若干个下一层级的类模型“聚合”而成，位于最低层级的DATA类由若干Data Attribute（数据属性）组成。IEC 61850-7.2明确规定了这个四层级的类模型所封装的属性和服务。LOGICAL DEVICE、LOGICAL

NODE、DATA 和 Data Attribute 均从 Name 类继承了 Object Name 对象名和 Object Reference（对象引用）属性。在特定作用域内，对象名是唯一的；将分层信息模型中的对象名串接起来所构成的整个路径名即为对象引用。作用域内唯一的对象名和层次化的对象引用是 IEC 61850 标准实现设备自我描述的关键技术之一。

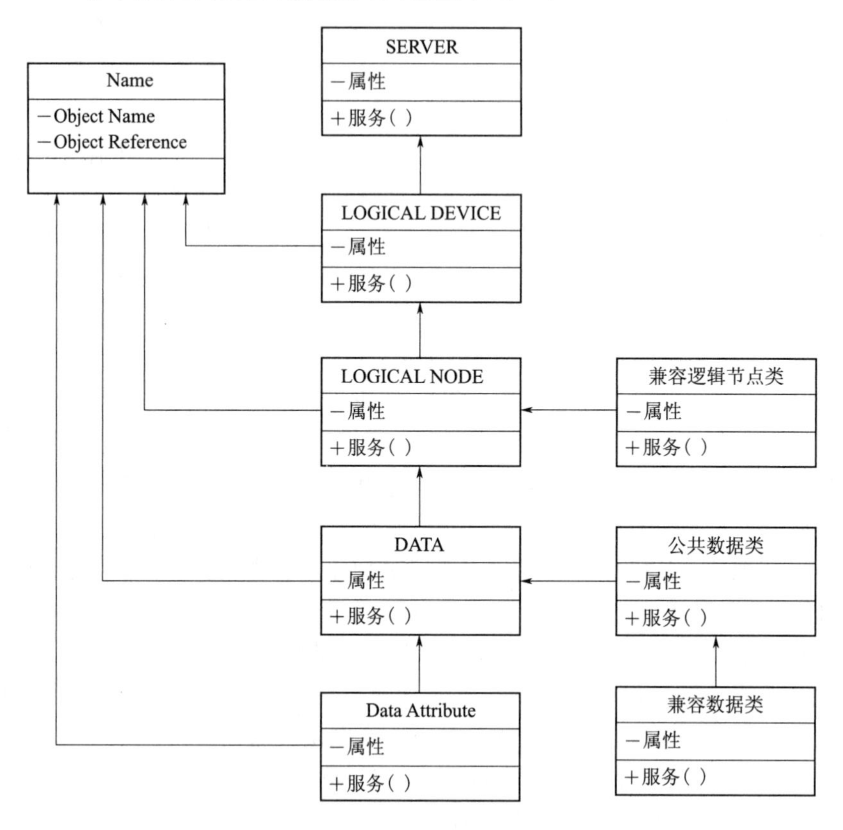

图 4.1　IED 的分层信息模型

通过面向对象建模技术的应用，IEC 61850 构建起结构化的信息模型，并采用标准化命名的兼容逻辑节点类和兼容数据类对变电站自动化语义进行了明确的约定，为实现 IED 互操作提供了必要条件。IEC 61850 - 7 - 4 中目前共规范了近百个逻辑节点，不仅包含保护测控装置的模型和通信接口，而且还定义了数字式电流互感器、电压互感器、智能开关等一次设备的模型和通信接口，例如断路器逻辑节点为“XCBR”、距离保护为“PDIS”。以图 4.2 中 XCBR 逻辑节点为例，展成树状图，从中可以了解到 XCBR 下面包含数据对象（DO）有 Pos、Mode 等，而 Pos 数据有 ctlVal、stlVal、sboTimeOut 等一系列数据属性。

通过面向对象抽象与层次化结构表达，断路器位置状态量可用“XCBR1. Pos. stlVal”这个自表达的字符串表示。对应路径层次表达方式，如果采用了功能约束 FC（Function Constraint）分类，如 ST（状态）、CO（控制）、CF（配置）等，断路器位置状态量也可以描述成“XCBR1 $ ST $ Pos $ stVal”，如，对断路器控制可以描述成“XCBR1SCO $ Pos $ ctlVal”。总之，IEC 61850 - 7 部分通过定义一系列逻辑节点、公共数据类达到了

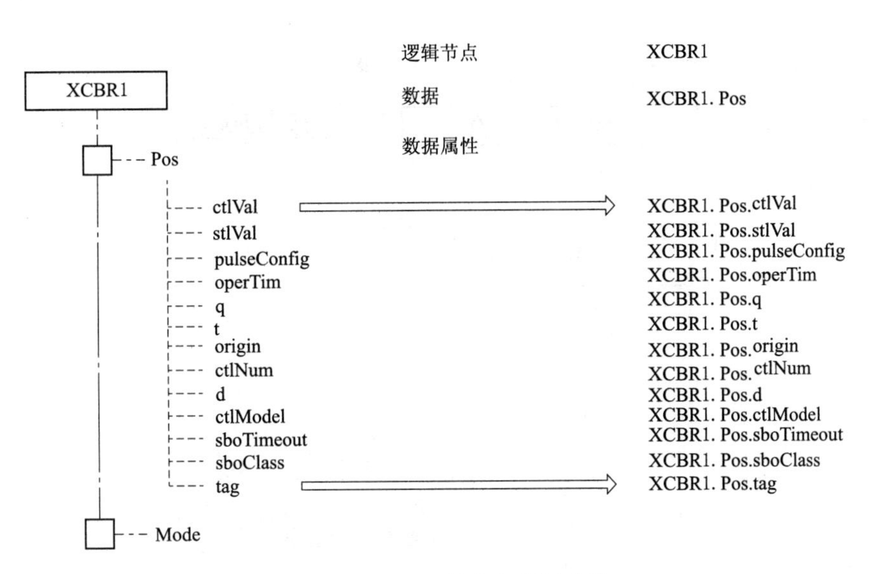

图 4.2　XCBR 逻辑节点数据建模

模型自描述的目标，较传统点表序号更易于理解与信息交互。

4.4.2　抽象通信服务接口 ACSI

IEC 61850 标准对变电站涉及的设备与通信服务进行了功能建模、数据建模，并规范了一套抽象的通信服务接口（ACSI），使得 ACSI 与具体的实现方法分离，与下层通信系统独立，使标准拥有足够的开放性以适应未来的变电站通信发展，保障了客户的长期投资利益。

ACSI 主要服务模型包括连接服务模型、变量访问服务模型、数据传输服务模型、设备控制服务模型、文件传输服务模型、时钟同步服务模型等，这些服务模型定义了通信对象以及如何对这些对象进行访问，实现了客户应用端和服务器应用端的通信，完成实时数据的访问和检索、对设备的控制、时间报告和记录、设备的自我描述等。

为了保证 ACSI 的独立性，以及适应未来的网络技术通信发展，IEC 61850 标准中并没有具体指定实现 ACSI 的方法，只提供了特殊通信服务映射（SCSM）来描述映射过程，在 IEC 61850－8－1 部分定义了 ACSI 映射到制造报文规范 MMS（ISO/IEC 9506 第 1、2 部分），IEC 61850－9－1 部分定义了 ACSI 映射到单向多路点对点串行通信的采样值，IEC 61850－9－2 部分定义了 ACSI 映射到基于 ISO 8802－3 的采样值。IEC 61850 中 ACSI 映射实现模型和通信映射示例分别如图 4.3 和图 4.4 所示。ACSI 与抽象的逻辑节点及数据等模型将可以得到长期稳定应用，实现了通信抽象服务框架与通信技术的分离，保障了 IEC 61850 的生命力与长期性。

4.4.3　制造报文规范 MMS

MMS 标准即 ISO/IEC 9506，是由 ISO/TC 184 提出的解决在异构网络环境下智能设备之间实现实时数据交换与信息监控的一套国际报文规范。MMS 所提供的服务有很强的通用性，已经广泛运用于汽车制造、航空、化工、电力等工业自动化领域。IEC 61850 中采纳了 ISO/IEC 9506－1 和 ISO/IEC 9506－2 部分，制定了 ACSI 到 MMS 的映射。

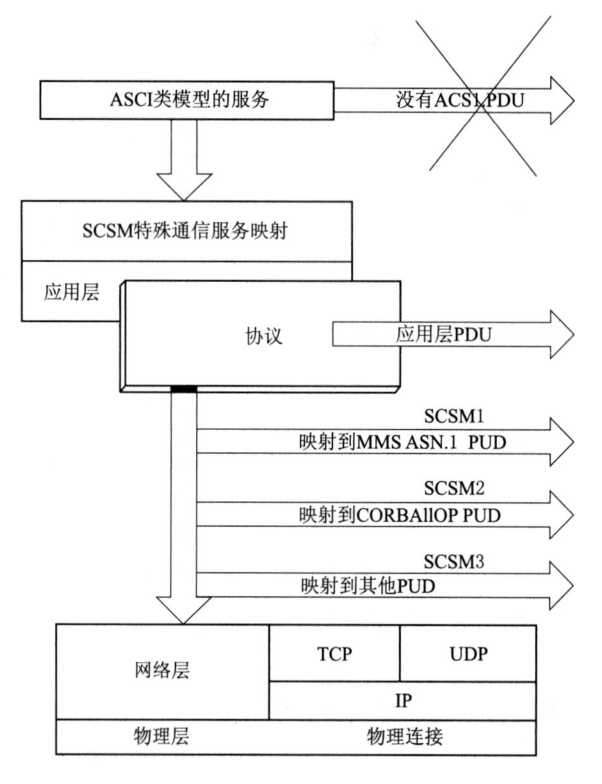

图 4.3　IEC 61850 中 ACSI 映射实现模型

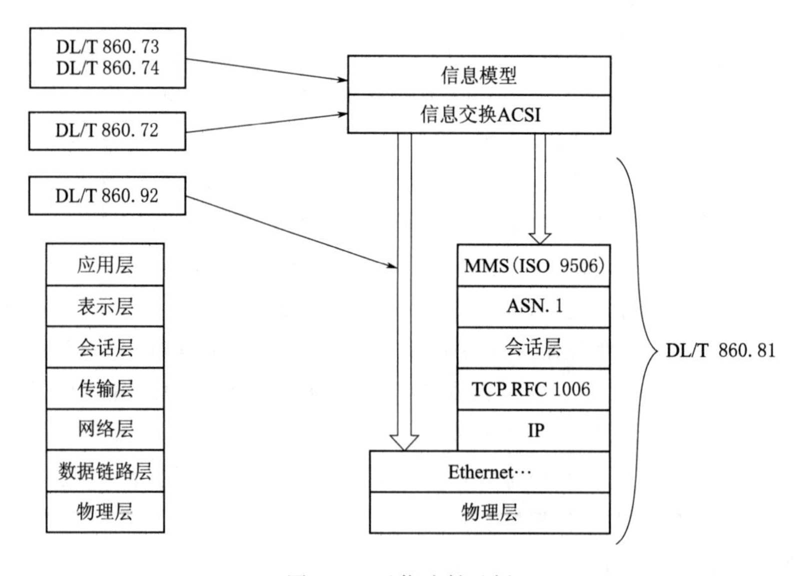

图 4.4　通信映射示例

MMS 特点如下：

（1）定义了交换报文的格式，结构化层次化的数据表示方法，可以表示任意复杂的数据结构，ASN.1 编码可以适用于任意计算机环境。

（2）定义了针对数据对象的服务和行为。

（3）为用户提供了一个独立于所完成功能的通用通信环境。

MMS 标准作为 MAP（Manufacturing Automation Standard）应用层中最主要的部分，通过引入 VMD（Virtual Manufacturing Device）概念，隐藏了具体的设备内部特性，设定一系列类型的数据代表实际设备的功能，同时定义了一系列 MMS 服务来操作这些数据，通过对 VMD 模型的访问达到操纵实际设备工作，MMS 的 VMD 概念首次把面向对象设计的思想引入了过程控制系统。MMS 对其规定的各类服务没有进行具体实现方法的规定，保证实现的开放性。

在 IEC 61850 ACSI 映射到 MMS 服务上，报告服务是其中一项关键的通信服务，IEC 61850 报告分为非缓冲与缓冲两种报告类型，分别适用于遥测与遥信量的上送。

由于采用了多可视的实现方案，使得事件可以同时送到多个监控后台。遥测类报告控制块使用非缓存报告控制块类型，报告控制块名称以 urcb 开头；遥信、告警类报告控制块为缓存报告控制块类型，报告控制块名称以 brcb 开头。

4.4.4　面向通用对象事件模型

IEC 61850 中提供了 GOOSE 模型，可在系统范围内快速且可靠的传输数据值。GOOSE 使用 ASN.1 编码的基本编码规则（BER），不经过 TCP/IP 协议，通过直接映射的以太网链路层进行传输，采用了发布者/订阅者模式，逻辑链路控制（LLC）协议的单向无确认机制，具有信息按内容标识、点对多点传输、事件驱动的特点。

与点对点通信结构和客户/服务器通信结构模式相比，发布者/订阅者模式可用来实现站内快速、可靠的发送输入和输出信号量，可利用重传机制保证通信的可靠性。发布者/订阅者通信结构模式是一个数据源（发布者）向多个接收者（订阅者）发送数据的最佳方案，尤其适用于数据流量大且实时性要求高的数据通信。GOOSE 报文传输利用组播服务，从而有效地保证了向多个物理设备同时传输同一个通用变电站事件信息。GOOSE 报文可以快速可靠的传输实时性要求非常高的跳闸命令，也可同时向多个设备传输开关位置等信息。

GOOSE 通信模型信息交换方式示意如图 4.5 所示，发布者将值写入发送侧的当地缓冲区；订阅者从接收侧的当地缓冲区读数据；通信系统负责刷新订阅者的当地缓冲区；发布者的通用变电站事件控制类用以控制这个过程。

GOOSE 报文发送采用心跳报文和变位报文快速重发相结合的机制。当 IEC 61850－7－2 中有定义过的事件发生后，GOOSE 服务器生成一个发送 GOOSE 命令的请求，该数据包将按照 GOOSE 的信息格式组成并用组播包方式发送。为保证可靠性，一般重传相同的数据包若干次，在顺序传送的每帧信息中包含一个“允许存活时间 TATI（Time Allow to Live）”的参数，它提示接收端接收下一帧重传数据的最大等待时间。如果在约定时间内没有收到相应的包，接收端认为连接丢失。

GOOSE 传输时间如图 4.6 所示，在 GOOSE 数据集中的数据没有变化的情况下，发送时间间隔为 T_0（一般为 5s 或更大）的心跳报文，报文中状态号（stnum）不变，顺序号（sqnum）递增。当 GOOSE 数据集中的数据发生变化情况下，发送一帧变位报文后，以时间间隔 T_1、T_1、T_2、T_3（T_1、T_2、T_3时间依次增加，但比 T_0要短）进行变位报

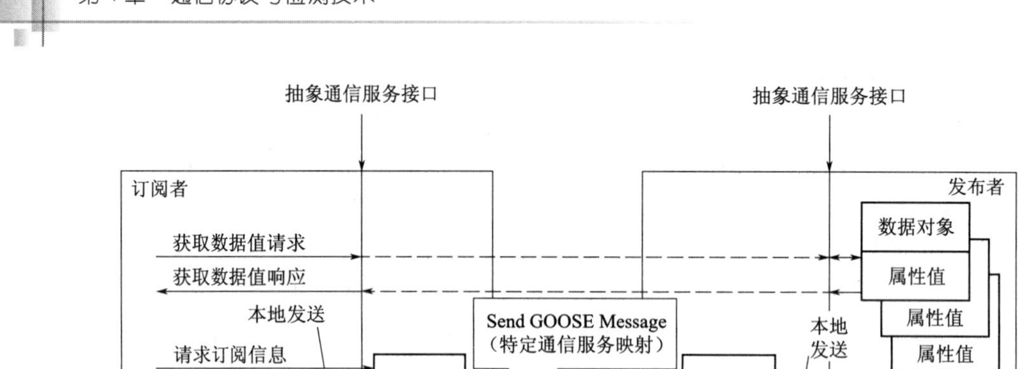

图 4.5　GOOSE 通信模型信息交换方式示意图

文快速重发。数据变位后的第一帧报文中 stnum 增加 1，sqnum 从零开始，随后的报文中 smum 不变，sqnum 递增。GOOSE 接收可以根据 GOOSE 报文中的允许存活时间来检测链路是否中断。

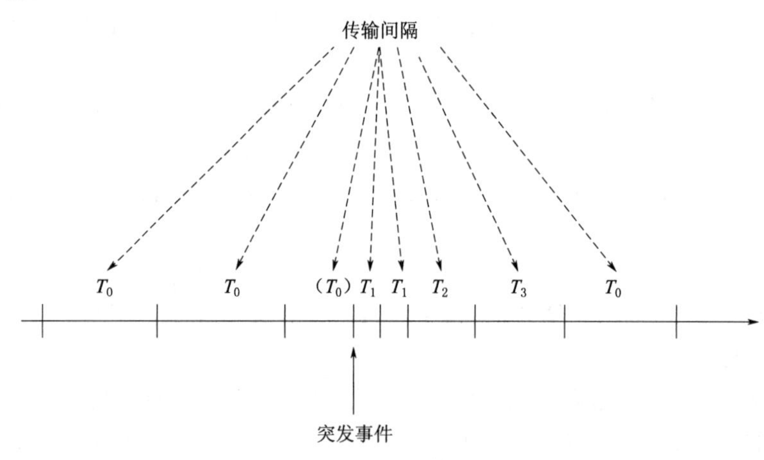

图 4.6　GOOSE 传输时间

T_0—稳定条件下，心跳报文传输间隔；（T_0）—稳定条件下，心跳报文传输可能被事件打断；T_1—事件发生后，最短的重传间隔；T_2、T_3—直到获得稳定条件的重传间隔

4.4.5　采样值服务

IEC 61850 中提供了采样值（Sampled Value，SV）相关的模型对象和服务，以及这些模型对象和服务到 ISO/IEC 8802 - 3 帧之间的映射。SV 采样值服务也是基于发布/订阅机制，在发送侧，发布者将值写入发送缓冲区；在接收侧，订阅者从当地缓冲区读值。在值上加上时标，订阅者可以校验值是否及时刷新。通信系统负责刷新订阅者的当地缓冲

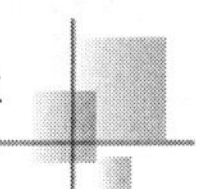

区。在一个发布者和一个或多个订阅者之间有两种交换采样值的方法：一种方法是采用多路广播应用关联控制块（Multicast Application Association，MSVCB）；另一种方法采用双边应用关联控制块（Two Party Application Association），也即单路传播采样值控制块（Unicast Sampled Value Control Block，USVCB）。发布者按规定的采样率对输入电流/电压进行采样，由内部或者通过网络实现采样的同步，采样存入传输缓冲区，网络嵌入式调度程序将缓冲区的内容通过网络向订阅者发送。其中，采样率为映射特定参数。采样值存入订阅者的接收缓冲区，一组新的采样值到达了接收缓冲区就通知应用功能。IEC 61850 中 SV 采样值传输过程示意如图 4.7 所示。

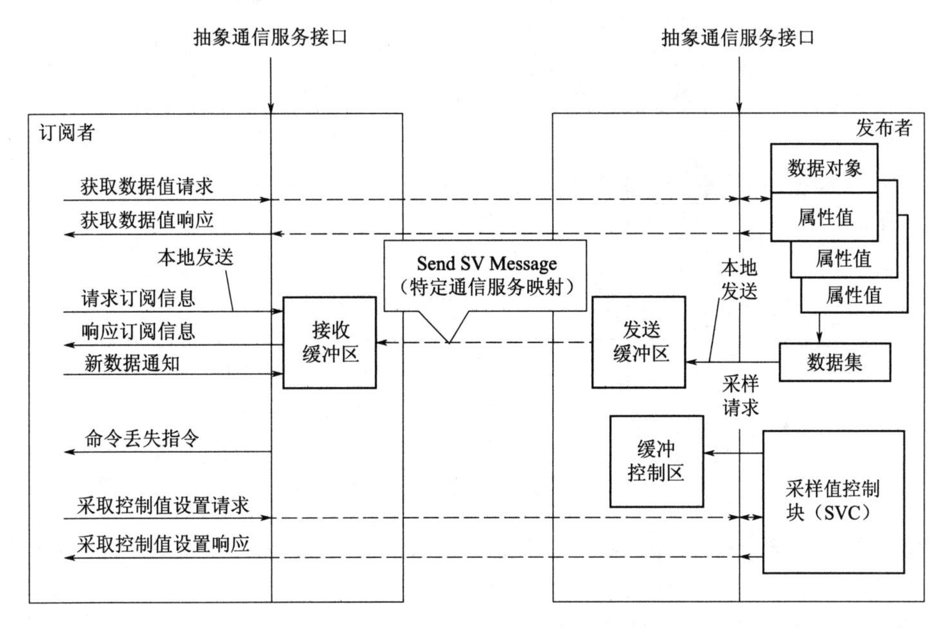

图 4.7　IEC 61850 中 SV 采样值传输过程示意图

4.5　配置文件测试技术

4.5.1　一致性测试

一致性测试是指验证通信接口与标准要求的一致性。验证串行链路上数据流与有关标准条件的一致性，例如访问组织、帧格式、位顺序、时间同步、定时、信号形式和电平，以及对错误的处理。一致性测试规范由 IEC 61850－10《用于 IED 服务器、客户端和网络设备的测试流程》定义，国内对应 DL/T 860.10—2018《电力自动化通信网络和系统 第 10 部分：一致性测试》。

测试流程可分为三大步，测试前被测方应提供以下被测设备的相关材料：

（1）PICS，被测系统能力的总结。

（2）PIXIT，包括系统、设备有关其通信能力的特定信息。

（3）MICS，说明系统或设备支持的标准数据对象模型情况。

（4）设备系统安装和操作指南。

一致性测试内容主要包括静态测试和动态测试，测试过程如图 4.8 所示。

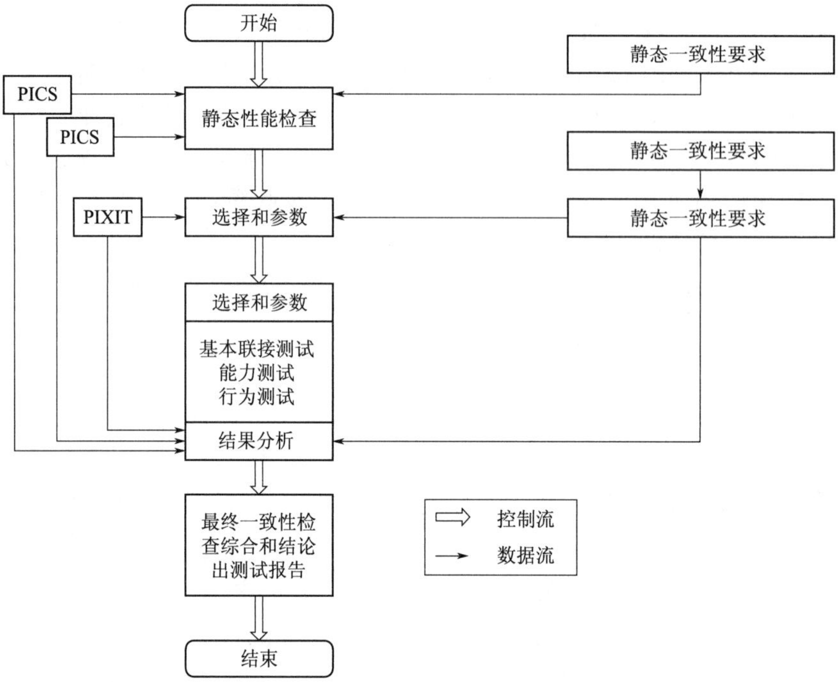

图 4.8　一致性测评过程

静态测试包括检查提交的各种文件是否齐全、设备的控制版本是否正确；用 IEC 61850 协议体系及组态配置技术 Schema 对被测设备配置文件（ICD）进行正确性检验；检验被测设备的各种模型是否符合标准的规定。

动态测试包括采用合理数据作为肯定测试用例、采用不合理数据作为否定测试用例，对每个测试用例按 IEC 61850－10 的操作流程进行测试；使用硬件信号源进行触发（触点、电压、电流等），进行动态测试。

4.5.2　ModbusRTU 协议传感器检测条件

（1）待测传感器应是完整的设备产品，功能齐备并适用于实际场景使用。

（2）厂商提供送检装置的产品说明书、产品检测报告、产品合格证。

（3）供检测试验所需的夹具、线缆、电源等配件。

（4）参试厂家，需出具完整的自测报告。

测试结果需满足国家标准 Modbus 协议一致性测试。传感器参数定义应符合 Q/GDW 12184—2021《输变电设备物联网传感器数据规范》。

4.5.3　ModbusRTU 一致性技术要求及检测项

由于传感器是设备状态采集，仅涉及读写线圈读写、读写输入寄存器读写、读写保持寄存器读写功能码，测试主要以上述功能进行协议一致性检测，测试项功能码 03、04 二者选一必测，数据准确性必测，检测项目见表 4.1。

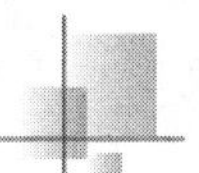

表 4.1　　协议一致性检测项目

序号	测试项		技术要求
1	物理层		RS485 串口连接正常，设置波特率和测试软件通信正常
2	数据链路层		设置消息帧格式，CRC 校验方式和测试软件通信正常
3	功能码测试	02（读离散量）	检测软件向传感器发送读离散量报文，传感器回复正确数据报文格式
4		01（读线圈）	检测软件向传感器发送读线圈报文，传感器回复正确数据报文格式
5		05（写单个线圈）	检测软件向传感器发送写单个线圈报文，传感器回复正确数据报文格式
6		15（写多个线圈）	检测软件向传感器发送写多个线圈报文，传感器回复正确数据报文格式
7		04（读输入寄存器）	检测软件向传感器发送读输入寄存器报文，传感器回复正确数据报文格式
8		03（读保持寄存器）	检测软件向传感器发送读保持寄存器报文，传感器回复正确数据报文格式
9		06（写单个保持寄存器）	检测软件向传感器发送写单个保持寄存器报文，传感器回复正确数据报文格式
10		16（写多个保持寄存器）	检测软件向传感器发送写多个保持寄存器报文，传感器回复正确数据报文格式
11	数据准确性测试		读取数据报文解析静态值和设备本机静态值一致，动态值在误差范围之类

第5章　新一代智能变电站技术

智能变电站作为智能电网的主要组成部分，已进入全面建设阶段。电网发展方式转变、管理模式创新发展、科学技术进步都对智能变电站的发展提出了新的要求。为了适应技术发展的需求、保障电网安全运行，国家电网有限公司提出了新一代智能变电站建设目标，通过顶层设计，实现“系统高度集成、结构布局合理、装备先进适用、经济节能环保、支撑调控一体”的现代化变电站，支撑运行、检修核心业务集约化管理要求。

5.1　新一代智能变电站的提出

2009年，国家电网有限公司智能变电站试点工程建设工作正式启动。随后几年内，国家电网有限公司在智能变电站建设、研究方面不断加大投入，智能变电站建设由点向面推进，进入全面建设阶段。智能变电站在技术创新、设备研制、标准制定、工程建设等领域取得了一系列阶段性成果，但由于系统较多、功能分散，受限于专业分工、技术壁垒、运维习惯等影响，当时智能变电站整体水平还存在以下四个方面欠缺。

1. 设备集成度、技术实用化水平有待提升

目前智能变电站的集成主要集中在二次设备和系统上，一次与二次设备之间没有实现真正意义上的集成。一体化集成设计理念实施难到位，出厂联调难到位，现场调试实施困难，工程施工效率低下。

尽管智能变电站实现了站端信息采集数字化，但二次网络结构复杂，信息共享度低，加上采样重复，交换机及光缆数量众多，现场施工以及运行维护的工作量并未减轻，反而增大。因此变电站的信息流及网络架构仍有改进优化需求。

设备在线监测功能不够成熟，一次设备内置传感器寿命短、更换难是困扰现场的难题；二次设备的状态监测和评估功能尚在起步阶段，应怎样优化和监测还需研究；监控高级应用功能实现尚不完善，对数据的处理和分析尚未达到实用化程度。

2. 产品质量有待提高

电子式互感器的应用成熟度及稳定性都不足，导致了在全面建设阶段暂停使用电子式互感器，而采用“常规互感器＋合并单元”方式。户外安装的合并单元、智能终端等设备对运行环境要求较高，其长期运行情况有待考察。

厂家产品良莠不齐，智能变电站建设、运行过程中出现的各类问题中，产品质量问题占比较大，也有厂家对智能变电站技术理解程度不同的原因。

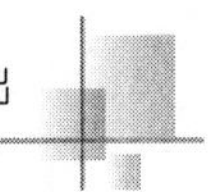

3. 整体设计有待进一步提升和优化

各厂家二次设备间仍存在兼容性问题，通用性不足。虽然基于 IEC 61850 体系的设备间模型、通信规约等互操作、一致性的工作已大部分实现，但仍有小部分厂家设备信息未实现交互规范，尤其是合并单元、智能终端等过程层设备的 ICD 模型并未规范。各厂家对设备间信息交互的规范性考量不足，数字化、共享化带来的海量信息取舍问题，仍存在矛盾。

设计院设计深度不足。大多数设计院仅实现了虚端子设计，没有接收和处理二次装置广家 ICD 文件和整合设计输出 SCD 文件的能力，对后期的文件修改和更新也很难做到及时跟进和把控。

4. 检修运维能力仍需加强

由于检修人员、运维人员对智能变电站中网络等技术了解程度不一，也缺乏必要的检测工具，二次设备维护比以往更依赖厂家。

变电站大多实现了无人值守，当设备故障告警时，远方监控中心无法及时辨别问题原因，现场运维人员赶到现场后对问题的处置也需规范化。

因此，智能变电站整体建设理念、技术创新、设计优化、标准制定、专业管理等方面仍有待进一步提高。

同时，智能电网建设如火如荼，大规模新能源接入、电动汽车等特殊负荷出现以及电网运行管理创新、科学技术进步，给智能变电站建设带来新的挑战，提出新的要求——需要进一步吸收先进的设计理念，加大功能集成和优化的力度；需要适应新管理模式的需要，完善支撑调控一体功能；需要加大设备研发力度，全面满足优化设计和集成功能的需要。

2012 年 1 月，国家电网有限公司“两会”工作报告中提出，要开展新一代智能变电站设计和建设，总结现有智能变电站设计、建设及运行的成功经验和存在的问题，结合大建设、大运行、大检修建设的目标和任务以及建设、运行、检修方式转变，破解当前智能变电站发展的“瓶颈”，支撑运行、检修核心业务集约化管理要求；开展新一代智能变电站建设研究，全面梳理、归并整合智能变电站的功能需求，进一步深化智能变电站基础理论研究、核心技术研发和关键设备研制，并将其作为国家电网有限公司的重大集成创新工作，从而实现变电站相关技术（设备）“从有到精”，努力在世界智能电网科技领域实现“中国创造”和“中国引领”。

2012 年 8 月，国家电网有限公司新一代智能变电站概念设计研讨会在京召开，讨论了新一代智能变电站建设目标、技术架构、控制保护等关键技术以及变压器等关键设备的研发，提出新一代智能变电站六方面的工作计划。

第一是推进变电站集成优化设计，提高结构布局合理性。开展设备模块化设计、标准化配送式设计、设备接口标准化等工作。

第二是提升变电站高级功能应用水平。合理规划数据信息类型，优化二次网络结构，构建变电站一体化监控系统，提升设备状态可视化、智能告警、辅助决策等高级功能应用水平，支撑大运行和大检修建设。

第三是开展新型保护控制技术研究。实现间隔保护就地化和功能集成，优化集成跨间隔保护，实现保护状态在线监测和智能诊断，深化站域、广域网络安全决策保护控制等新型保护控制技术研究。

第四是开展重大装备研制，推进智能设备优化升级。研究应用新型节能变压器、隔离断路器等；积极开展基于超导、碳化硅、大功率电子器件、系统级芯片等新材料、新原理、新工艺的变压器、开关和保护测控设备的研制。

第五是进一步修订完善智能变电站技术标准体系。加快编制和修订智能变电站领域的国家标准、行业和企业标准，推动重点技术标准的国际化，构建适应新一代智能变电站建设需求的标准体系。

第六是开展前沿技术的应用研究。努力完成大容量气体绝缘变压器、植物绝缘油变压器、投切电容器组用固态复合开关、智能环境友好型金属封闭开关设备、无源光网络扁平化通信平台等一次设备和二次装置的技术研发，尝试挂网试运行。

2013年，220kV北京未来城、220kV重庆大石、110kV北京海鹊路、110kV上海叶塘、110kV天津高新园、110kV湖北未来城六座新一代智能变电站试点工程建成并投运。

5.2　新一代智能变电站目标

新一代智能变电站是具有理念、技术、设备、管理全方位突破性的重大集成创新工作，是一项复杂的系统工程，它涉及多学科理论和多领域技术，必须采用全新的设计思路与方法，通过顶层设计制定新一代智能变电站的发展战略与规划。

顶层设计是由建设目标、关键技术研究、关键设备研制、近远期概念设计方案共同组成的一项系统工程。其中建设目标是最高层，表示解决问题的最终目的，要求以功能需求为导向；关键技术研究、关键设备研制是中间层，是实现预定总体目标的中间环节与关键手段；近远期概念设计方案是最底层，它是实现总体目标的具体措施、策略、方案，是目标的实现层。

新一代智能变电站以“系统高度集成、结构布局合理、装备先进适用、经济节能环保、支撑调控一体”为总体目标，着力探索前沿技术，推动智能变电站创新发展，是对现有智能变电站的继承与发展，电网发展方式转变、管理模式创新发展、科学技术进步都对智能变电站的未来发展提出了新的要求。

1. 系统高度集成

设备上包括一次设备、二次设备，建（构）筑物及其之间的集成；系统上包括对保护、测控、计量、功角测量等二次系统一体化集成和对故障录波、辅助控制等系统的融合；功能上包括变电站与调控、检修中心功能的无缝衔接。

2. 结构布局合理

对内包括一次设备、二次设备整体集成优化、通信网络优化以及建筑物平面设计优化；对外包括主接线优化，灵活配置运行方式适应变电站功能定位的转化及电源和用户接入。

3. 装备先进适用

智能高压设备和一体化二次设备的技术指标应先进，性能稳定可靠；系统功能配置、

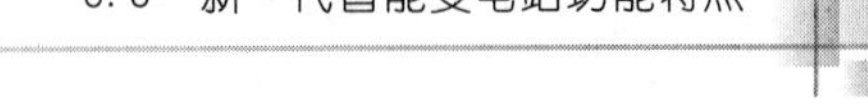

系统调试、运行控制工具灵活高效，调控有力；通信系统安全可靠，信息传输准确无误。

4. 经济节能环保

在全寿命周期内，最大限度地节约资源，节地、节能、节水、节材、保护环境和减少污染，实现效率最大化、资源节约化、环境友好化。

5. 支撑调控一体

优化信息资源，增加信息维度，精简信息总量。支持与多级调控中心的信息传输；支撑告警直传与远程浏览，为主站系统实现智能变电站监视控制、信息查询和远程浏览等功能提供数据、模型和图形的传输服务。

近期，新一代智能变电站以“占地少、造价省、可靠性高”为目标，构建以“集成化智能设备＋一体化业务系统”为特征的变电站。

远期，新一代智能变电站以“推动技术变革、展示理念创新”为重点，围绕“新型设备、新式材料、新兴技术”，构建基于电力电子技术和超导技术应用的变电站，推进变电站装备和技术的重大突破。

5.3 新一代智能变电站功能特点

新一代智能变电站研究重点是要攻克变电设备自诊断、一次设备智能化、站域及广域保护控制系统等关键技术，大幅减少占地面积，显著提升安全性、可靠性、经济性。远期的新一代智能变电站将以“推动技术变革、展示理念创新”为重点，围绕“新型设备、新式材料、新兴技术”，构建以电力电子技术为特征的“一次电、二次光”新一代智能变电站，可实现电能快速灵活控制，具备交直流混供功能；构建以超导技术为特征的“高容量、低损耗、抗短路”新一代智能变电站，增大传输容量，降低网损，降低电网故障短路电流。

新一代智能变电站近期以“安全可靠、运维便捷、节能环保、经济高效”为功能特点，远期以“全面感知、灵活互动、坚强可靠、和谐友好、高效便捷”为功能特点。

1. 近期功能特点

（1）安全可靠：采用集成化智能设备与一体化业务系统，实现设备先进可靠、控制精确、运行灵活；有效提升保护控制系统整体性能，为电网提供“从上至下”的全面系统防护功能，提高站端与系统运行的可靠性。

（2）运维便捷：一、二次设备集成设计和制造，实现一体化调试；土建、电气设备施工工艺标准化和接口标准化，实现设备模块化设计、工厂化定制和现场组合化拼装，实现“即装即用”；通信网络标准化设计和灵活组网，变电站系统功能模块化设计，实现功能应用的灵活定制；依托一体化业务平台，实现信息全景采集，灵活调整控制运行方式，适应清洁能源与新用户接入系统的需要。

（3）节能环保：采用复合材料、节能环保材料，实现设备轻型化、小型化、低碳化、高效化，最大限度地节地、节能、节水、节材、保护环境和减少污染，实现效率最大化、资源节约化、环境友好化。

（4）经济高效：一、二次设备高密度集成，减少设备安装和场地占用；一体化设计、模块化封装，提高生产效率，降低成本；信息一体化，集中处理，减少冗余配置，避免重复建设；设备全寿命周期延长，减少改造更新费用。

2. 远期功能特点

（1）全面感知：遍布变电站的传感器组成的“神经元感知网”，作为智能电网物联网在变电站的感知末梢，实现智能设备随时随地接入网络，方便控制系统对其进行识别、定位、跟踪、监视和控制。

（2）灵活互动：采用电力电子器件，深化应用云计算、物联网技术，实现电网有功功率、无功功率、电压的平滑调控，实现变电站与电源、用户之间的友好互动。

（3）坚强可靠：采用电力电子器件、超导变压器、固态开关等设备，实现设备先进可靠、电网控制精确、运行管理灵活。

（4）和谐友好：设备实现小型化、模块化、无油化，变电站结构布局更加合理，节约土地资源，实现节能环保。

（5）高效便捷：基于自诊断与自愈、神经元感知网络、模块化安装、智能化运维技术，实现变电站设备之间、变电站与主站系统之间高效协作与控制，实现变电站插拔式、标准化施工。

参 考 文 献

[1] 徐科军．传感器与检测技术［M］．北京：电子工业出版社，2016.

[2] 韦康博．物联网实战操作［M］．广州：世界图书出版公司，2017.

[3] 王振世．大话万物感知：从传感器到物联网［M］．北京：机械工业出版社，2020.

[4] 孟立凡，蓝金辉．传感器原理与应用［M］．北京：电子工业出版社，2011.

[5] 缪兴锋，别文群．物联网技术应用实务［M］．武汉：华中科技大学出版社，2014.

[6] NTT DATA 集团．图解物联网［M］．丁灵，译．北京：人民邮电出版社，2017.

[7] 国网江苏省电力有限公司电力科学研究院．智能变电站原理及测试技术［M］．2 版．北京：中国电力出版社，2019.

[8] 肖登明．电气设备绝缘在线监测技术［M］．北京：中国电力出版社，2022.

[9] 陆国俊，刘育权．大数据思维与输变电设备状态评估［M］．北京：中国电力出版社，2020.

[10] 齐波，冀茂，郑玉平，等．电力物联网技术在输变电设备状态评估中的应用现状与发展展望［J］．高电压技术，2022，48（8）：3012－3031.

[11] 罗耀强．电力物联网建设的技术优势及发展趋势［J］．大众用电，2021，36（5）：77－78.

[12] 周锐，夏俊雅，郑安豫，等．浅析我国电力物联网的发展与应用［J］．机电信息，2020（23）：142－143.